"十二五"江苏省高等学校重点教材

Organic Optical-e
Materials and Devices

有机光电
材料与器件

王筱梅　叶常青　编著

化学工业出版社

·北京·

本书系统扼要地介绍了有机光电材料的基本概念、原理、材料类型及其相关器件的制作、性能与应用知识。全书涉及的有机光电材料类型主要包括：有机荧光传感材料、有机光致变色材料、有机电致变色材料、有机电致发光和液晶显示材料、有机光电导体材料、有机场效应晶体管材料、有机太阳能转换材料、有机强双光子吸收材料、有机光存储材料等。各章均附有习题与参考文献，有利于读者自学、复习与巩固。

本书可作为高等院校功能材料专业及相关专业的教科书，也可供相关专业的研究生和科研人员自学参考。

图书在版编目（CIP）数据

有机光电材料与器件 / 王筱梅，叶常青编著. —北京：
化学工业出版社，2013.6（2023.10 重印）
ISBN 978-7-122-16904-4

Ⅰ. ①有⋯　Ⅱ. ①王⋯ ②叶⋯　Ⅲ. ①有机材料-光
电材料　Ⅳ. ①TN204

中国版本图书馆 CIP 数据核字（2013）第 064337 号

责任编辑：李晓红　　　　　　　　　　加工编辑：刘志茹
责任校对：顾淑云　　　　　　　　　　装帧设计：刘丽华

出版发行：化学工业出版社（北京市东城区青年湖南街 13 号　邮政编码 100011）
印　　装：北京七彩京通数码快印有限公司
710mm×1000mm　1/16　印张 14½　字数 306 千字　2023 年 10 月北京第 1 版第 6 次印刷

购书咨询：010-64518888　　　　　　　售后服务：010-64518899
网　　址：http://www.cip.com.cn

定　　价：36.00 元　　　　　　　　　　　　　版权所有　违者必究

本书的完成，受有关的福建省自然科学基金项目（S0732024、S0730070、S0730077、S072141和S1203122）和全国优秀博士学位论文专项资金资助项目（FANEDD 200333）的资助。福建省山区水库周围重点资源开发有着水陆资助。此外，长期以来我的全体研究生，他们用自己的聪明智慧做了大量的工作，恕不一一列举，谨向他们工作的辛勤劳动和为此书作出的贡献表示衷心的感谢。

前　言

光与电的物理本质有着内在联系，在特定条件下可相互转化。自 20 世纪 80 年代，有机光电功能材料日益凸显出它在材料学科中的重要地位，促进了材料、信息与能源等多学科交叉与融合，由此衍生出有机电子学和塑料光电子学等新兴交叉学科。

有机光电材料是一类具有光电活性的有机化合物（或聚合物或复合物），在其分子尺度上可实现对电子运动的调控，又称为有机半导体。基于有机半导体的新一代光电集成器件，如显示和照明器件、晶体管、太阳能电池、传感器等，具有光电响应快、易加工性、低成本、重量轻、柔性和可大面积制备等优点。因此，有机光电子材料和器件是当今国际最为活跃的前沿研究领域之一。

笔者于 2007 年获得江苏省高等学校立项精品教材基金（批准号 SG315726）资助，在此项目启动下，参考了有关的专著和文献，并结合本人多年科研成果完成本书。

本教材系统扼要地介绍了有机光电材料与器件基本概念、原理及应用。全书共分10 章。第 1、2 章是光电材料的入门知识，侧重于介绍分子水平上的吸收与荧光概念，并简单介绍了聚集态的吸收与荧光，此外还介绍了分子内与分子间能量转移和荧光传感器相关知识。第 3 章变色材料与分子器件，包括在光、电驱动下的分子变色机理、基本概念及其相关应用。信息社会"显示"无处不在，如电脑屏幕显示和手机图像显示等。有机液晶显示与电致发光材料由于低功耗、性能优越，成为第二、三代显示材料。第 4章重点介绍液晶的取向与液晶性能，围绕电致发光器件介绍各类材料的作用与器件制作原理。第 5 章有机场效应晶体管与材料，侧重介绍场效应晶体的结构与性能参数。新能源材料为国家战略性新兴产业新材料，太阳能材料为当前极为活跃的研究领域。第 6 章有机太阳能转换材料与器件，重点介绍太阳光的电/热/化学能转换材料的基本原理与器件等相关知识。第 7 章介绍有机光导体材料与器件。考虑到有机光电器件需要了解封装材料知识，第 8 章中介绍光聚合材料及其应用。第 9 章双光子吸收材料及其应用，这是一个与激光技术应运而生的领域，本章将介绍双光子吸收基本概念、应用原理、分子设计与构效关系，最后介绍弱光上转换研究最新进展。信息技术迫切需求存储技术与存储材料取得突破，第 10 章介绍有机光电存储材料与器件，重点介绍电存储原理、材料与电存储器件性能研究方法。

在本教材出版之际，我要特别感谢山东大学晶体材料国家重点实验室蒋民华院士。蒋先生在 20 世纪 90 年代提出"电荷转移对称性与强双光子吸收关系"研究方向，我有幸得到老师的悉心指导并荣获 2003 年全国优秀博士学位论文奖，这些为编写本教材打下了非常好的基础。

借此机会，笔者衷心感谢国家自然科学基金项目（50273024，50673070，50973077，51273141 和 51303122）和全国优秀博士学位论文作者专项基金项目（FANEDD 200333）的资助，感谢山东大学晶体材料国家重点实验室十多年来的资助。此外，还要感谢我的全体研究生，他们的研究成果进一步丰富了本教材的内容。最后，感谢化学工业出版社编辑给予的大力帮助和有效的审阅。

由于我们的学识所限，所涉及的内容不妥之处在所难免，敬请各方面的专家学者以及广大读者不吝指正。

王筱梅

2013 年 3 月于苏州

目　录

$$E(eV) = 1.196 \times 10^5 kJ \cdot mol^{-1} / \lambda \text{ (nm)} \qquad (1-5)$$

$$E(eV) = 2.86 \times 10^4 kcal \cdot mol^{-1} / \lambda \text{ (nm)} \qquad (1-6)$$

第 1 章 物质吸收光谱与颜色

1.1 光的基本性质

光是能量存在的一种形式，属于电磁波。通常将波长 < 0.1 nm 的电磁波称为宇宙射线（γ射线），波长在 4～400 nm 范围内的电磁波称为紫外线（其中，4～200 nm 为远紫外线，200～400 nm 为近紫外线），波长在 760 nm～300 μm 范围内的电磁波称为红外线。由表 1-1 可见，由左向右，电磁波的波长依次变大，能量依次减小，即能量最大的电磁波是宇宙射线，能量最小的电磁波是无线电波。

表 1-1 各种电磁波对应的波长

光谱区	γ 射线	X 射线	紫外线	可见光	红外线	微波	无线电波
波长	<0.1 nm	<4 nm	4～400 nm	400～760 nm	800 nm～300 μm	300～500 μm	>500 μm

波长在 400～760 nm 范围内的电磁波称为可见光，这一范围内的电磁波才可被人眼感觉到。可见光在电磁波光谱区中只占极小部分，包含红、橙、黄、绿、青、蓝、紫等各种色彩光；这些五彩缤纷的颜色按一定比例混合构成白光，所以白光是混合光。

光具有波粒二象性：波动性与粒子性。光的折射、偏振、衍射和干涉等现象主要表现出波动性，此时的"光"称为"光波"；光的吸收、发射等现象主要表现出粒子性，此时的"光"称为"光子"。光子由一颗颗微小的能量子组成，每个光子所具有的能量（E）为：

$$E = h\nu = \frac{hc}{\lambda} \qquad (1-1)$$

式中，h 为普朗克常数，6.63×10^{-34} J·s；c 为光速，3×10^8 m·s^{-1}；能量（E）的单位为焦耳（J）或电子伏特（eV）；波长 λ（光波移动一周的距离）的单位通常为纳米（nm）。频率 ν（定义为单位时间内经过某一点光波的个数）的单位为 s^{-1}，频率还可定义为 1 cm 长度内所含光波的个数，单位为 cm^{-1}。

通常用波长、频率和能量等物理量来描述光波的性质，三者之间的换算关系如式 (1-2)～式(1-6)所示。如蓝光、绿光和红光对应的辐射波长分别为 450 nm、532 nm 和 650 nm，计算出该三基色光的能量分别为：2.76 eV、2.33 eV 和 1.91 eV。

$$c = \lambda\nu \qquad (1-2)$$

$$\nu(cm^{-1}) = \frac{1}{\lambda(cm)} = \frac{1 \times 10^7}{\lambda(nm)} \qquad (1-3)$$

$$E(eV) = \frac{1240}{\lambda(nm)} \qquad (1-4)$$

$$E(\text{eV}) = 1.196 \times 10^5\,\text{kJ} \cdot \text{mol}^{-1} / \lambda\,(\text{nm}) \tag{1-5}$$

$$E(\text{eV}) = 2.86 \times 10^4\,\text{kcal} \cdot \text{mol}^{-1} / \lambda\,(\text{nm}) \tag{1-6}$$

有时也用光强来描述光的性质，光强（I）定义为给定方向上单位体积内发出的光通量，或定义为单位面积上辐射的功率。如太阳光的光强为 100 mW·cm^{-2}。纳秒（10^{-9}s）脉冲激光的光强很高，可达 MW·cm^{-2} 数量级；皮秒（10^{-12}s）脉冲激光和飞秒（10^{-15}s）脉冲激光的光强更高，可达 GW·cm^{-2} 数量级。太阳光属于弱光，纳秒、皮秒和飞秒脉冲激光称作超快激光，属于强光。

1.2　电子跃迁

1.2.1　基态与激发态

分子处于稳定状态时内能最低，其原子核外电子排布遵循能量最低原理、泡利不相容原理和洪特规则；此时，分子称为基态（ground state，以 S_0 表示）；分子处于基态时，原子核外电子全部填充在成键轨道或非键轨道。

分子处于不稳定状态时内能升高，其原子核外电子排布不完全遵循能量最低原理、泡利不相容原理和洪特规则；此时，分子称为激发态（excited state，常见的激发态为第一激发态，以 S_1 表示）；分子处于激发态时，反键轨道上填充电子。

以氢分子为例，可看出基态和激发态时电子的排布（包括自旋方向）是不相同的。

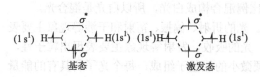

图 1-1　氢分子基态(S_0)与激发态(S_1)的电子排布

如图 1-1 所示，当氢分子的一对电子排布在 σ 轨道（即成键轨道）时，分子处于基态（S_0）；当一个电子跃迁至 σ* 轨道（即反键轨道）时，分子处于激发态（S_1）。

通常，在讨论分子的电子排布时，只考虑到价电子层的排布并不涉及内层电子。以乙烯分子为例（见图 1-2），乙烯分子碳碳双键上的一对 π 电子（即价电子）排布在 π 轨道（成键轨道）时，分子处于基态（S_0）；当一个 π 电子跃迁至 π* 轨道时，分子处于激发态（S_1）。

丁二烯分子含有两个碳碳双键，当 4 个 π 电子都排布在成键轨道（π_1、π_2 轨道）时，分子为基态（S_0）；当 π* 轨道中填有至少 1 个 π 电子时，分子为激发态（S_1）（见图 1-3）。

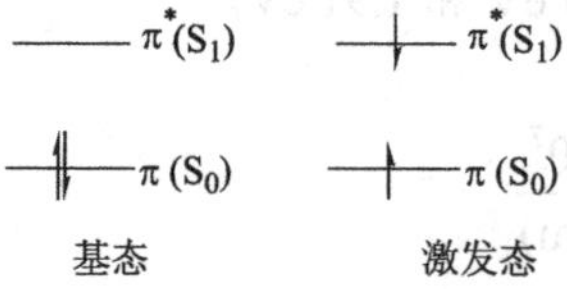

图 1-2　乙烯分子基态(S_0)与激发态(S_1)的
电子排布

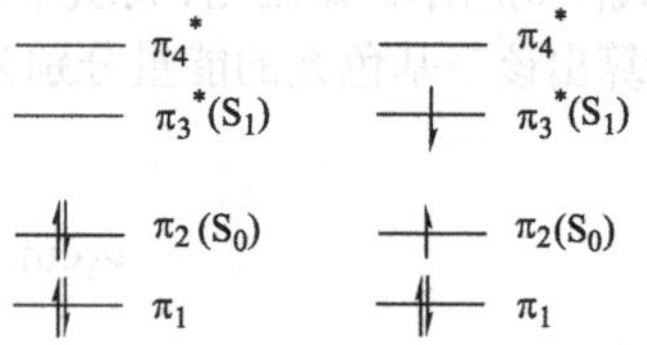

图 1-3　丁二烯分子基态(S_0)与激发态
(S_1)的电子排布

基态分子和激发态分子在物理、化学性质上表现出很大区别，如分子构型（如平面性）、极性和电荷密度分布等方面均不相同。与基态分子相比，激发态分子能量升高、键长增加、键能减弱（见表 1-2）。

表 1-2　分子基态与激发态的性质比较

分子	能量	键长	键能	构型	电子云分布	分子极性
基态（S_0）	低	短	强	变化	变化	变化
激发态（S_1）	高	长	弱			

1.2.2　电子跃迁类型

有机分子受光辐照（激发）后，其价电子从基态跃迁至激发态，这一过程称为电子跃迁。电子跃迁有四种类型，分别为：$\sigma\text{-}\sigma^*$、$\pi\text{-}\pi^*$、$n\text{-}\sigma^*$ 和 $n\text{-}\pi^*$（见图 1-4）；不同类型的电子跃迁所需的能量依次为：$\sigma\text{-}\sigma^* > n\text{-}\sigma^* > \pi\text{-}\pi^* > n\text{-}\pi^*$。

有机化合物中碳碳键（C-C）和碳氢键（C-H）均为 σ 键，发生 $\sigma\text{-}\sigma^*$ 跃迁所需的能量对应的波长在远紫外区（4～200 nm），所有的饱和烷烃只能发生 $\sigma\text{-}\sigma^*$ 跃迁。含有杂原子（如 O、N、S 和 Cl 等）的有机分子，由于含有非键合电子（即 n 电子），这类分子除发生 $\sigma\text{-}\sigma^*$ 跃迁外，还可发生 $n\text{-}\sigma^*$ 跃迁；如甲醇、乙醇可发生 $\sigma\text{-}\sigma^*$ 和 $n\text{-}\sigma^*$ 两类跃迁。不饱和的烯烃分子含有 π 键，可发生 $\sigma\text{-}\sigma^*$ 跃迁和 $\pi\text{-}\pi^*$ 跃迁；含有杂原子的不饱和烯烃、芳香烃，如丙烯醛和硝基苯，可发生 $\sigma\text{-}\sigma^*$、$n\text{-}\sigma^*$、$\pi\text{-}\pi^*$ 和 $n\text{-}\pi^*$ 四类跃迁。

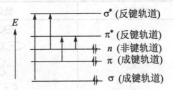

图 1-4　有机分子电子能级跃迁示意图

1.2.3　跃迁允许与跃迁禁阻

① 若电子跃迁前后原子核的构型（核间距）不变，这种跃迁为跃迁允许；若电子跃迁前后原子核的构型（核间距）发生了改变，这种跃迁为跃迁禁阻。Franck-Condon 原理认为，在电子跃迁的过程中，分子的构型将保持不变。这是因为分子中电子跃迁的速率远远大于分子振动的速率，在电子跃迁的一瞬间，分子内的原子核构型来不及改变，即电子跃迁速率非常之快，以至于电子跃迁过程中原子核的相对位置近似不变，电子的跃迁可用垂直线表示，即所谓的垂直电子跃迁（见图 1-5）。

② 电子跃迁前后电子自旋不变的为跃迁允许；若自旋方向发生改变的为跃迁禁阻（见图 1-6）。

③ 电子跃迁前后电子轨道在空间有较大的重叠的为跃迁允许；若跃迁前后电子轨道在空间不重叠的为跃迁禁阻。

④ 电子跃迁前后分子轨道的对称性发生改

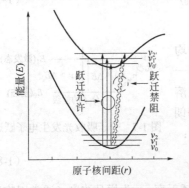

图 1-5　电子跃迁允许与跃迁禁阻示意图

变的，这种跃迁是跃迁允许；若轨道对称性保持不变的跃迁则为跃迁禁阻。

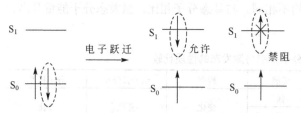

有机分子的轨道根据其形状可分为对称轨道和非对称轨道。对称轨道定义为借助于对称中心反演动作后，其轨道波函数的正负性并未发生变化的轨道，用 g 表示；通过对称中心反演后，轨道波函数的正负性发生了变化的轨道则叫做非对称轨道，用 u 表示。表 1-3 列出 σ、σ*、π 和 π* 分子轨道的性质。所以，u-g 跃迁和 g-u 跃迁是允许的；u-u 跃迁和 g-g 跃迁是禁阻的，这就是 π-π* 和 n-π* 跃迁是跃迁允许的原因。

图 1-6　电子跃迁允许与跃迁禁阻示意图

表 1-3　有机分子轨道性质

轨道名称	轨道形状	对称性	符号
σ	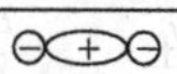	对　称	g
σ*		非对称	u
π		非对称	u
π*		对　称	g

1.3　紫外–可见吸收光谱

1.3.1　吸收光的条件

分子受到一定频率的光波照射，且其值（$h\nu$）大于或等于该分子基态能级（E_0）与激发态能级（E_1）的差值（ΔE）时，该频率的光就会被分子吸收，此为分子吸收光的必要条件。可用式（1-7）表示。当分子吸收光子后，可诱发价电子从基态跃迁至激发态，这一过程可用图 1-7 表示。

$$h\nu \geqslant \Delta E \ (\Delta E = E_1 - E_0) \tag{1-7}$$

1.3.2　朗伯-比耳定律

当一束光强为 I_0 的平行单色光垂直辐照某一均匀非散射的样品溶液时，一部分光被溶液吸收，另一部分光则透过溶液。样品对光波的吸光能力与该溶液的浓度（c）和吸收层厚度（L）成正比，此即朗伯-比耳定律（Lamber-Beer），用式（1-8）表示如下：

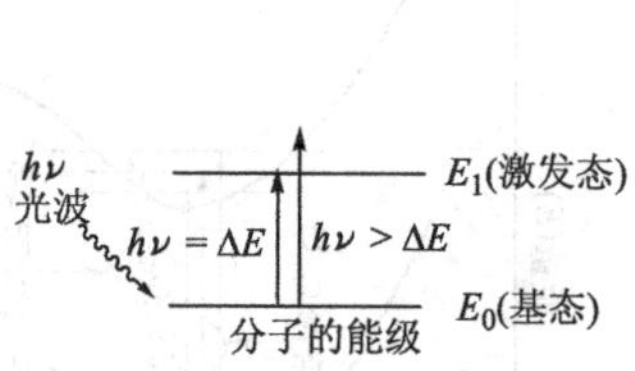

图 1-7　分子吸收光发生电子跃迁

$$A = \lg \frac{I_0}{I} = \frac{I}{T} = \varepsilon cL \tag{1-8}$$

式中，I_0 为入射光强度；I 为透过光强度；T 为透射率；c 为样品浓度（通常用物质的量浓度表示，mol·L^{-1}）；L 为光程长（即比色皿厚度，通常为 1 cm）；A 为样品的吸光度（旧称光密度 OD 或消光度）；ε 为摩尔吸光（或消光）系数，是样品的特征常数（单位为 L·mol^{-1}·cm^{-1}）。

　　ε 值越大，表示样品吸光能力越强。当样品的 ε 值大于 10^4 L·mol^{-1}·cm^{-1}，为强吸收，表示在该波段的电子跃迁概率大；ε 值在 $10^2 \sim 10^4$ L·mol^{-1}·cm^{-1}，为中强吸收；ε 值小于 10^2 L·mol^{-1}·cm^{-1}，为弱吸收，表示在该波段的电子跃迁概率小。

1.3.3　紫外-可见吸收光谱

　　紫外-可见（UV-Vis）吸收光谱描述的是，在近紫外-可见-近红外光谱区域内（200～1000 nm），某一样品对不同波长单色光的吸收强度的变化情况。紫外-可见吸收光谱（简称为吸收光谱）反映的是分子吸收某一光波后引起的价电子跃迁，故又称为电子光谱。

　　紫外-可见吸收光谱通常用横坐标表示波长（λ，单位 nm），纵坐标表示摩尔吸光系数（ε，单位 L·mol^{-1}·cm^{-1}）或吸光度（A，无单位)。测试溶液样品时需注明所用的溶剂和配制浓度（一般在 $10^{-4} \sim 1 \times 10^{-6}$ mol·L^{-1}）。

　　如图 1-8 所示，样品 1 在 300～900 nm 范围内显示出两个吸收带，分别记为吸收带 Ⅰ 和吸收带 Ⅱ；吸收带 Ⅰ 峰形尖锐，峰位（λ_{max}）在 380 nm 处，摩尔吸光系数（ε）为 2.2×10^3 L·mol^{-1}·cm^{-1}；吸收带 Ⅱ 吸收很弱。样品 2 在 250～700 nm 范围内也显示出两个吸收带，分别在 272 nm 和 340～440 nm 处。值得注意的是，该样品在长波长处的吸收弱、峰形宽，且呈现锯齿形状，这种锯齿状振动吸收一般称为精细结构。这是由于电子光谱中既包括价电子跃迁而产生的吸收光谱，也包括振子跃迁产生的振动光谱，故电子跃迁时常伴随着振子跃迁（即振动能级变化）。因此，样品 2 的吸收带出现了吸收峰的精细结构。

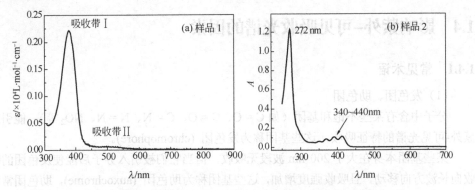

图 1-8　样品 1 和样品 2 的紫外-可见吸收光谱示意图（乙醇，1×10^{-5} mol·L^{-1}）

　　在大多数情况下，吸收峰的这种精细结构并不出现，原因有多种：一是溶剂与样品化合物的相互作用致使样品的精细结构消失；二是分子结构发生变化所致，如苯环的吸收带峰值在 254 nm 处，该谱带会出现精细结构；一旦苯环上氢原子被取代后，230～270 nm 谱带的精细结构就会消失。

1.3.4 紫外-可见吸收光谱仪

物质的紫外-可见吸收光谱可由紫外-可见吸收光谱仪测定。由图 1-9 所示，紫外-可见吸收光谱仪包括光源、单色仪、样品池、光电倍增管和光子计数器等。测试时，首先是光源发射多波长连续光经过单色仪分光，按波长顺序依次进入样品池辐照样品溶液，经过样品池的透过光（I）再依次经过光电倍增管和光子计数器测定其强度。

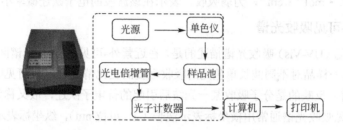

图 1-9   吸收光谱测试装置示意图

在单光路系统中，先测定溶剂对各个单色光的透射强度 $I_0(\lambda)$ 值，然后测定样品对各个单色光的透射强度 $I(\lambda)$ 值；吸收池有石英池和光学玻璃池，石英比色皿在紫外-可见区和近红外区的透过率很高，可测紫外-可见吸收光谱和近红外吸收光谱，玻璃比色皿在紫外区有吸收，不能用来测定紫外区吸收光谱。

烷烃的紫外吸收最大峰值（λ_{max}）小于 200 nm，在近紫外区无吸收；单烯烃的 π-π^* 跃迁所对应的吸收峰也出现在远紫外区，如乙烯的吸收峰位在 162 nm；含杂原子的饱和烃，其 n-σ^*吸收带可移至近紫外区。紫外-可见吸收光谱仪无法测出有机分子的 σ-σ^*跃迁和定域的π-π^*跃迁。

1.4 影响紫外–可见吸收光谱的因素

1.4.1 常见术语

（1）发色团、助色团

分子中含有某些不饱和基团（如 C＝C、C＝O、C＝N、N＝N、NO_2 等），能引起紫外-可见光谱的特征吸收，这些基团称为发色团 (chromophore)。

某些基团本身在大于 200 nm 波段无吸收，但当它们被引入分子后能使发色团的吸收向长波方向移动，且吸收强度增加，这些基团称为助色团 (auxochrome)，助色团常常是带有非键电子对的基团，如 OH、NH_2、SH 等。

（2）红移、蓝移、增色、减色

吸收光谱的最大吸收峰位向长波方向移动，这种现象称为红移现象 (bathochromic shift 或 red shift)；当吸收光谱峰位向短波方向移动，这种现象则称为蓝移现象 (hyposochromic shift 或 blue shift)。吸光度增加的现象称为增色效应，吸光度降低的现象称为减色效应。

（3）R 带、K 带、B 带和 E 带

根据电子跃迁的类型可将吸收峰分为不同的吸收带。n-π*跃迁所产生的吸收带称为 R 带，π-π*跃迁产生的吸收带称为 K 带，其中苯环的π-π*跃迁产生的吸收带称为 B 带，芳香族化合物的π-π*跃迁称为 E 带。

（4）分子内电荷转移吸收带（ICT 带）

当分子内存在离域π键，且在π键两端接上电子给体（D）和电子受体（A）后，可形成 "D-π-A"、"D-π-D" 和 "A-π-A" 型分子（见图 1-10）。具有这种结构的有机分子受光激发后很容易发生分子内的电荷转移（intra molecular charge transfer，ICT），相应的吸收带必定位于吸收光谱的长波长区域，具有明显红移并伴随增色效应，这种吸收带称作 ICT 吸收带。

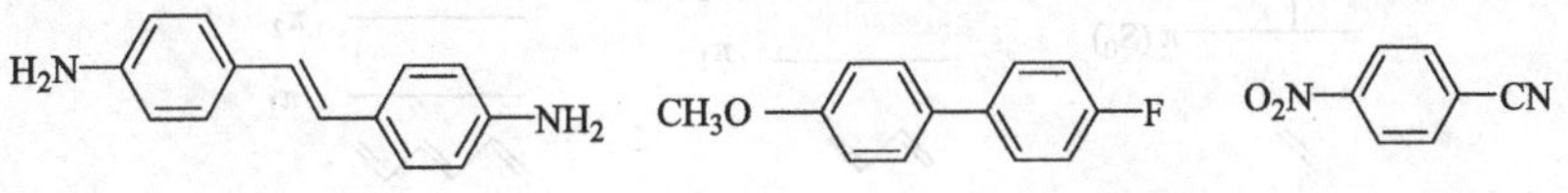

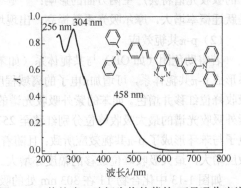

图 1-10　D-π-A、"D-π-D" 和 "A-π-A" 型分子示例

电子给体（D，donor）是指那些能活化苯环的取代基，通常为第一类定位基（即邻、对位定位基，也为斥电子基），如 NR_2、OH、OR 和 R 等。

电子受体（A，acceptor）是指那些钝化苯环的取代基，通常为第二类定位基（即间位定位基，也为吸电子基），如 COOH、NO_2、CHO 和 CF_3 等。

图 1-11 为苯并噻二唑衍生物的紫外-可见吸收光谱，在紫外光谱区的两个吸收带的峰位（λ_{max}）分别在 256 nm 和 304 nm处，摩尔吸光系数（ε）分别为 8670 $L \cdot mol^{-1} \cdot cm^{-1}$ 和 9130 $L \cdot mol^{-1} \cdot cm^{-1}$，前者可归属为苯的吸收，后者归属为三苯胺的吸收；在可见光谱区的吸收带在458 nm 处，摩尔吸光系数（ε）为 3453 $L \cdot mol^{-1} \cdot cm^{-1}$，此吸收带即为分子内电荷转移吸收带（ICT）。由于三苯胺-苯并噻二唑化合物具有电子给体（二苯氨基团）和电子受体（噻二唑基团），与苯环构成离域共轭体系，属于"D-π-A-π-D" 型分子，具有显著的分子内电荷转移特性，其 ICT 吸收带红移至可见光谱区，该化合物具有鲜艳的红色。

图 1-11　苯并噻二唑衍生物的紫外-可见吸收光谱
（溶剂：二氯甲烷；浓度：1×10^{-5} mol $\cdot L^{-1}$）

1.4.2　共轭效应

（1）π-π共轭效应

分子的吸收峰位和摩尔吸光系数与分子结构有着密切关系，有机分子随着共轭程度提高，π电子的离域作用增大，使得吸收带的峰位红移并伴随增色效应，这种现象称作π-π共轭效应（conjugation effect）。

π-π共轭效应对分子的吸收光谱的影响可从图1-12中清楚地看出：如含有1个C＝C的乙烯分子，其π-π*跃迁对应的吸收出现在远紫外区（165 nm）；含2个C＝C的1,3-丁二烯，其离域π-π*跃迁的吸收峰则红移至近紫外区（217 nm）；含3个C＝C的1,3,5-己三烯，其π-π*共轭效应进一步提高，吸收峰位也发生更大红移（258 nm）。

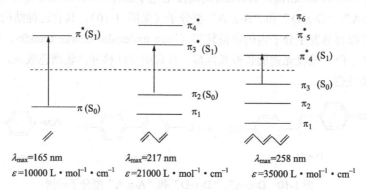

图1-12 π-π共轭效应与吸收峰位红移关系

由于随着π电子的离域程度依次增大，分子的最高占有轨道（HOMO）能级逐渐升高，同时最低未占有轨道（LUMO）能级逐渐降低，结果使得HOMO与LUMO之间的能量（级）差（ΔE）依次减小。从图1-12可以看出，乙烯、丁二烯和己三烯的ΔE分别为π-π*、π_2-π_3^*和π_3-π_4^*，可见，三者的能级差ΔE在逐渐地减小。能级差（ΔE）减小对分子的吸收光谱将会产生两方面的影响：一是导致电子跃迁对应的吸收峰位明显红移；二是跃迁概率增大，摩尔吸光系数提高，出现增色效应。

（2）p-π共轭效应

若将助色团（如OH）与共轭体系（如苯环）连接，助色团中的孤对电子与共轭体系形成p-π共轭体系，可增加π电子的离域程度，降低基态与激发态的能级差，结果也使吸收峰位红移并增色。如苯的紫外吸收光谱的最大吸收峰位在254 nm，而氯苯和碘苯的紫外吸收光谱的最大吸收峰位分别红移至257 nm和259 nm处，这是由于卤原子的孤对电子与苯环形成了p-π共轭效应所致；且随着卤原子半径的增大，卤原子与苯环p-π共轭效应增大，最大吸收峰位红移的幅度亦增大。

如图1-13中化合物T1在303 nm处的吸收带归属于三苯胺的电子跃迁，在363 nm处的吸收带可归属于分子的ICT吸收。T1分子内存在着两类p-π共轭，分别是氧原子、氮原子孤对电子与苯环的p-π共轭，这些都增加了π电子的离域程度，降低了基态与激发态的能级差，使ICT吸收发生在363 nm处。化合物T2和T3分子结构中正丁氧基的数目依次增多，其p-π共轭程度依次增大，分子的ICT吸收带明显发生红移，其吸收峰位红移至384～386 nm，且吸光度明显增强，出现增色效应。

（3）超共轭效应

当分子共轭体系中存在烷基时，烷基中C-H键的σ电子可与共轭体系的π电子产生超共轭效应（σ-π hype-conjugation），这种σ-π超共轭效应也将导致吸收波长红移。如图 1-14 所示，苯的紫外吸收光谱的最大吸收峰位在 254 nm，甲苯的紫外吸收光谱的最大吸收峰位红移至 260 nm，这是由于甲基与苯形成了σ-π超共轭效应。

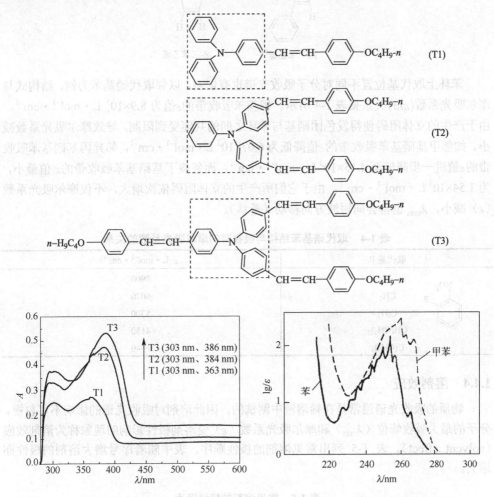

图 1-13　化合物 T1、T2 和 T3 的结构与吸收光谱　　图 1-14　甲苯与苯的紫外吸收光谱
　　　　（甲苯，1×10⁻⁵ mol·L⁻¹）

1.4.3　空间效应

有机化合物吸收波长和摩尔吸光系数与分子的几何构型、空间效应（spacial effect）有着密切相关。如反式二苯乙烯的最大吸收波长（λ_{max}）为 294 nm（ε_{max} =27600 L·mol⁻¹·cm⁻¹），顺式二苯乙烯的λ_{max}为 280 nm（ε_{max} =10500 L·mol⁻¹·cm⁻¹）。从两者的分子构型上看，前者的两个苯环可与乙烯键共平面形成大共轭体系，而后者的两个苯环由于空间阻碍与乙烯键不能很好地共平面，这种由分子几何构型不同引起的吸收光谱

性质不同，称为空间效应，又称平面性效应。

E-二苯乙烯   Z-二苯乙烯

苯环上取代基位置不同对分子吸收光谱也有影响，以邻取代硝基苯为例，结构式与摩尔吸光系数(ε)的关系见表 1-4 所示。硝基苯吸收带的 ε 值为 8.9×10^3 L·mol^{-1}·cm^{-1}，由于产生的立体阻碍使得发色团硝基与苯环之间的共轭受到限制，导致摩尔吸光系数减小。如邻甲基硝基苯吸收带的 ε 值降低为 6.07×10^3 L·mol^{-1}·cm^{-1}，邻异丙基硝基苯吸收带的 ε 值进一步降低至 4.15×10^3 L·mol^{-1}·cm^{-1}，而邻叔丁基硝基苯吸收带的 ε 值最小，为 1.54×10^3 L·mol^{-1}·cm^{-1}。由于它们所产生的立体阻碍依次增大，不仅摩尔吸光系数（ε）减小，λ_{max} 也将会向短波方向移动（蓝移）。

表 1-4 取代硝基苯结构与吸收带的摩尔吸光系数的关系

取代基 R	ε/L·mol^{-1}·cm^{-1}
H	8900
CH$_3$	6070
C$_2$H$_5$	5300
CH(CH$_3$)$_2$	4150
C(CH$_3$)$_3$	1540

1.4.4 溶剂效应

物质的吸收光谱通常是在稀溶液中测试的，因此溶剂对吸收光谱的影响不可忽视。分子的最大吸收峰位（λ_{max}）和摩尔吸光系数（ε）受溶剂极性影响的现象称为溶剂效应（solvent effect）。表 1-5 列出常见溶剂的极性顺序，表中随着序号增大溶剂的极性亦增大。

表 1-5 常见溶剂的极性顺序

序号	溶剂名称	序号	溶剂名称	序号	溶剂名称
1	正己烷	7	正丁醇	13	乙醇
2	环己烷	8	异丁醇	14	丙酮
3	甲苯	9	四氢呋喃（THF）	15	DMF
4	对二甲苯	10	乙酸乙酯	16	乙腈
5	氯苯	11	氯仿	17	甲醇
6	乙醚	12	二氧六环	18	乙酸

分析巴比妥酸衍生物吸收光谱的溶剂效应可以看出（见图 1-15），随着溶剂极性增大，巴比妥酸衍生物的 ICT 吸收带发生红移，如随着溶剂极性由四氢呋喃、乙醇到甲醇的增大，吸收峰位由 485 nm、491 nm 红移至 493 nm。

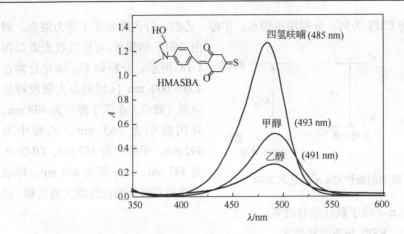

图 1-15 巴比妥酸衍生物在不同溶剂中的紫外吸收光谱（浓度 1×10^{-5} mol·L^{-1}）

一般地，在极性溶剂中，化合物的 n-π* 跃迁吸收带常会发生蓝移，而 π-π* 跃迁吸收带则发生红移；相反地，在非极性溶剂中，化合物的 n-π* 跃迁吸收带常会发生红移，而 π-π* 跃迁吸收带则发生蓝移。因此，通过紫外-可见吸收光谱的溶剂效应可预测化合物的吸收带电子跃迁的类型是 n-π* 跃迁还是 π-π* 跃迁。

溶剂的静电作用将使得溶质分子的基态和激发态能级发生较大的变化，分析如下：

① 对于 n-π* 电子跃迁来说，n 轨道的极性大于 π*（即基态极性大于激发态）。若在极性溶剂中，基态的能量会比激发态降低得更多；若在非极性溶剂中，则激发态的能量比基态降低得更多，如图 1-16 所示。若分别用 ΔE、ΔE_p 和 ΔE_n 代表化合物在真空中、极性溶剂和非极性溶剂中激发态与基态之间的能量差，则有如下关系：

$$\Delta E_p > \Delta E > \Delta E_n$$

所以，化合物的 n-π* 跃迁吸收带在极性溶剂中发生蓝移，在非极性溶剂中发生红移。

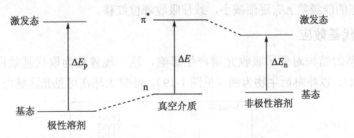

图 1-16 溶剂的极性对 n-π* 跃迁的影响

② 对于 π-π* 电子跃迁来说，π 轨道的极性小于 π*（即基态的极性小于激发态的极性）。若在极性溶剂中，激发态 π* 轨道的能量降低得更多；若在非极性溶剂中，则基态的能量降低得更多，如图 1-17 所示。结果就有如下关系：

$$\Delta E_p < \Delta E < \Delta E_n$$

所以，化合物 π-π* 跃迁吸收带在极性溶剂中发生红移，在非极性溶剂中发生蓝移。

现以化合物 PSPI 为例，分别用蒸馏水、甲醇、乙醇、异丙醇和正丁醇为溶剂，测出 PSPI 的紫外-可见吸收光谱如图 1-18 所示。分析如下：该化合物在 400～600 nm 区域的最大吸收峰值位置（峰位）在正丁醇中为 498 nm、异丙醇中为 493 nm、乙醇中为 492 nm、甲醇中为 487 nm、DMF 中为 482 nm、水中则为 468 nm，即吸收峰随着溶剂的极性增大而蓝移，说

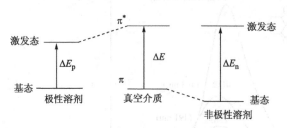

图 1-17　溶剂的极性对 π-π* 跃迁的影响

明 ICT 吸收带中 n-π* 电子跃迁成分较多。

可以理解为，PSPI 基态的极性大于激发态，随着溶剂极性增大，基态的溶剂化作用使其轨道的能量降低的程度大于激发态降低的程度，溶剂极性愈大，基态能级降低程度愈大，致使吸收峰位愈发蓝移。

再来讨论图 1-15 的巴比妥酸衍生物吸收光谱的溶剂效应，随着溶剂极性由 THF、乙醇到甲醇的增大，ICT 吸收带由 485 nm、491 nm 红移至 493 nm。说明 ICT 吸收带中 π-π* 电子跃迁成分较多。可以理解为，巴比妥酸基

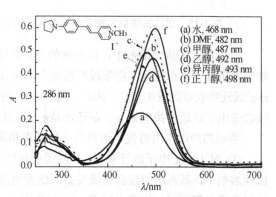

图 1-18　芘类吡啶盐 PSPI 的吸收光谱
（DMF, 1×10^{-5} mol·L^{-1}）

态的极性小于激发态，随着溶剂极性增大，激发态 π* 轨道的能量降低幅度更大一些，基态与激发态的能级差 ΔE_p 逐渐减小，致使吸收峰位红移。

1.4.5　取代基效应

取代基的结构对分子吸收光谱产生影响，这一现象称为取代基效应（substituted group effect）。以卟啉衍生物为例（见图 1-19），卟啉大环在可见光区域内有 1 个强而尖

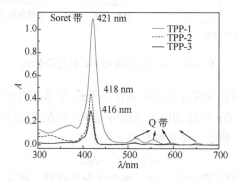

图 1-19　四苯基卟啉衍生物吸收光谱图（THF, 1×10^{-6} mol·L^{-1}）

锐的吸收带，这是由π-π*电子发生了 $S_0 \rightarrow S_2$ 跃迁引起的，称为 Soret 吸收带；另外，在长波长区域还有 4 个很弱的吸收峰，是由π-π*电子发生了 $S_0 \rightarrow S_1$ 跃迁引起的，称为 Q 吸收带。

当卟啉环外连接不同的取代基后（见表 1-6），对吸收带的影响可以分析如下：

表 1-6　四苯基卟啉（TPP）衍生物的取代基结构及其吸收峰位

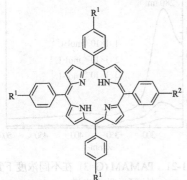

名称	取代基结构		Soret 带
	R^1	R^2	
TPP-1	-CH=CHPhNPh₂	-OOC-PhNO₂	421 nm
TPP-2	-OOC-PhNPh₂	-OOC-PhNPh₂	418 nm
TPP-3	-Br	-OOC-PhNO₂	416 nm

在三个卟啉衍生物 TPP-1、TPP-2 和 TPP-3 中，TPP-1 环外有四个大的共轭基团，大环与取代基之间存在着π-π共轭和p-π共轭；所以，Soret 带峰位在 421 nm，呈强而宽的吸收带。TPP-2 的 Soret 带明显减弱，峰位蓝移至 418 nm 处，这是由于 TPP-2 分子大环和环外取代基只有 p-π共轭，没有π-π共轭所致。化合物 TPP-3 的 Soret 带最弱，峰位进一步蓝移至 416 nm 处，这是由于 TPP-3 分子环外的三个溴原子具有较弱的 p-π共轭。值得注意的是，TPP-3 在紫外光谱区（<400 nm）无吸收，而 TPP-1 和 TPP-2 在 300～360 nm 区域的吸收非常明显。这是因为在卟啉环外接上三苯胺取代基，增加了分子扭曲，保留了三苯胺基团及相关扭曲构象在短波长区域的吸收。

1.4.6　浓度效应

物质的吸收光谱一般在很稀的（$<1 \times 10^{-5}$ mol·L^{-1}）溶液中测得，因为只有在很稀的溶液中才能避免分子间的相互作用，真实反映出分子的光谱行为。当浓度增大时，分子间的相互作用加强，常常导致吸收峰位红移、吸光度发生变化（一般是增强），这种现象称为浓度效应（concentration effect）。

图 1-20 为化合物 TDETE [四(4-二乙氨基苯基) 乙烯] 吸收光谱的浓度效应，可以看出 TDETE 呈现两个吸收带。当浓度为 1×10^{-5} mol·L^{-1} 时，这两个吸收带峰位分别在 308 nm（$\varepsilon = 3936$ L·mol^{-1}·cm^{-1}）和 386 L·mol^{-1}·cm^{-1}（$\varepsilon = 1945$ L·mol^{-1}·cm^{-1}），均为强吸收带，其中短波长的吸收带的电子跃迁概率更大些。当浓度由 1×10^{-5} mol·L^{-1} 增加到 1×10^{-4} mol·L^{-1} 时，其吸光度随着浓度增大而急剧增强。

当化合物的吸光度随着溶液的浓度增加而增强以外，在长波段区域还出现一个新的吸收带，这就预示着该化合物可能发生分子间聚集态。图 1-21 是 PAMAM（聚酰胺-胺型树枝状高分子）在甲醇溶剂中的吸收光谱。稀溶液（1×10⁻⁶ mol·L⁻¹）时 PAMAM 溶液呈现一个吸收带，峰值波长为 280 nm 处。当溶液浓度由 1×10⁻⁶ mol·L⁻¹ 增大至 1×10⁻⁴ mol·L⁻¹ 时，在长波段区域（350～420 nm）出现宽而弱的吸收峰，说明在该浓度下有分子聚集体形成。

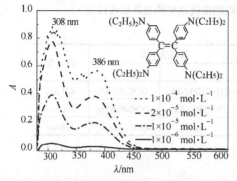 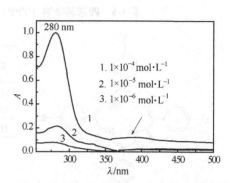

图 1-20　TDETE 在甲苯溶剂中不同浓度下的紫外-可见吸收光谱（其中 1×10⁻⁴ mol·L⁻¹ 浓度下的吸收光谱已被缩小了 3 倍）　　图 1-21　PAMAM (G=3) 在不同浓度下紫外-可见吸收光谱

1.4.7　分子聚集体的吸收光谱

分子聚集体是基于分子间的非共价键相互作用而形成的分子集合体，但不能看作是孤立分子简单的集合，而是一种具有特定结构的亚稳状态。大多数共轭分子，当其在高浓度溶液、不良溶剂、薄膜状态或晶体结构中均可通过分子间相互作用，形成不同堆积形式的聚集体。

分子聚集体通常可分为 J-聚集体和 H-聚集体。当共轭分子相互接近聚集时，若双方共轭平面之间的夹角大于 54.7° 时，此时分子生色团为面对面（face-to-face）平行排列，这种聚集形式称为 H-聚集体。当共轭分子相互接近聚集时，若双方共轭平面之间的夹角小于 54.7° 时，可以理解为分子呈头对尾（head-to-tail）的排列，这种聚集形式称为 J-聚集体，如图 1-22 所示。

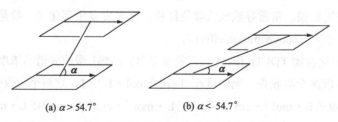

(a) α > 54.7°　　　　　　　(b) α < 54.7°

图 1-22　H-聚集体（a）和 J-聚集体（b）排列示意图

聚集体的吸收光谱与单分子光谱不同。与单分子相比，H-聚集体的吸收带一般会发生蓝移，且蓝移幅度越大，表明面对面的π-π相互作用越强；J-聚集体的吸收带一般会红移，且红移幅度越大，表明头对尾的π-π相互作用越强。

　　一般，具有强的给体（D）与强的受体（A）构成的D-π-A分子，在高浓度或固态时其分子内电荷转移（ICT）带发生蓝移，呈 *H*-聚集体。当弱 D 与强 A 或者是强 D 与弱 A 构成的D-π-A分子，则在高浓度或固态时其 ICT 吸收带发生红移，呈 *J*-聚集体。图 1-23 为三苯胺-查尔酮（TCPy1）聚集体的吸收光谱图，图中实线为 TCPy1 分子态的吸收光谱，随着丙酮/水混合溶剂中水的比例增加，分子的 ICT 带发生红移（从插图中可看出红移的幅度），并伴随着吸光度降低；表明分子采取的是头-尾相互作用的 *J*-聚集形式。当丙酮/水混合溶剂中水的比例增加到 70%，红移幅度最大，此时聚集作用最强；继续提高混合溶剂中水的比例，ICT 带的吸收峰位红移不明显，表示聚集作用降低。

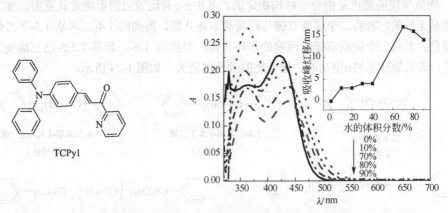

图 1-23　三苯胺-查尔酮聚集态紫外-可见吸收光谱
（插图为 TCPy1 随着水的比例增加，吸收峰位红移的幅度的变化）

1.5　分子结构与颜色

1.5.1　基本概念

（1）吸收色与补色

　　分子结构是决定其吸收光谱的关键因素，物质的颜色正是由于对不同波长的光具有选择吸收而产生的；当化合物吸收某一频率的光波后会呈现其互补颜色，人眼感觉到的物质的颜色就是该物质呈现出来的颜色。

　　光的三基色（RGB）为红（red）、绿（green）和蓝（blue），其中两两混合可以得到更亮的中间色：黄、青、洋红；三种等量相加可得白色。

　　补色是指完全不含的另一种颜色，如黄色是由红、绿两种颜色合成得到的，完全不含蓝色，黄色则称为蓝色的补色。硫酸铜溶液因吸收了黄色光而呈蓝色。将两个互为补色的颜色按一定比例相加可得到白色。表 1-7 是物质吸收色和互补色（即人眼感觉色）的关系。

表 1-7　物质吸收色与补色（人眼感觉色）的关系

光谱吸收峰位/nm	物质吸收的颜色	人眼感觉颜色
380～430	紫	淡黄
430～450	蓝	黄
450～480	绿蓝	橙
490～580	绿	红
600～650	橙	绿蓝
650～750	红	蓝

（2）π-π 共轭效应与颜色

物质呈现的颜色是由分子结构决定的，其中 π-π 共轭效应的影响尤其重要。如二苯乙烯是无色的，若将二个碳碳双键与两端的苯环共轭，得到的 1,4-二苯基-1,3-丁二烯为黄绿色；若将三个碳碳双键与两端的苯环共轭，得到的 1,6-二苯基-1,3,5-己三烯变为黄橙色；若共轭体系被 σ 键切断，化合物的颜色便消失，如图 1-24 所示。

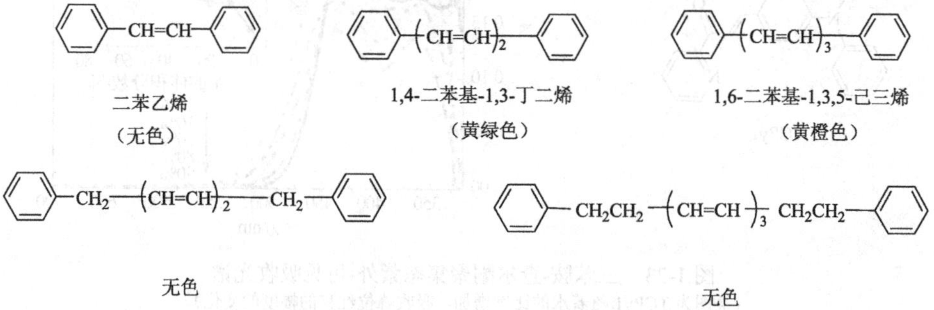

图 1-24　分子共轭结构与颜色的关系

（3）p-π 共轭效应与颜色

通常，染料分子并不具有很长的共轭链，而是在一个较短的共轭体系上带有孤电子对的取代基（见图 1-25），如在苯环或萘环上连接 NO_2、OH、NR_2 等助色基团后就成为有色物质，若没有这些取代基，苯环和萘环则不显色。可见，分子 p-π 共轭效应对于颜色影响也至关重要。

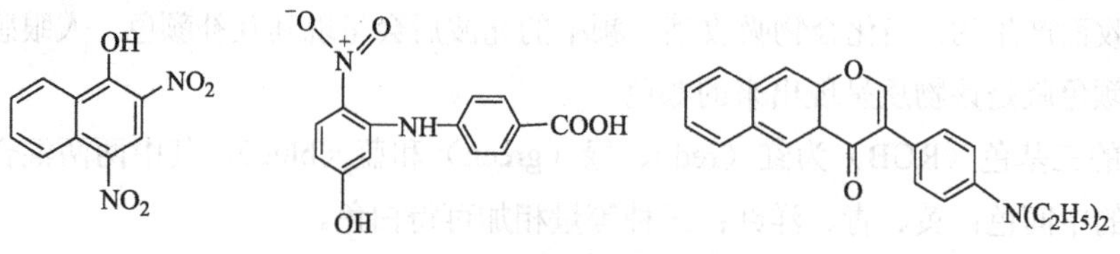

图 1-25　具有 p-π 共轭效应的染料分子

分析取代苯 p-π 共轭效应与吸收光谱的关系（见表 1-8）。以化合物 **1**（硝基苯）为参比物，该化合物的最大吸收峰位在 252 nm 处；化合物 **2** 含有 OH（D）和 NO_2（A），且两者位于苯环对位构成有效的 D-π-A 型分子；另外，OH 的作用增强了 p-π 共轭效应，有利于分子内电荷离域，使其最大吸收峰位红移至 320 nm 处；当酚羟基成为氧负离子后，显著提高了给电子能力，即显著增强 p-π 共轭效应，所以化合物 3 的吸收峰位红移至 400 nm，呈现出橙黄色。

对于间硝基苯酚（化合物 4）和间硝基苯酚负离子（化合物 5）来说，—OH（—O⁻ 负离子）与 NO_2 处于苯环间位，削弱了 p-π 共轭效应，导致吸收峰位不能有效红移或摩尔吸光系数降低。

表 1-8 分子结构、吸收性能及颜色之间的关系

化合物	1	2	3	4	5
结构式	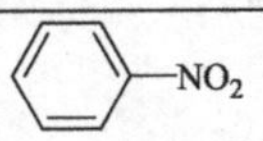	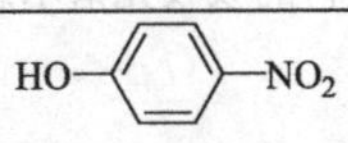	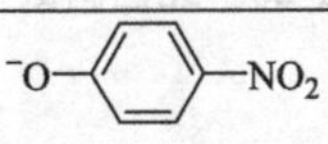	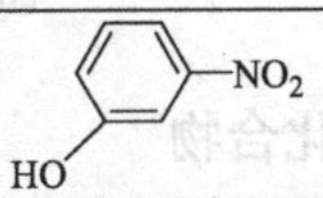	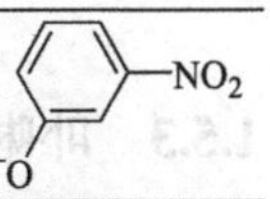
λ_{max}/nm	252	320	400	320	380
$\varepsilon/L \cdot mol^{-1} \cdot cm^{-1}$	1×10^4	0.9×10^4	1.5×10^4	0.18×10^4	0.15×10^4
颜色	无色	无色	橙黄色	无色	黄色

1.5.2 偶氮化合物

偶氮化合物由芳伯胺重氮化后与酚类或芳胺偶合而成（见图 1-26），分子中的氮氮双键称为偶氮基（N=N）。偶氮化合物具有反式（trans-）和顺式（cis-）两种异构体（见图 1-27，其中 R^1 和 R^2 表示不同的取代基）；反式异构体能量低，稳定性好；顺式异构体能量高，不稳定；所以一般情况下偶氮分子多以稳定的反式结构存在。

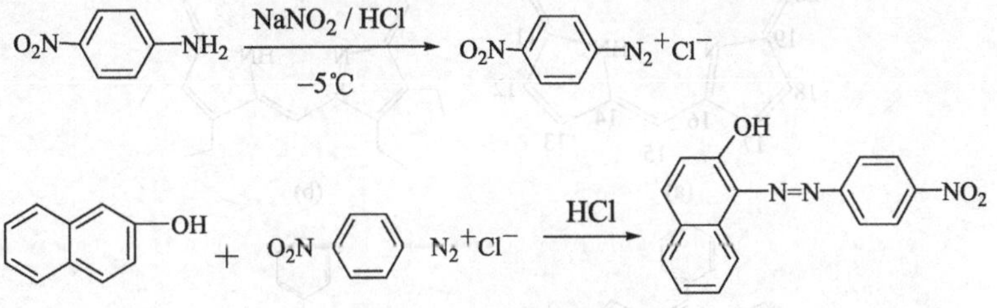

图 1-26 偶氮染料制备路线

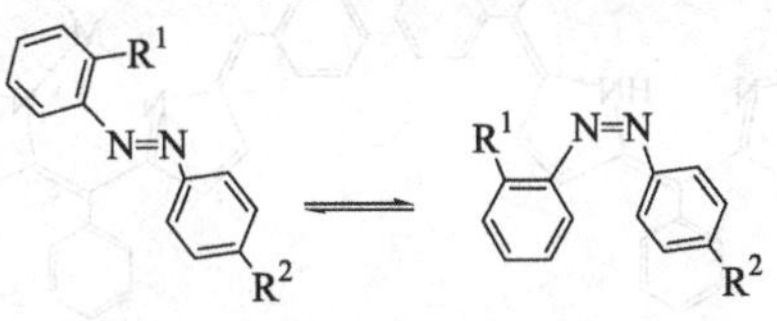

图 1-27 偶氮化合物两种顺反异构体

偶氮化合物的吸收光谱在可见光谱区，苯环上取代基的电子效应（π-π 共轭效应和 p-π 共轭效应）影响着分子中电子云密度的分布，使分子的基态与激发态之间的能级差发生很大变化，导致吸收峰发生很大移动。所以偶氮分子的色泽范围很宽，包括黄、橙、红、深蓝等，其中红色和橙色居多，图 1-28 为红色偶氮染料的吸收光谱。

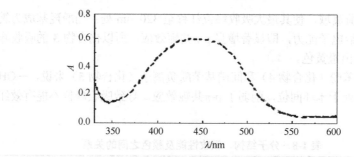

图 1-28　红色偶氮染料的吸收光谱示意

1.5.3　卟啉化合物

卟啉（porphyrins）是由四个吡咯通过 sp^2-C 共轭相连形成的大环结构，是由卟吩外环带有取代基的同系物总称。图 1-29(a)为卟吩，而图 1-29(b)，(c)为卟啉，分别命名为 2,3,7,8,12,13,17,18-八乙基卟啉和 5,10,15,20-四苯基卟啉。卟啉环内有空穴，可以容纳许多金属离子，形成金属卟啉 [见图 1-29(d)]。如卟啉环内吡咯氮上 2 个质子被金属（Cu、Pt 和 Pd 等）离子取代后形成金属卟啉配合物 (metalloporphyrins)。

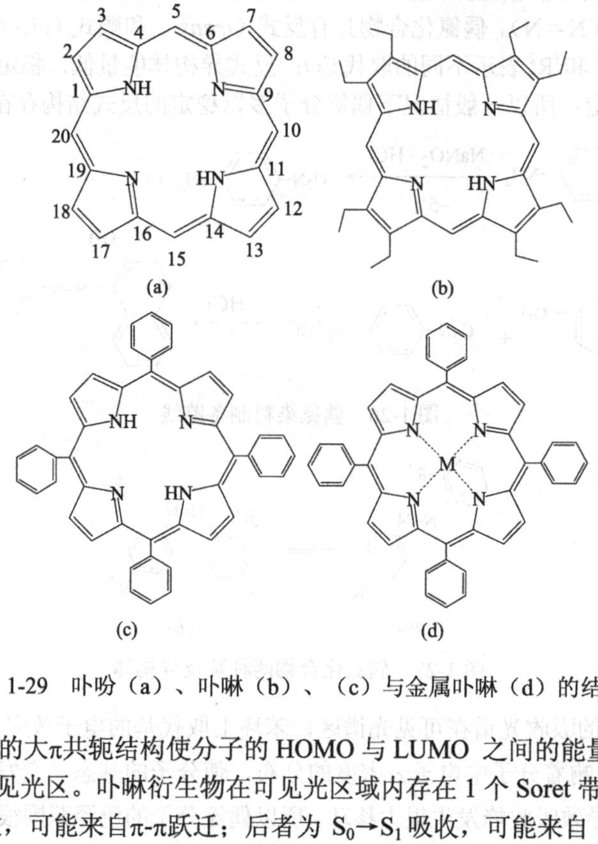

图 1-29　卟吩（a）、卟啉（b）、（c）与金属卟啉（d）的结构

卟啉化合物的大π共轭结构使分子的 HOMO 与 LUMO 之间的能量差降低，从而使得吸收带位于可见光区。卟啉衍生物在可见光区域内存在 1 个 Soret 带和 4 个 Q 带，前者为 $S_0{\rightarrow}S_2$ 吸收，可能来自π-π跃迁；后者为 $S_0{\rightarrow}S_1$ 吸收，可能来自 n-π跃迁。卟啉和金属卟啉都是高熔点的深色固体，如四苯基卟啉为蓝紫色，四苯基卟啉钯为绛红色。

　　5,10,15,20-四(羟基苯基)卟啉在 417 nm 左右有一最大吸收峰为卟啉的特征吸收峰，称为 Soret 带；在 515 nm、552 nm、592 nm、648 nm 处有 4 个小的吸收峰，称为 Q 带（见图 1-30）。当四个三苯胺基团通过酯化接在卟啉环上后，Soret 带峰位仍在 417 nm 处；若将吡咯烷基连接在卟啉环上后，其 Soret 带的吸收峰红移至 436 nm 处，其 Q 带明显增强，说明吡咯烷基和卟啉环可有效构成大平面结构，分子内电子相互作用导致了吸收光谱峰位显著红移（见图 1-31）。

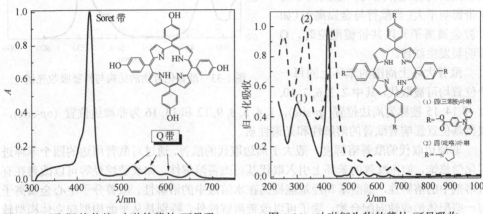

图 1-30　四(羟基苯基)卟啉的紫外-可见吸
　　　　　收光谱（THF，1×10^{-5} mol·L^{-1}）

图 1-31　卟啉衍生物的紫外-可见吸收
　　　　　光谱（THF，1×10^{-5} mol·L^{-1}）

1.5.4　酞菁化合物

　　由四个苯并吡咯通过氮原子共轭相连形成的大环结构称为酞菁，其结构非常类似于卟啉 [见图 1-32(a)]。酞菁环分别由 4 个 N 原子、12 个 C 原子组成，具有 16 中心 18π 电子的芳香大环共轭体系，环内的空穴直径约为 270 nm，可以容纳许多金属离子。同时，酞菁中心氮原子具有碱性，N-H 键具有酸性，在强碱作用下会失去两个质子生成二价阴离子。因此，酞菁配体的配位能力很强，几乎可和周期表中所有的金属原子配位，形成形形色色的金属酞菁配合物 [见图 1-32(b)]。

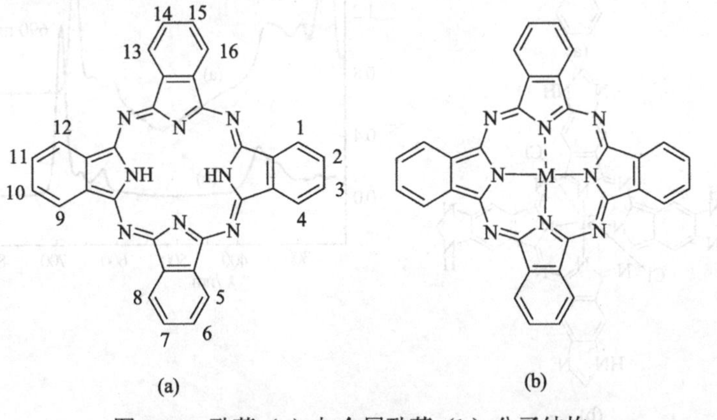

图 1-32　酞菁（a）与金属酞菁（b）分子结构

酞菁化合物有两个特征吸收带（见图 1-33）：短波段的吸收带（位于 350 nm 附近）称作 Soret 带（又称为 B 带）；长波段的吸收带称作 Q 带，位于 700 nm 附近。B 带和 Q 带均为 π-π* 跃迁，其中 Q 带对酞菁的光电性能影响起着决定性作用。当酞菁与金属离子（如碱金属）配位主要为静电作用时，金属离子对 Q 带影响不大；当酞菁与金属离子（如过渡金属离子）以共价键配位时，Q 带明显发生红移。

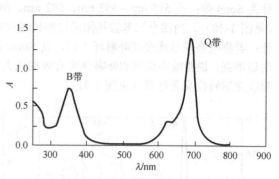

图 1-33　酞菁化合物的结构与特征吸收光谱

酞菁大环上周围的苯环上的每一个位置均可被取代，其中 2, 3, 6, 7, 10, 11 和 14, 15 被称为周边位置 (p-site)，1, 4, 5, 8, 9, 12 和 13, 16 为非周边位置 (np-site)，取代基位置影响着酞菁的溶解性和光谱性质。

非周边取代的酞菁溶解度一般大于周边取代的酞菁，通过对酞菁周边的四个苯环进行化学修饰，如在酞菁的苯环上引入取代基可改善溶解性。如长链烷烃等可以改善在有机溶剂中的溶解性，磺酸基和羟基能提高在水溶液中的溶解性。酞菁分子中心金属离子与一些配体形成轴向配合物，除了可以改善溶解性外，特别是从平面构型向立体构型转化后，阻碍酞菁环之间的相互作用，减少聚集态形成，提高光学活性。

在酞菁外围进行取代基修饰可改变酞菁的吸电子与供电子性质，从而影响其吸收光谱的性质，如图 1-34 所示，在硅酞菁外围四个苯环接上咪唑环得到苯并咪唑硅酞菁，其 Q 带的吸收峰位（曲线 a，669 nm）较之未取代的硅酞菁（曲线 b，690 nm）蓝移了 21 nm。

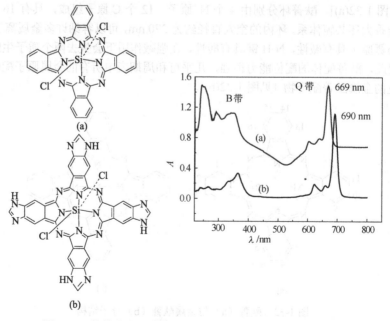

图 1-34　苯并咪唑硅酞菁（a）和硅酞菁（b）的吸收光谱图

　　溶剂对吸收峰位置也会产生影响，如在浓硫酸溶剂中酞菁的 Q 带会发生显著红移，这是由于酞菁环上的 N 和浓硫酸形成氢键所致；另一方面，在浓硫酸溶剂中酞菁的 B 带会发生蓝移，这是由于浓硫酸溶剂使酞菁基态能量下降，使其发生电子跃迁所需的能量更大。

1.5.5　芪类化合物

　　芪是二苯乙烯的别名。在二苯乙烯骨架两端连接电子给体（D）和电子受体（A），可构成 D-π-A、D-π-D 和 A-π-A 型分子，由于分子内电荷转移（如对称电荷转移和不对称电荷转移）的不同模式，对分子的吸收光谱影响很大，其化合物的外观颜色亦截然不同。表 1-9 给出芪类染料和类杂芪染料分子结构和颜色之间的关系。

表 1-9　D-π-D 与 D-π-A 型芪衍生物的颜色与吸收光谱参数（DMF 溶剂）

名称	BHMAS	BPAS	BDPAS
分子结构			
外观	黄绿色晶体	黄绿色粒状晶体	亮黄色片状晶体
$\lambda_{max}, \varepsilon$	372 nm, 4.4×10^4 L·mol^{-1}·cm^{-1}	376 nm, 1.9×10^4 L·mol^{-1}·cm^{-1}	386 nm, 4.2×10^4 L·mol^{-1}·cm^{-1}
名称	HEASPI	PSPI	DPASPI
分子结构			
外观	深红色条形晶体	深红色块状晶体	红色块状晶体
$\lambda_{max}, \varepsilon$	476 nm, 3.2×10^4 L·mol^{-1}·cm^{-1}	482 nm, 4.8×10^4 L·mol^{-1}·cm^{-1}	458 nm, 3.1×10^4 L·mol^{-1}·cm^{-1}
名称	DEASPS	PSPS	DEASPI
分子结构			
外观	红色微晶	深红色块状晶体	红色针（块）状晶体
$\lambda_{max}, \varepsilon$	472 nm, 4.2×10^4 L·mol^{-1}·cm^{-1}	477 nm, 3.0×10^4 L·mol^{-1}·cm^{-1}	482 nm, 3.8×10^4 L·mol^{-1}·cm^{-1}
名称	HMASQI	PSQI	DPASQI
分子结构			
外观	紫色条形晶体	紫色片状晶体	玫瑰红色菱形晶体
$\lambda_{max}, \varepsilon$	553 nm, 5.8×10^4 L·mol^{-1}·cm^{-1}	555 nm, 1.7×10^4 L·mol^{-1}·cm^{-1}	530 nm, 2.6×10^4 L·mol^{-1}·cm^{-1}

1.6　染料的分类与应用

　　传统的染料概念是基于能使织物染色的带色物质。目前染料的概念已被扩大，广义上讲，有机光电材料也被列为染料范畴，如名为《染料与颜料》（Dyes and Pigments）的国际期刊报道的大多为有机光电材料制备、性能与应用等最新研究成果。

带色的物质未必是染料，具有染料性质的物质必须能与被染纤维牢固地结合。从结构上讲，这些带色分子通常是在稠芳环上连接一些酸性或碱性的基团，如 SO_3H、$COOH$、OH、NR_2 等，这些基团有助于和纤维结合，还可以增加颜色的深度，因此这些基团又称为增色基。染料分类有两种，一是按染料的化学结构（官能团）分类，另一种是按染料的应用性能分类（见表1-10）。

表1-10　染料化合物两种分类方法

化学结构分类	偶氮染料	应用分类	直接染料
	蒽醌染料		酸性染料
	靛族染料		碱性染料
	酞菁染料		还原染料
	花菁染料		荧光染料
	芳甲烷染料		阳离子染料
	硝基和亚硝基染料		分散染料

1.6.1　偶氮染料

偶氮染料分子中含有共同的基团为偶氮基（—N=N—），此类染料大都由芳伯胺重氮化后与酚类或芳胺偶合而成。偶氮染料品种繁多，占所有染料品种的半数以上，它们具有很广泛的色泽范围，包括黄、橙、红、深蓝、紫和黑色，其中红色和橙色偶氮染料为多，深色偶氮染料较少。

可溶性偶氮染料称作直接染料。染色时把纤维直接放入该类染料的热水溶液中，就可着色，因此得名。通常将染料的钠盐（酸性染料）或盐酸盐（碱性染料）溶在热水中，再进行染色。大多数直接染料，只能用来染动物纤维。直接染棉花的染料需要有强的酸碱性基团，如刚果红为双偶氮染料，含有两个氨基和两个磺酸基，可以和棉花纤维中的羟基及醚键等形成氢键，将植物染色。

有的偶氮染料又称为后生染料。这类染料是在纤维上直接生成的，生成后立刻牢固地附着在纤维上。如先将纤维浸在萘酚的碱性溶液中，然后取出，再放在重氮盐的溶液中，于是在纤维上发生偶联作用，生成的染料可附着在纤维上而着色。

1.6.2　蒽醌染料

蒽醌类染料结构中含有一个或多个羰基，分为单蒽醌和稠环酮两类，其母体结构如图 1-35 虚线框内所示。蒽醌染料具有鲜艳色泽和优良耐光牢度，色谱齐全，尤其深色品种占重要地位，浅色的蒽醌染料常有光脆性（所谓光脆性，即为染着在纤维上的还原染料在日光照射下促使纤维素发生氧化，进而致使纤维织物强力损伤，甚至产生破损的现象）。

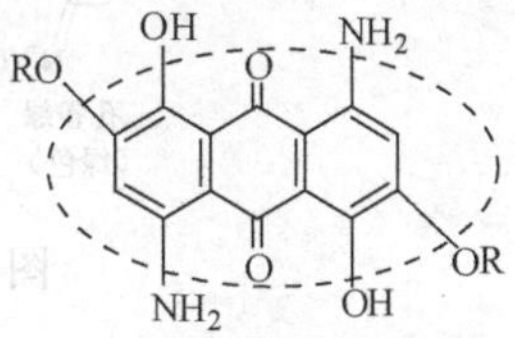

图 1-35　蒽醌染料分子母体结构

蒽醌类染料属于还原染料，染色时用保险粉（$Na_2S_2O_4$）等还原剂在碱性溶液中还原成可溶的隐色体上染纤维，然后氧化成原染料，故称还原染料。

1.6.3　靛族染料

靛族染料是一类具有靛蓝母体结构的还原染料，可用于纤维素染色，色牢度较好。靛族染料可由含有吲哚的糖苷经多步氧化制得，其染色过程是先将不溶解的靛族（蓝）染料用连二亚硫酸钠（$Na_2S_2O_4$，保险粉）作为还原剂，还原变为可溶解的靛白物质（无色），再将纤维在这个溶液中浸泡。将浸泡过靛白的纤维放在铬酸溶液中，加速氧化变回到靛蓝结构（蓝色），使其牢固地附着在纤维上（见图 1-36）。

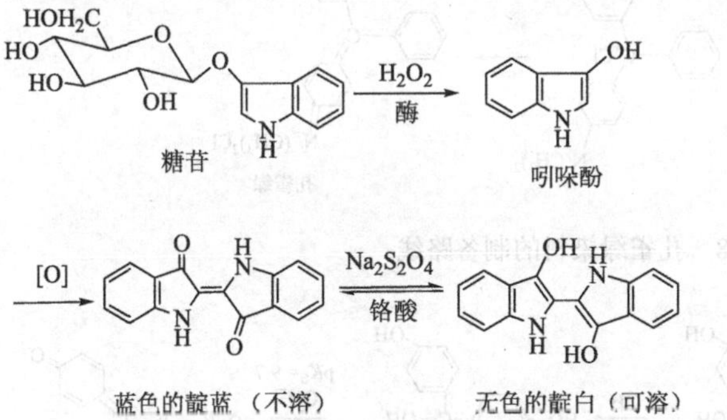

图 1-36　靛族染料的制备与染色

1.6.4　芳甲烷类染料

三苯甲烷染料为碱性染料，可直接染毛织物与丝织物。这类染料包括孔雀绿染料、酚酞指示剂和荧光黄等（见图 1-37）。由 N,N-二甲基苯胺和苯甲醛缩合生成无色母体，经二氧化铅氧化转变为发色母体（三苯甲醇衍生物），再经酸化后生成对亚氨基醌的盐酸盐，即为孔雀绿染料（见图 1-38）。

实验室中常用的指示剂酚酞是用苯酚和邻苯二甲酸酐缩合而成的，酚酞指示剂颜色变化原理如图 1-39 所示。若用间苯二酚和邻苯二甲酸酐缩合，就可得到一个荧光很强的染料，称为荧光黄。它的特殊的黄绿色，在非常稀薄的情形下也可以看出来，因此用来追踪水道和地下河流等。品红也属于芳甲烷类染料，碱性条件下品红母体分子是无色的，和盐酸反应成盐（见图 1-40），由于三个苯环成离域共轭体系呈现红色。染色过程是先将丝织物放在无色的品红溶液中，随即转化为红色，这是由于丝织物中含有酸性基团，使品红发色母体形成带红色的盐。

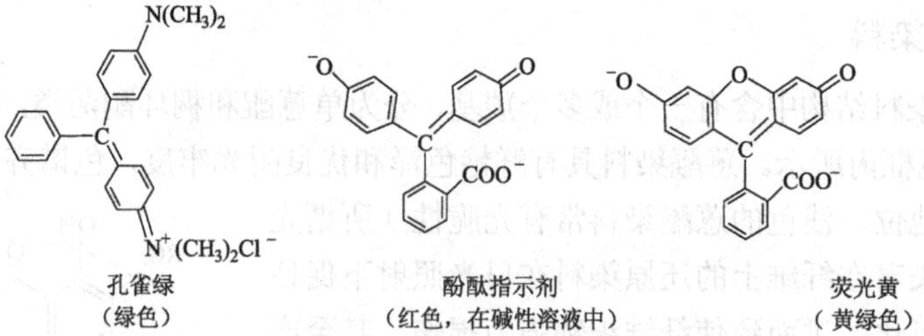

图 1-37　孔雀绿、酚酞和荧光黄分子结构式

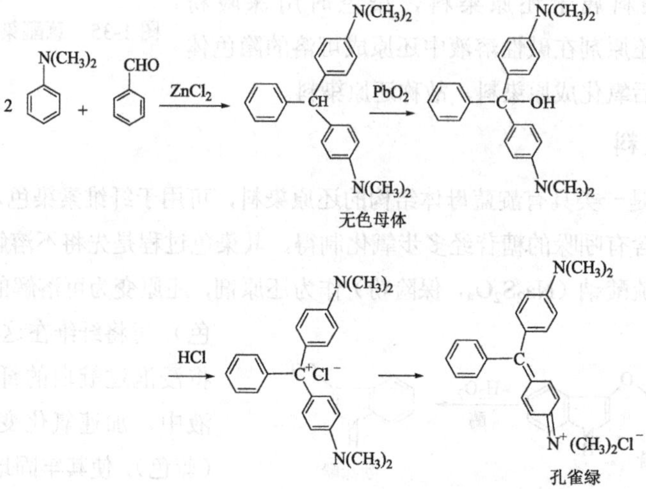

图 1-38　孔雀绿染料的制备路线

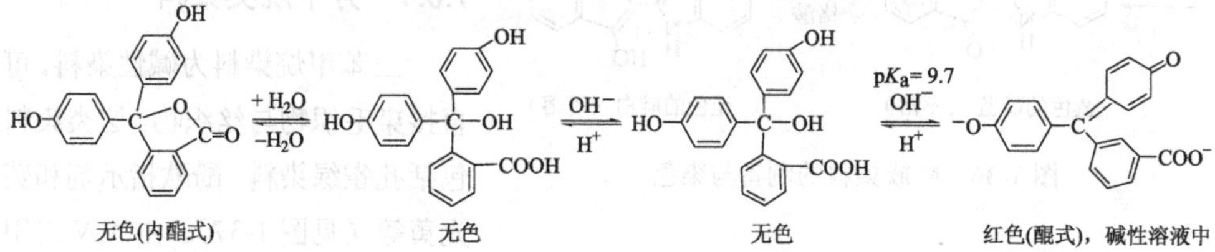

图 1-39　酚酞指示剂颜色变化原理

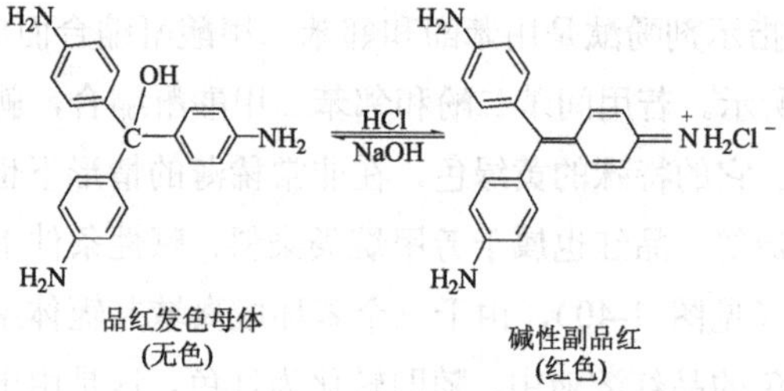

图 1-40　品红呈色过程的结构变化

1.6.5　菁系染料

菁系染料是一类在两个含氮杂环之间，用多个次甲基（=CH-）连接的染料。菁系染料包括花菁染料和半花菁染料，前者是在多个次甲基两端两个氮原子上分别连接吸电子和给电子基团；也即在多个=CH-两端的两个氮原子，一个作为给电子基团，另一个作为吸电子基团（见图1-41）。

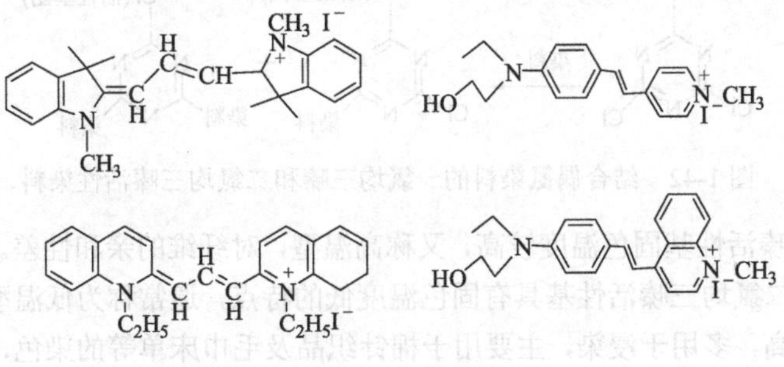

图 1-41　花菁、半花菁染料结构式

半花菁染料则是在多个次甲基的一端连接氮原子，另一端则是不饱和碳原子，其中一个作为给电子基团，另一个作为吸电子基团。花菁和半花菁染料吸收光能的作用很强，分子中次甲基个数无需很多，就可产生带色效果的染料。多数为碱性（阳离子）染料，其色光特别鲜艳，着色力很高，有一定的耐光牢度，广泛用于腈纶染色及照相增感剂，半花菁吡啶盐染料还可用作激光染料。

1.6.6　酞菁染料

酞菁与金属酞菁具有颜色鲜艳、光、热及化学稳定性，广泛用于塑料、油墨、织物的着色剂以及汽车喷漆高级染料。

通常酞菁染料是指一类以酞菁铜结构为主的，色彩十分艳亮的蓝色染料，酞菁染料染色是由酞菁素以专门的助剂处理以形成铜酞菁染料固着于纤维上。作为商品染料的酞菁素其实只是酞菁染料的中间体，无水溶性基团，染色需要借助特殊的溶剂及铜络合剂配成染液。浸轧在棉织物上，然后在高温下形成铜酞菁。铜酞菁无水溶性基团，化学结构稳定，色泽艳亮，各项湿处理牢度优良。酞菁染料染色时耗用大量的助剂，产生大量的废水，这在一定程度上影响了使用，目前酞菁多用于高级颜料和涂料。

1.6.7　活性染料

活性染料是指分子中含有能与纤维中的羟基结合的活性基团，两者起化学反应并以共价键相结合，故活性染料又称反应性染料。理论上，纤维中的羟基可以有多种形式的结合，生成酯、醚、酰胺等产物，由于在染色体系中存在水，往往增加纤维的染色困难。如要实现染色，就必须含有能与纤维上的羟基更易反应的活性基团；常见的活性染料是利用三氯均三嗪分子中的氯原子，它相当于酰氯化合物，故氯原子很活泼。

　　首先是三氯均三嗪分子和一分子或两分子的染料（如偶氮染料）等结合，剩下的含有一个或两个氯原子的分子分别称为一氯三嗪和二氯三嗪，两者可以和纤维上的羟基以共价键结合。图 1-42 所示为三氯均三嗪分子和偶氮染料结合后，分别保留一个和两个活性基团（氯原子）得到活性染料。

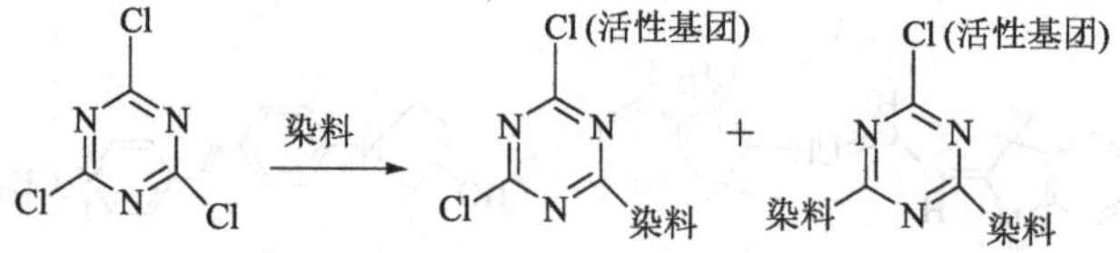

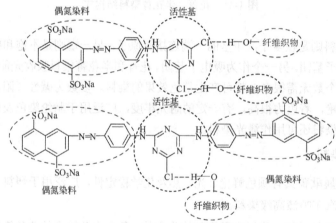

图 1-42　结合偶氮染料的一氯均三嗪和二氯均三嗪活性染料

　　一氯均三嗪活性基固色温度较高，又称高温型，对纤维的亲和性差。多用于棉布的轧染和印花。二氯均三嗪活性基具有固色温度低的特点，通常称为低温型，其对纤维织物的亲和性稍高，多用于浸染，主要用于棉针织品及毛巾床单等的染色，染色结构见图1-43 所示。

图 1-43　偶氮活性染料染色纤维织物的结构

参 考 文 献

[1] 邢其毅，徐瑞秋，周政. 基础有机化学. 北京：高等教育出版社，1983.

[2] 田拂明. 染化料实用手册. 郑州：河南科技出版社，1993.

[3] 黄春辉，李富友，黄岩谊. 光电功能超薄膜. 北京：北京大学出版社，2001.

[4] 罗惠萍，王逸兴，林泽琛等. 有机化学四谱基础. 杭州：浙江大学出版社，1988.

[5] 沈永嘉. 酞菁的合成与应用. 北京：化学工业出版社，2000.

[6] 张建成，王夺元. 现代光化学. 北京：化学工业出版社，2006.

[7] 王筱梅，杨平，施芹芬等. 化学学报，2003, 10: 1646.

[8] 王筱梅. 电荷转移对称性与双光子吸收/激射性能研究. 山东大学博士学位论文，2001.

[9] 吴莉娜，王筱梅，范丛斌等. 功能材料，2010, 9(42): 1865.

[10] 杨天敖，杨平，王筱梅等. 感光科学与光化学，2004, 22(1): 4-12.

[11] 施琴芬，王筱梅，蒋宛莉等. 光谱学与光谱分析，2005, 12: 1925-1928.

[12] L. Shen, X. M. Wang, et al. J. Porphyrin and Phthalocyanines, 2006, 10 (3): 160-166.

思　考　题

1．解释下列名词：基态、激发态、电子跃迁、吸收光谱、红移、蓝移、ICT 吸收带。

2．波长为 400 nm 和 800 nm 的光波，哪一个能量高？各为多少电子伏特？

3．计算 532 nm（绿光）的波长和 650 nm（红光）的波长的能量，用电子伏特表示。

4．通常有机分子激发需要的能量范围在 167.4～585.8 kJ·mol^{-1}（40～140 kcal·mol^{-1}），计算激发它们所需要的光波的波长是多少？

5．试画出基态氧分子和苯分子的能级图，激发态氧分子和苯分子的能级图。

6．试比较光化学过渡态和光物理激发态的相似点与不同点（如产生条件不同）。

7．列出甲烷、甲醇、甲醛、甲苯分子电子跃迁的可能类型，按能量由高到低排列顺序。

8．有机分子的电子跃迁允许的三个条件是什么？指出 σ、π 成键轨道，σ*和 π*反键轨道的对称性，分别用 g 和 u 表示之。

9．有机化合物在光激发下可能有哪四种电子的跃迁类型？试指出：丁二烯、苯、己烷、二苯酮、乙醇可能发生哪类电子跃迁？

10．预测下列化合物吸收波长大小的次序。

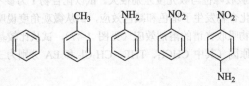

11．为什么分子吸收光谱呈宽吸收带而非一条直线？吸收光谱出现精细结构是什么原因引起的？

12．当测试两个分别为无色和红色样品的吸收光谱时，如何选择比色皿？ 外观呈黄色、红色和蓝色的样品，各自吸收哪一波段的光？某样品用 2.0 cm 比色皿测量时，$T=60\%$，若用 1.0 cm 或 3.0 cm 的比色皿测量时，A 等于多少？

13．苯酚、苯甲醛和苯甲酸的吸收波长大于苯，同时吸收度大大提高，试解释原因。

14．比较下列化合物的吸收光谱的最大峰位，说明影响其紫外-可见吸收光谱结构原因。

15．有三种物质分别吸收 400 nm、500 nm 和 600 nm 的光子，各呈现什么颜色?说明分子的共轭效应和颜色（吸收峰位与摩尔吸光系数）之间的关系。

16．图 1-44 为四个蒽衍生物在丙酮中的紫外-可见吸收光谱图，试描述各自化合物的吸收特征：精细结构、吸收峰位红移、吸收带摩尔吸光系数等性质与分子结构之间的关系。

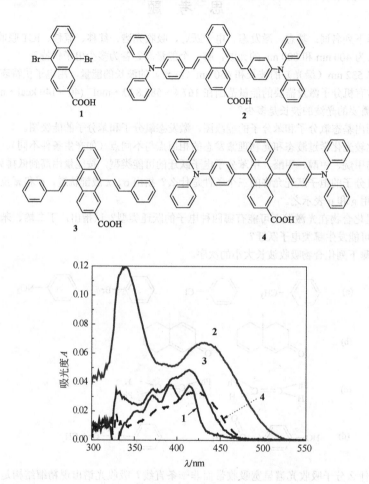

图 1-44　蒽衍生物在丙酮中的紫外-可见吸收光谱图

17．从化合物 Np-G2 在二氯甲烷和 DMF 中的 UV-Vis 吸收光谱（见图 1-45）可以看出，对应的 ICT 吸收带随溶剂极性增大吸收峰位发生红移。试用π-π*跃迁能级的变化解释化合物 Np-G2 吸收光谱的溶剂效应，画出能级图。

18．图 1-46 是几种有机化合物稀溶液的吸收光谱图。由于取代基或溶剂的作用，使得化合物 1～5 的吸收光谱的最大吸收峰位与吸光度差别很大。试以化合物 1 为参考物，指出哪个化合物发生了红移、蓝移? 哪个化合物发生了增色和减色效应，试从微观角度说明其原因。

19．根据卟啉衍生物吸收光谱的溶剂效应（见图 1-47），试从比较基态与激发态能级的极性变化，讨论溶剂效应的原因（其中 CHCl₃、THF、CH₂Cl₂ 和 EA 分别为三氯甲烷、四氢呋喃、二氯甲烷和乙酸乙酯）。

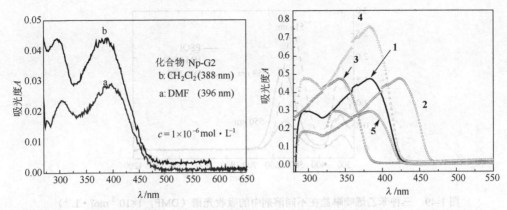

图 1-45 化合物 Np-G2 的 UV-Vis 吸收光谱   图 1-46 化合物 1~5 的 UV-Vis 吸收光谱

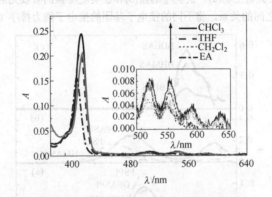

图 1-47 卟啉衍生物吸收光谱的溶剂效应

20. 试从溶剂效应、能级结构变化予以解释苯乙烯吡啶盐 PSQI 在不同溶剂中的紫外-可见吸收光谱的变化（见图 1-48）。

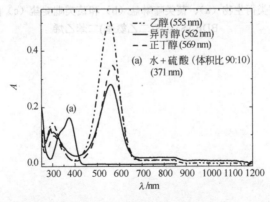

图 1-48 吡啶盐 PSQI 在不同溶剂中的吸收光谱（浓度为 1×10^{-5} mol·dm^{-3}）

21. 图 1-49 为三种喹啉盐（分子结构见表 1-9）在不同溶剂中的吸收光谱，试从电子效应（推拉电子能力）予以解释，并将不同的推电子基团的推电子能力排序。

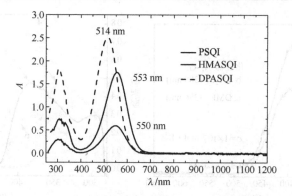

图 1-49　三种苯乙烯喹啉盐在不同溶剂中的吸收光谱（DMF，$1×10^{-5}\,mol\cdot L^{-1}$）

22. 图 1-50 为芪类衍生物(a)、芪类喹啉盐(b)和芪类吡啶盐的吸收光谱，试从共轭效应解释分子结构与光谱峰位之间的关系。将不同的推电子基团的推电子能力排序（结构式见表 1-9）。

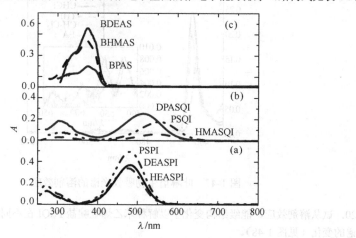

图 1-50　芪类衍生物（a）、芪类喹啉盐（b）和芪类吡啶盐（c）的吸收光谱
BDEAS 为双(二乙氨基)二苯乙烯

第 2 章 物质荧光与荧光传感

2.1 激发态及其衰变

2.1.1 单线态、三线态

由物质的吸收条件（$h\nu \geqslant \Delta E$）可知，分子吸收一定频率光子可从基态跃迁至激发态，相应地，电子从基态能级跃迁至激发态能级上，此时的电子有两种不同的排布情况：

① 当激发态能级的电子自旋方向与基态能级的电子自旋方向相反时，在磁场中不裂分，光谱上看到一条能级线，故称为单线态（又称为单重态，记为 S_1，singlet state）。

② 当激发态能级的电子自旋方向与基态的电子自旋方向相同时，在磁场中发生裂分，光谱上可观测到三条线，故称为三线态（又称三重态，记为 T_1 态，triplet state）。

单重态与三重态统称为多重态，其电子排布见图 2-1 所示。基态分子有一对电子填充在能量最低轨道（S_0）；单线态分子在 S_0 和 S_1 能级上各填有一个成单电子，且电子自旋方向相反；三线态分子在 S_0 和 T_1 能级上各填有一个成单电子，且自旋方向相同；另外，还注意到，T_1 能级低于 S_1 能级。

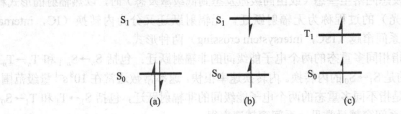

图 2-1 基态（a）、单线态（b）与三线态（c）的电子排布

一般地，分子的基态多为单线态（S_0），只有氧分子是例外，氧分子基态为三线态（T_1）。当电子跃迁至最低的激发态能级时记为第一激发态（S_1），跃迁至较高的激发态能级时依次记为第二激发态（S_2）、第三激发态（S_3）……相应地，三线态有 T_1，T_2，……大多数情况下，激发态以第一激发态最为常见。

2.1.2 激发态衰变（辐射衰变、非辐射衰变）

基态与激发态除了在能量上明显不同外，在其他性质上也有很大差别（见第 1 章表 1-2）。激发态分子内能高，处于不稳定状态，将自发释放出激发能（以光或热的形成释放）回落至基态，这一过程称为光物理过程。另一种是通过共价键断裂生成新的物种，这种途径称为光化学过程。

分子从激发态回落至基态并释放出热或光，这种光物理过程称为激发态衰变。激发态衰变有两种形式，以发光的形式来释放能量的过程称为辐射衰变，又称为辐射跃迁；以发热的形式来释放能量的过程称为非辐射衰变，又称为非辐射跃迁。

2.1.3　荧光、磷光

分子由激发态（一般为第一激发态）回落至基态并伴随着发光现象，此过程称为辐射跃迁。辐射跃迁发出的光有荧光与磷光之分。由第一激发单重态（S_1）向基态（S_0）跃迁时所释放的辐射，称为荧光（fluorescence），又称为单线态发光，可表示为：$S_1 \rightarrow S_0 + h\nu_f$。由第一激发三重态（$T_1$）向基态（$S_0$）跃迁时所释放的辐射，称为磷光（phosphorescence），又称为三线态发光，可表示为：$T_1 \rightarrow S_0 + h\nu_p$。

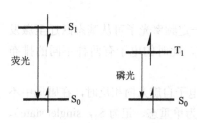

图 2-2　荧光与磷光示意图

荧光和磷光的能级图见图 2-2 所示，两者差异如下：① 荧光的发射能级差大于磷光的发射能级差，这使得荧光的峰位与磷光相比，前者明显蓝移；② 荧光的寿命短，在纳秒（10^{-9} s）量级；磷光的寿命长，在微秒至毫秒量级；③ 荧光发射速度快，速率常数（k_f）达 10^9 s^{-1} 量级；而磷光发射速度慢，速率常数（k_p）达 $10^3 \sim 10^6$ s^{-1} 量级，这是由于磷光来自于三线态，跃迁过程中伴随着电子的自旋方向改变，属于自旋禁阻（参见第 1 章图 1-5）；④ 磷光强度远远小于荧光的强度。

2.1.4　内转换（IC）和系间窜越（ISC）

分子由激发态回落至基态（或由高级激发态到低级激发态）时，以热辐射的形式释放能量（不发光）的过程称为无辐射跃迁。无辐射跃迁又分为内转换（IC，internal conversion）和系间窜越（ISC，intersystem crossing）两种形式。

内转换是指相同多重态的两个电子能级间的非辐射跃迁：包括 $S_n \rightarrow S_{n-1}$ 和 $T_n \rightarrow T_{n-1}$ 两类，最常见的是 $S_1 \rightarrow S_0$ 的内转换。内转换速率很快，速率常数通常在 10^8 s^{-1} 量级范围。

系间窜越是指不同多重态的两个电子能级间的非辐射跃迁，包括 $S_1 \rightarrow T_1$ 和 $T_1 \rightarrow S_0$，其中 $T_1 \rightarrow S_0$ 的系间窜越最常见。系间窜越速率很缓慢，由于自旋禁阻导致速率常数（k_{isc}）远小于内转换的速率常数，一般在 $10^{-2} \sim 10^{-1}$ s^{-1} 量级之间。

2.1.5　激发态衰变能级图

物质与光相互作用可发生一系列光物理过程，包括对光的吸收、辐射（荧光和磷光）和非辐射（内转换和系间窜越）等过程，另外还有振动弛豫过程（即振动能级间的衰减），可用 Joblonski 图表示（见图 2-3）。

图中 S_0 为基态，S_1、S_2 分别为第一、第二激发单线态，T_1、T_2 分别为第一、第二激发三线态。$h\nu$ 表示某一频率的光子，方向朝上

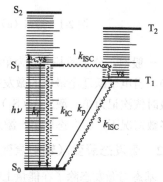

图 2-3　辐射与非辐射过程 Joblonski 图

的直线箭头表示吸收过程,方向朝下的直线箭头表示辐射过程,波浪形箭头表示非辐射过程。k_f 和 k_p 均为辐射速率常数(前者为荧光速率常数,后者为磷光速率常数);k_{IC} 为内转换速率常数,$^1k_{ISC}$ 和 $^3k_{ISC}$ 为系间窜越速率常数(前者为 $S_1{\rightarrow}T_1$ 的系间窜越速率常数,后者为 $T_1{\rightarrow}S_0$ 的系间窜越速率常数)。k_{IC}、$^1k_{ISC}$ 和 $^3k_{ISC}$ 统称为非辐射速率常数;vs 为振动弛豫。

2.2 荧光光谱

2.2.1 荧光发射光谱

荧光光谱分为荧光激发光谱和荧光发射光谱两类。前者是固定发射波长,检测在一定的波长范围内待测样品的荧光强度;后者是固定激发波长,检测在一定的波长范围内待测样品的荧光强度。

通常荧光光谱指的是荧光发射光谱,记录的是一条荧光强度与发射波长的关系曲线。如图 2-4 所示,其中,横坐标为波长(λ,单位 nm),纵坐标为荧光强度(I, intensity),这是个相对数值,没有单位。在测试样品溶液态的荧光光谱时需要注明所用的溶剂和配制浓度(一般为 $10^{-6}\sim10^{-4}\,mol\cdot L^{-1}$)。

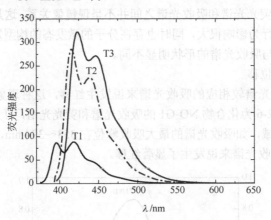

图 2-4   化合物 T1、T2 和 T3 荧光光谱图(环己烷溶剂,$1\times10^{-6}\,mol\cdot L^{-1}$)

图 2-4 为化合物 T1、T2 和 T3 的荧光光谱图,由于分子结构不同,荧光强度不同且峰形各异。样品 T1 荧光强度最低,呈现等高的双荧光峰形,峰位分别在 395 nm 和 419 nm 处,在 446 nm 处有一个宽的肩峰。化合物 T2 和 T3 虽然荧光强度不同,但峰形有些相似,如化合物 T3 的最强的荧光峰位在 422 nm 处,肩峰在 480 nm 处。

2.2.2 荧光光谱一般特征

(1)与吸收光谱呈镜像关系

一般情况下,吸收光谱的形状与第一激发态中振动能级的分布情况有关,荧光光谱的形状则与基态中振动能级的分布情况有关,而基态和第一激发单线态中振动能级的分布情况是基本相似的,基态分子在通常情况下处于最低振动能级。由图 2-5(a)可见,吸收光谱是由基态分子（E_0v_0）被激发到第一激发单重态的各不同振动能级（E_1v_0、E_1v_1、E_1v_2…）所引起的；而荧光光谱则是分子从第一激发单重态的最低振动能级（E_1v_0）辐射跃迁至基态的各个不同振动能级（E_0v_0、E_0v_1、E_0v_2…）所引起的。理论上讲，荧光发射可视为是光吸收的逆过程，故某些有机分子的荧光光谱与其吸收光谱之间呈现类似镜像对称关系 [见图 2-5(b)]。

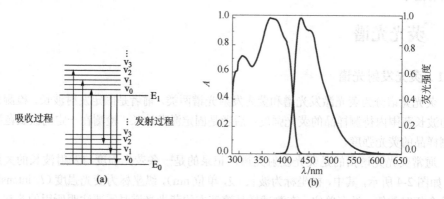

图 2-5　吸收与发射光谱能级（a）与相应光谱（b）示意

大多数情况下荧光光谱和吸收光谱之间并不呈现镜像关系，这是由于溶剂效应和浓度效应对物质荧光行为影响很大，同时也存在分子的激发态的构型发生变化，这些因素使得荧光发射光谱与吸收光谱的形状明显不同。

（2）斯托克斯位移

化合物的发射光谱较相应的吸收光谱来说发生红移，这种现象称为斯托克斯位移（Stoke's shift）。图 2-6 为化合物 NO-G1 的吸收光谱和荧光光谱，可见，荧光光谱位于吸收光谱的长波长区域，如吸收光谱的最大吸收峰位在 353～394 nm，而最大荧光峰位在 500 nm 处，相对吸收光谱来说发生了显著红移。

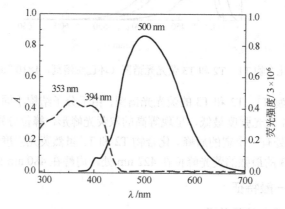

图 2-6　化合物 NO-G1 的吸收光谱与荧光光谱（DMF，$1×10^{-5}$ mol·L^{-1}）

斯托克斯位移的原因来自于分子激发态能量在辐射衰变之前存在着能量损失，主要有以下几个方面：

① 跃迁到激发态高振动能级（如 E_1v_2、E_1v_1）的激发态分子，首先以极快的速率（$10^{13}\,s^{-1}$ 量级）回落至激发态的零振动能级（E_1v_0），并散失部分能量，此为振动弛豫（vs）过程（见图 2-3），可表示如下：$E_1v_1 \rightarrow E_1v_0$，$E_1v_2 \rightarrow E_1v_0\cdots$，所以，从激发态的零振动能级发出荧光之前就已经损失了部分激发能；

② 激发态形成后，分子构型调整至激发态的稳定构型，损失了部分能量；

③ 发射荧光的激发态多为 $\pi\text{-}\pi^*$ 跃迁，这种激发态常较基态时有更大的极性，为极性溶剂所稳定，使得激发态能量降低。

由于存在上述的激发态能量损失，导致荧光光谱与吸收光谱相比向长波方向位移（红移）。从能量上来看，荧光发射的频率比吸收峰处的频率明显降低，故斯托克斯位移现象称为频率下转换。

（3）反斯托克斯位移

化合物的发射光谱较相应的吸收光谱来说发生蓝移，这种现象称为反斯托克位移（anti-Stoke's shift）。某些物质在高温下或在强光场中可观察到这种反斯托克位移现象，如高温下可使更多的激发态分子处于高振动能级，从激发态的高振动能级直接跃迁至基态时发出的荧光具有反斯托克斯位移现象。

在强光场中，某些物质可同时吸收两个光子跃迁至激发态，当从激发态跃迁至基态时发出的荧光也具有反斯托克斯位移现象（见第 9 章）。反斯托克斯位移位移的荧光与其相应的吸收光谱相比，从能量上来看频率明显增加，这种现象称为频率上转换。

2.2.3　荧光性质

（1）荧光量子产率（Φ_f）

荧光量子产率定义为：化合物发射的光子数与吸收的光子数之比，或者是物质的荧光发射强度与其吸收光的强度之比。

$$\Phi_f = \frac{\text{发射的光子数}}{\text{吸收的光子数}} = \frac{\text{荧光发射强度}}{\text{吸收光强度}} \tag{2-1}$$

荧光量子产率是衡量物质发光能力的特征参数，与浓度、溶剂等外在因素无关。荧光量子产率的绝对数值的测量有困难，一般用参比法测定。通过比较待测物质和参比物在相同激发条件下的积分荧光强度和吸光度，按式（2-2）计算得到。

$$\Phi_s = \Phi_r \times \frac{F_s \cdot A_r \cdot n_s^2}{F_r \cdot A_s \cdot n_r^2} \tag{2-2}$$

式中，Φ_s（即 Φ_f）和 Φ_r 分别表示待测物质（sample）和参比物（reference）的荧光量子产率；F_s 和 F_r 分别表示待测物和参比物的积分荧光强度；A_s 和 A_r 分别表示待测物和参比物在该激发波长下的吸光度；n 为溶液的折射率。稀溶液的折射率可用溶剂的折射率代替，若参比物溶液和待测物溶液使用相同的溶剂时，式（2-2）中的折射率项可以删去。

常用的参比物有硫酸奎宁、罗丹明 6G 和荧光素等，它们的荧光量子产率数值见表 2-1 所示。在配制溶液时待测样和参比物的浓度要尽量地稀，一般是以激发波长处的吸

光度 A 不大于 0.05 为宜，以免发生自吸收现象，使测试数据偏小。

荧光量子产率 Φ_f 数值在 0~1.0 之间，由于存在一系列的非辐射跃迁，通常物质的荧光量子产率都小于 1.0。

表 2-1　常见参比物的荧光量子产率

名　称	溶　剂	λ_{ex}/nm	Φ_f
硫酸奎宁	0.1 mol·L^{-1} 硫酸	366	0.53
荧光素	1 mol·L^{-1} NaOH	496	0.95
罗丹明 6G	乙醇	488	0.94

（2）荧光寿命（τ_f）

荧光寿命是荧光分子的最大荧光强度衰减为初始的 $1/e$ 所经历的时间，它与激发态寿命有所不同，激发态寿命定义为荧光分子在返回基态之前耽搁在激发态的平均时间。荧光辐射寿命短，通常在 $10^{-9}\sim10^{-7}$ s 量级，当荧光分子没有非辐射衰变过程时，其荧光寿命为物质的内在荧光寿命（τ_0，又称为固有荧光寿命），τ_0 值可通过式（2-3）近似计算得到，其中 ε_{max} 为摩尔吸光系数。

$$\tau_0=10^{-4}/\varepsilon_{max} \qquad (2-3)$$

物质的荧光寿命（τ_f）可通过瞬态荧光光谱仪测得。通常是，瞬态荧光光谱仪以参考灯为基准测出荧光衰减曲线，该曲线反映出待测样的荧光强度随时间（通常为 ns）的变化关系（见图 2-7）；通过软件程序对该荧光衰减曲线拟合即可获得样品的荧光寿命（τ_f）。图 2-7 给出样品 1 的荧光寿命数值为 1.67 ns，样品 2 有两个寿命，分别为 6.47 ns 和 1.56 ns；长、短寿命比例分别为 36% 和 64%，说明在样品 2 中可能有两个主要发光成分（或构型）。

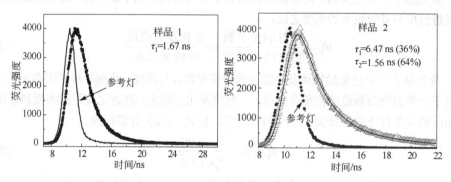

图 2-7　样品荧光衰减曲线（THF，1×10^{-5} mol·L^{-1}）

（3）荧光速率常数（k_f）

荧光速率常数又称为辐射衰减（失活）速率常数，其数值一般为 $10^7\sim10^9$ s^{-1}。根据式（2-4）所示，荧光速率常数 k_f 与物质的固有荧光寿命 τ_0 互为倒数关系，当物质存在其他非辐射过程时，荧光速率常数可用式（2-5）计算，其中 K 为所有的非辐射衰变（如内转换与系间窜越）速率常数之和。

当 k_f 大于或近似于其他衰减速率常数时，该物质有荧光；反之则无荧光。荧光（辐射衰减）速率常数 k_f 和非辐射衰减速率常数 k_{nf} 也可通过荧光量子产率数值计算[见式（2-6）和式（2-7）]。由式（2-3）和式（2-4）可得出式（2-8），这表明化合物的荧光速率常数 k_f 与其摩尔吸光系数呈正比。

$$k_f = 1 / \tau_0 \tag{2-4}$$

$$k_f = \frac{1}{k_f} - \sum K \tag{2-5}$$

$$k_f = \Phi_f / \tau_f \tag{2-6}$$

$$k_{nf} = k_f(1 - \Phi_f) / \Phi_f \tag{2-7}$$

$$k_f = 10^4 \varepsilon_{max} \tag{2-8}$$

辐射（荧光）速率常数、非辐射速率常数、荧光量子产率和荧光寿命都是描述荧光性质的重要物理量，表 2-2 列出硫芴三苯胺衍生物 ST-G1 和 ST-G2 的荧光性质，分析这些数据不难发现，ST-G2 的吸收峰位和荧光峰位在长波长区域，其共轭度大于 ST-G1；而共轭度大的 ST-G2 荧光量子产率减小，这是由于 ST-G2 的辐射速率常数（k_f）减小、非辐射衰减常数（k_{nf}）变大所致。

表 2-2　硫芴三苯胺衍生物的光谱性质（THF，浓度为 $1×10^{-5}$ mol·L^{-1}）

化合物	λ^{abs}/nm	λ^{fluo}/nm	Φ_f	τ_f/ns	$k_f / ×10^7\,s^{-1}$	$k_{nf} / ×10^7\,s^{-1}$
ST-G1	372	446	0.46	1.66	27.8	32.6
ST-G2	404	480	0.12	1.95	6.2	45.5

2.3　影响荧光性质的因素

2.3.1　共轭效应

大部分荧光分子含有芳环或杂环的大共轭体系。一般地，分子的共轭程度越大，荧光峰位红移越多，这种现象称作共轭效应。

表 2-3 列出三种稠环芳烃的荧光性质随共轭度变化的关系。蒽的荧光发射峰位在 400 nm 处，并四苯和并五苯则分别在 480 nm 和 640 nm 处，表明荧光峰位随着分子共轭程度增大发生明显红移。从三者的荧光量子产率可知，从蒽（0.46）到并四苯（0.60）荧光量子产率是增大的，而并五苯（0.52）的荧光量子产率又略有降低。这说明大的共轭 π 键结构对荧光量子产率有贡献，但两者之间并不总是呈正比的关系。

当共轭分子的 $S_1 \to S_0$ 态为 π-π^* 跃迁时有利于荧光产生，这是由于 π-π^* 跃迁吸收概率大，其逆过程（即发射荧光）的跃迁概率也相应增大。相反，共轭分子的 $S_1 \to S_0$ 态为 n-π^* 跃迁时则不利于荧光产生，这是由于 n-π^* 跃迁的吸收概率小，其逆过程（发射）概率也较小。罗丹明 6G 的 S_1 态为 π-π^* 态，其荧光量子产率为 1；二苯酮的 S_1 态为 n-π^* 态，其荧光量子产率为 0。

表 2-3　并多苯结构与荧光性质关系（在各自最大吸收波长激发下）

稠环芳烃	分子结构	Φ_f	λ_{ex}/nm	λ_{em}/nm
并三苯（蒽）	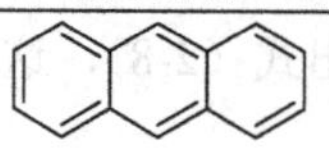	0.46	365	400
并四苯	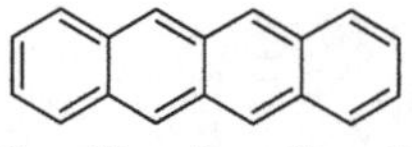	0.60	390	480
并五苯	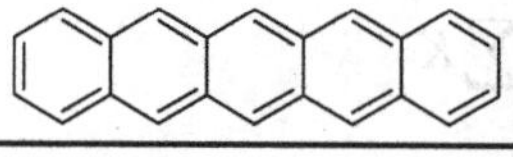	0.52	580	640

2.3.2　平面效应

具有刚性平面结构的共轭分子将有利于荧光产生，分子刚性的增加有利于提高共平面性，有利于增大分子内π电子的流动性，共轭效应得到加强；此外，分子刚性的增加减弱了分子的振动弛豫，从而使分子的激发能不易因振动而以热能形式释放，故有利于荧光产生。

香豆素类衍生物是一类具有较强荧光的化合物，香豆素衍生物是由肉桂酸内酯化而成的。肉桂酸酯几乎不发光，通过肉桂酸内酯化使分子围绕双键的旋转被有效遏制，且将肉桂酸酯转变成香豆素（见图 2-8），分子平面性与刚性均得到加强，故香豆素类衍生物的荧光量子产率可高达 90%，可用作荧光染料和激光染料。

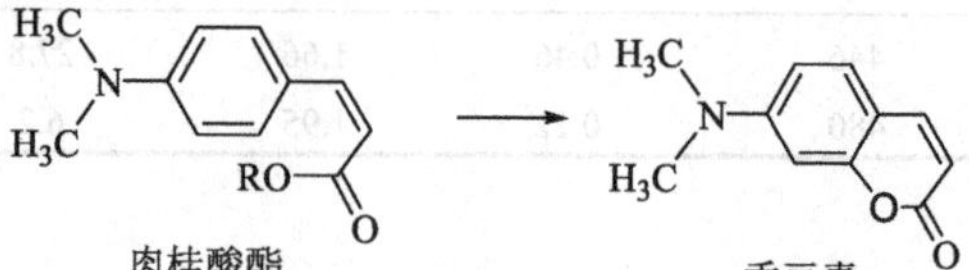

图 2-8　肉桂酸酯转变成香豆素后平面性/刚性提高

刚性平面结构对荧光量子效率的影响还可在二苯乙烯衍生物中反映出。如图 2-9 所示，顺二苯乙烯被激发后双键的自由旋转扭曲为主要的非辐射衰变通道，其荧光量子产率为零；若将双键环化得到顺二苯基环丁烯，遏制了双键的自由旋转，增强了分子刚性结构，故其量子产率达到 1.0。

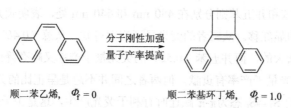

顺二苯乙烯，$\Phi_f = 0$　　　　　　顺二苯基环丁烯，$\Phi_f = 1.0$

图 2-9　分子平面性/刚性与荧光量子产率之间关系

2.3.3　取代基效应

荧光分子多半具有π-共轭母体结构，若在此结构上连接取代基，对荧光性质有着很大的影响，这种现象称为取代基效应。一般地，当分子中含有给电子取代基（如 NR_2、NH_2、OH 等）时，有助于提高荧光量子产率；当分子中含有吸电子基团（如 COOH、CN、NO_2 等）时，将会降低荧光量子产率。

以卟啉衍生物为例，说明取代基效应对荧光性质的影响。图 2-10 中是以 Soret 带（约 420 nm）为激发波长得到的卟啉荧光光谱，其特征双荧光峰位分别在 660 nm 和 725 nm 附近，主发光峰位落在红光区域，所以卟啉衍生物外观呈红颜色，相应的荧光峰位和荧光量子产率列于表 2-4。可见，荧光量子产率顺序为：TPP-5（1.58%）＞ TPP-3（1.24%）＞ TPP-2（0.65%）＞ TPP-4（0.57%）＞ TPP-1（0.25%）。

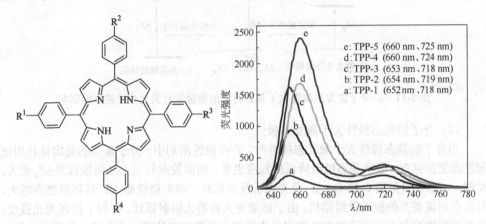

图 2-10　卟啉衍生物结构与荧光光谱（THF，$1×10^{-6}$ mol·L^{-1}）

表 2-4　卟啉取代基效应与荧光量子产率的关系

卟啉衍生物	取代基结构	荧光峰位/nm	Φ_f/%
TPP-1	$R^1=R^2=R^3=Br$;　$R^4=$-OOC-Ph-NO_2	652, 718	0.25
TPP-2	$R^1=R^2=R^3=$-NPh_2；$R^4=$-OOC-Ph-NO_2	654, 719	0.65
TPP-3	$R^1=R^2=R^3=R^4=$-OOC-Ph-NPh_2	653, 718	1.24
TPP-4	$R^1=R^2=R^3=$-CH=CH-Ph-NPh_2；$R^4=$-OOC-Ph-NO_2	660, 724	0.57
TPP-5	$R^1=R^2=R^3=R^4=$-CH=CH-Ph-NPh_2	660, 725	1.58

进一步分析发现，卟啉环外接上硝基和溴原子后，TPP-1 的荧光量子产率最低；含三苯胺基团的 TPP-5 荧光量子产率最高。可见，给电子取代基有利于发光，吸电子取代基不利于发光。

2.3.4　溶剂效应

溶剂效应是指荧光分子发射性质随溶剂极性不同而发生变化的现象。一般来说，极性强的荧光分子在极性溶剂中较稳定，极性弱的荧光分子在非极性溶剂比较稳定。现分别用 ΔE、ΔE_p 和 ΔE_n 表示分子在真空、极性溶剂和非极性溶剂中的能级差（即激发态与基态之间能级差），讨论溶剂效应对荧光性质的影响。分为两种情况。

（1）分子的激发态极性大于基态极性

当分子的激发态极性大于基态极性时，若在极性溶剂中，分子激发态的稳定化作用比起基态更加强烈，导致激发态能级降低的程度更大，此时，$\Delta E_p < \Delta E$ [见图 2-11（a）]，荧光光谱发生红移，且溶剂极性越大红移幅度亦越大；能隙减小将增大非辐射跃迁，不利于提高荧光强度。若在非极性溶剂中，分子激发态的稳定化作用将小于基态的稳定化作用，基态能级降低的程度更多一些，此时，激发态与基态之间的能级差 ΔE_n 变大，即 $\Delta E_n > \Delta E$ [见图 2-11（b）]，结果是荧光光谱发生蓝移，荧光强度增强。

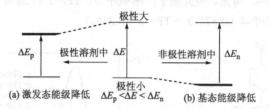

图 2-11　当分子激发态极性大于基态时，溶剂极性对荧光分子能级的影响

（2）分子的基态极性大于激发态极性

当分子的基态极性大于激发态极性时，若在极性溶剂中，分子基态的稳定化作用比起基态更加强烈，导致基态能级降低的程度更多，则激发态与基态之间能级差 ΔE_p 变大，此时，$\Delta E_p > \Delta E$ [见图 2-12（a）]，荧光光谱发生蓝移；溶剂极性越大，蓝移幅度亦越大，且常会出现荧光的振动能级结构；由于能隙变大将增大辐射跃迁，有利于提高荧光强度。若在非极性溶剂中，分子基态的稳定化作用将小于激发态的稳定化作用，激发态能级降低的程度更多一些，ΔE_n 将变小，此时，$\Delta E_n < \Delta E$ [见图 2-12（b）]，荧光光谱将发生红移，由于能级间隙减小将增大非辐射跃迁，故荧光强度降低。

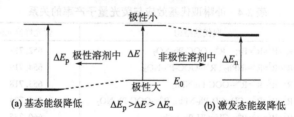

图 2-12　当分子激发态极性小于基态时，溶剂极性对荧光分子能级的影响

如何得知分子基态与激发态极性的相对大小？一般可以通过 Lippert 方程估算，见式（2-9）所示。式中 $v_{abs} - v_{em}$ 为斯托克斯位移，v_{abs} 与 v_{em} 分别为吸收峰位与荧光峰位（以波数 cm^{-1} 表示）；μ_e 和 μ_g 分别为分子激发态和基态的偶极矩；c 为光速；α 为分子的半径；Δf 为溶剂定向极化率，Δf 与溶剂的介电常数（ε）和折射率（n）有关。利用式（2-10）计算的溶剂的定向极化率（Δf）列于表 2-5。

$$v_{abs} - v_{em} = \frac{\mu_e(\mu_e - \mu_g)}{hc\alpha^3}\Delta f + C \tag{2-9}$$

$$\Delta f = \left(\frac{\varepsilon - 1}{2\varepsilon + 1} - \frac{n^2 - 1}{2n^2 + 1}\right) \tag{2-10}$$

表 2-5　常见溶剂的折射率(n)、介电常数(ε)与定向极化率(Δf)

溶剂参数	CHCl₃	CH₂Cl₂	EA	THF	DMF
E (20 ℃)	4.9	9.1	6.02	7.58	36.7
n	1.4467	1.4244	1.3724	1.4073	1.428
Δf	0.1504	0.2185	0.1996	0.2095	0.2752

以 Δf 为横坐标，斯托克位移值为纵坐标，作出一条直线，根据曲线的斜率可得出分子激发态与基态的偶极矩（极性）的相对大小。若斜率为正，则表示分子激发态的极性大于基态的极性；反之，若斜率为负，则表示分子激发态的极性小于基态的极性。如图 2-13 为化合物 Np-G1 和 Np-G2.5 的 Lippert 方程曲线，前者斜率为正值，后者斜率为负值。可知，Np-G1 分子的激发态极性比基态的大；Np-G2.5 则相反，其激发态极性比基态的小。

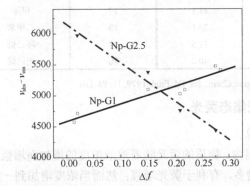

图 2-13　化合物 Np-G1 和 Np-G2.5 的斯托克位移与溶剂极化率的关系

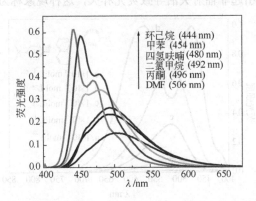

图 2-14　化合物 ST-G2 在不同溶剂中的荧光光谱 （1×10⁻⁶ mol·L⁻¹）

图 2-14 为化合物 ST-G2 在不同溶剂中的荧光光谱。在非极性溶剂如环己烷和甲苯中有明显的振动结构，在极性溶剂中由于强的溶剂化作用使得光谱精细结构消失。随着溶剂极性逐渐增大，化合物 ST-G2 最大发射峰位明显红移。如从环己烷（444 nm）、甲苯（454 nm）、四氢呋喃（480 nm）、二氯甲烷（492 nm）、丙酮（496 nm）到 DMF（506 nm），荧光峰位共红移了 62 nm；与此同时，荧光发射强度随着溶剂极性的增大而逐渐降低；由此可推断出，ST-G2 分子的激发态极性大于基态的极性。

描述溶剂极性的参数有偶极矩（μ）、介电常数（ε）和极性参数（$E_{T(30)}$），表 2-6 列出 20 种常见溶剂的极性参数（$E_{T(30)}$）。

表 2-6　常见溶剂极性参数（$E_{T(30)}$）

编号	溶剂	$E_{T(30)}$	编号	溶剂	$E_{T(30)}$
1	水	63.1	11	乙酸乙酯	38.1
2	甲醇	55.5	12	氯苯	37.5
3	乙醇	51.9	13	THF	37.4
4	乙腈	46.0	14	1,4-二噁烷	36.0
5	DMF	43.8	15	乙醚	34.6
6	丙酮	42.2	16	苯	34.5
7	CH_2Cl_2	41.1	17	甲苯	33.9
8	$CHCl_3$	39.1	18	二甲苯	33.3~34.3
9	CCl_4	32.5	19	环己烷	31.2
10	吡啶	40.2	20	正己烷	30.9

注：引自 Reichardt C, Angew. Chem., Int. Ed. Engl. 1979, 18: 98-110.

2.3.5　浓度效应与聚集态荧光

（1）浓度猝灭现象

在一定的浓度范围内，物质的荧光随着溶液浓度的增加而增强，这是因为浓度增加意味着发光分子数目增多，有利于荧光增强；然而当浓度增加到一定程度时，由于荧光分子相互作用加强，或者形成聚集体，或者形成激基缔合物（excimer），或者形成激基复合物（exciplex），引起非辐射失活导致荧光猝灭，这种现象称为浓度猝灭现象。

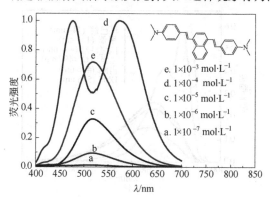

图 2-15　BDASN 在不同浓度中的荧光光谱（二氯甲烷溶剂）

很多荧光分子在稀溶液中荧光强度高，但在高浓度时发光强度变得很弱，甚至几乎不发光，因此，荧光浓度猝灭现象很常见。以荧光分子 BDASN 为例（见图 2-15），在极稀的浓度中由于发光分子数目很少，BDASN 的荧光很弱（曲线 a）；随着溶液浓度从

$1×10^{-7}$ mol·L^{-1} 增大到 $1×10^{-5}$ mol·L^{-1}，发光分子数目亦增多，所以荧光强度随之增强（曲线 b, c）。当浓度增加至 $1×10^{-4}$ mol·L^{-1} 时，荧光强度增到最大，此时出现浓度效应，导致分子相互作用增强，出现双荧光现象；进一步增大浓度至 $1×10^{-3}$mol·L^{-1}，荧光强度大幅度降低（曲线 e）。

（2）基态复合物或聚集体

当荧光分子在溶液中浓度较大时，分子间的相互作用增强，分子发生团聚生成复合体（complex）。当该复合体与游离的荧光分子共同参与吸收或发射过程时，此时的吸收或发射光谱是由单个分子和复合体共同参与的。若这种复合过程发生在基态时，则称为基态复合物（ground stated complex）或聚集体（aggregation）。

（3）激态复合物

当两个或者多个分子的复合发生在激发态时（其中至少有一个分子为激发态），这种复合体称为激发态复合物（excited state complex, exciplex），简称激态复合物（又分为激基复合物和激基缔合物）。通常产生的激态复合物是由两个分子构成的，分为三种情况：

$$（1）M^* + N \longrightarrow M^*N \longrightarrow (MN)^* \quad （exciplex，激基复合物）$$

$$（2）M^* + M \longrightarrow M^*M \longrightarrow (MM)^* \quad （excimer，激基缔合物）$$

$$（3）N^* + N \longrightarrow N^*N \longrightarrow (NN)^* \quad （excimer，激基缔合物）$$

激态复合物的荧光光谱具有如下特征：浓度高时在荧光光谱的长波段处出现一新的发射峰，且和最初发光峰存在着互为依存的关系，即在光谱中可明显地看到一等发光点（isobestic point），表示该新峰和最初发光峰源自同一物种；由于激发分子振动自由度的猝灭，激态复合物一般表现为宽而无结构的发光峰。

如图 2-16 所示，四苯乙烯衍生物 TDETE 在稀浓度下短波长处的荧光发射带出现精细结构，随着浓度增大，短波长处的发射带荧光强度急剧下降，同时在长波处（534 nm）出现一个新的无结构特征的发射带，在光谱中可明显地看到一等发光点位于 477 nm 处，证实了此发光带来自于激态复合物的发光。

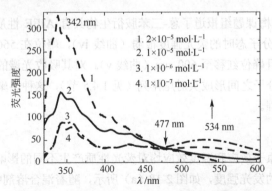

图 2-16　化合物 TDETE 在不同浓度中的荧光光谱

（4）聚集态荧光

很多荧光分子在稀溶液中荧光发射强度高，但在聚集态与固态时其发光强度很弱或几乎不发光，这是由于团聚诱导荧光猝灭。在有机发光器件的制作中，发光材料通常被镀成薄膜，因此，这种荧光猝灭也不可避免。如何克服荧光的浓度效应，降低聚集态荧光猝灭、提高固态材料的发光强度是长期以来光电材料领域的难题。唐本忠教授等发现硅杂环戊二烯在有机溶剂中光致发光极弱，而在水或含水介质中（形成聚集态）发光强度增大，并命名为聚集态诱导荧光增强（AIEE，aggregation-induced emission enhancement）。

具有 AIEE 性质的有机分子能够在聚集态下，通过分子间强相互作用形成稳定的有序密堆积形式，或者通过分子内扭曲构象避免不稳定的激基缔合物形成，最终有效遏制分子的内振动/转动，避免了分子内/间能量的非辐射转移，提高了荧光量子产率。王筱梅课题组 2003 年首次报道了四苯乙烯衍生物，其 C=C 双键连接四个大取代基可有效限制其自由旋转，降低了分子内旋转的非辐射衰变概率，可观测到聚集体荧光增强现象。如图 2-17 所示，四苯乙烯衍生物 TDETE 分子态的荧光强度很弱（曲线 i），在 PMMA 中的荧光强度骤然增强（曲线 ii），粉末样品的荧光强度进一步提高（曲线 iii）；同时，在长波处（650 nm）出现一个新的发射带。

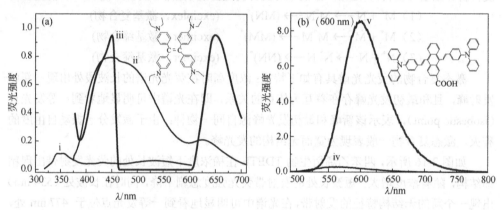

图 2-17　四苯乙烯（a）与三苯胺蒽（b）衍生物聚集态荧光光谱（THF, 1×10^{-5} mol·L^{-1}）

2008 年，王筱梅课题组报道了蒽-三苯胺衍生物具有 AIEE 性质 [图 2-17（b）]。蒽-三苯胺衍生物在分子态时的荧光强度很弱（曲线 iv），峰位在 566 nm 处，而在聚集态时荧光强度增强且峰位红移至 600 nm（曲线 v）。对其吸收光谱的研究结果表明该分子呈 J-聚集态，即分子之间形成头对尾排列（见 1.4.5 节），这种 J-聚集态的荧光强度与分子态相比明显增强。

2.3.6　其他因素

溶剂黏度、重原子效应和温度效应均对荧光性质产生不同的影响。溶剂黏度增加有利于提高荧光分子的发光强度，如图 2-18（a）所示，随着混合溶剂中石蜡（wax）比例的增加，溶剂的黏度随之增加，此时，荧光分子的荧光强度增加；这是由于在黏性介质中提高了 Franck-Condon 垂直跃迁的概率（见第 1 章 1.2.3 节）。

重原子效应是指分子中含有较大原子序数的原子（如溴原子、碘原子和重金属原子等）时，分子荧光量子产率降低的现象。如图 2-18（b），卟啉环外取代基 R 为二苯氨基团时发光强度强（曲线 i），当 R 基团为溴原子时卟啉环的发光强度明显降低（曲线 ii）；这是由于重原子的存在提高了电子自旋翻转的跃迁概率，诱导分子激发单线态转向三线态，将增大从 S_1 态向 T_1 态的系间窜越的速率常数和量子产率，从而导致荧光量子产率降低。

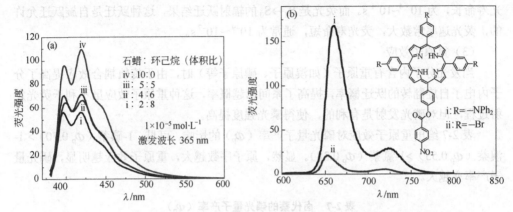

图 2-18 化合物 T1 荧光的黏度效应（a）和卟啉衍生物的重原子效应（b）

一般地，随温度降低荧光强度增强，且荧光峰位蓝移。这是由于温度降低减少了分子的热振动，提高了分子基态的稳定性，增加了分子的刚性，导致荧光量子产率提高与峰位蓝移。

2.4 磷光发射

当分子从基态（S_0）被激发到激发单线态（S_1）后，不是直接回落至基态，而是发生系间窜越至激发三重态（T_1），再经辐射跃迁回落至基态（各振动能级），这一辐射衰减过程发出的光称为磷光，即磷光是来自三线态的辐射衰变。相应的能级图如图 2-2 和图 2-3 所示，可表示为：$T_1 \longrightarrow S_0 + h\nu_p$（磷光）。

（1）磷光强度

磷光强度比荧光强度要弱得多，这是由于发射磷光的 T_1 态不能由 S_0 态直接吸收光子而生成，而是由 S_1 态经系间窜越而形成，这一过程为跃迁禁阻，因此，磷光强度通常很弱。

与荧光光谱相比，磷光辐射的波长比荧光长，磷光光谱总是在荧光光谱右侧；这是因为第一激发三重态（T_1）的能量总是低于该化合物的第一单重态（S_1）的能量，磷光辐射的能量必然较低，波长较长。从磷光光谱的发射峰的位置（波长或波数）可以确定一个化合物 T_1 态的能量。

磷光量子产率（Φ_p）可用式（2-11）计算，式中 K_p 为磷光发射速率常数，$\sum K_i$ 为与磷光辐射过程相竞争的从 $T_1 \rightarrow S_0$ 非辐射衰变速率常数总和，Φ_{st} 为 $S_1 \rightarrow T_1$ 系间窜越效率。

$$\Phi_p = \Phi_{st} \frac{K_p}{K_p + \sum K_i} \tag{2-11}$$

（2）磷光寿命

磷光是 $T_1 \rightarrow S_0$ 辐射跃迁，这种跃迁属自旋跃迁禁阻，磷光速率常数小，因此，磷光寿命长，为 $10^{-4} \sim 10^{-1}$ s。而荧光是 $S_1 \rightarrow S_0$ 的辐射跃迁结果，这种跃迁是自旋跃迁允许的，荧光速率常数大，荧光寿命短，通常为 $10^{-9} \sim 10^{-7}$ s。

（3）重原子效应

当发光分子内含有重原子（如溴原子、碘原子等）时，由于旋轨耦合效应提高了分子内电子自旋翻转的跃迁概率，提高了系间窜越概率，这种重原子效应虽不利于荧光发射过程，但对磷光发射是有利的，使得磷光强度提高。

表 2-7 给出重原子效应对磷光量子产率（Φ_p）的影响，可见，1-碘萘（Φ_p 0.70）> 1-溴萘（Φ_p 0.55）> 1-氯萘（Φ_p 0.38）。显然，原子序数越大，重原子效应越明显，磷光量子产率亦越大。

表 2-7　卤代萘的磷光量子产率（Φ_p）

化合物	1-氯萘	1-溴萘	1-碘萘
Φ_p	0.38	0.55	0.70

重原子效应不但可通过向化合物分子内引入重原子来实现，还可利用含重原子的溶剂来提高化合物的磷光量子产率。值得注意的是，只有当化合物 T_1 的电子组态是π-π*态时，才对重原子效应表现敏感；相反，若化合物 T_1 态是 n-π*时，其磷光光谱对重原子效应并不敏感。因此，利用磷光光谱可确定 T_1 态的电子组态性质（π-π*态或 n-π**态）及其 T_1 态的能量。在这里，将 n-π*跃迁和π-π*跃迁性质做个比较，如表 2-8 所示。

表 2-8　n-π*跃迁和π-π*跃迁性质比较

性　质	n-π*跃迁	π-π*跃迁
最大吸收波长	$270 \sim 350$ nm	180 nm
摩尔吸光系数	< 100 L·mol^{-1}·cm^{-1}	> 1000 L·mol^{-1}·cm^{-1}
溶剂效应	溶剂极性越大，跃迁越紫移	极性越大，跃迁越红移
取代基效应	给电子基团使跃迁紫移	给电子基团使跃迁红移
吸收光谱图形	窄	宽
单线态寿命	$> 10^{-6}$ s（长）	$10^{-7} \sim 10^{-9}$ s（短）
三线态寿命	10^{-3} s（短）	$10^{-1} \sim 10$ s（长）

2.5　辐射能量转移与非辐射能量转移

当体系存在能量不平衡时将会自发发生能量转移现象，这种现象也发生在微观体系中，即当分子之间或者是分子内能量不平衡时，将从高能态向低能态转移。按照能量转移过程中是否有发光现象产生，可分为辐射能量转移与非辐射能量转移两种形式。

2.5.1 辐射能量转移

一个激发态分子（D*）通过辐射能量转移（发光）方式将其激发能传递给另一基态分子（A），自身回落至基态而使后者发光，这一能量转移过程称为辐射能量转移。或者是，分子内的给体基团（D）被激发后生成 D*，通过分子内能量转移方式传递给受体基团（A），使后者激发而发光，这一能量转移过程也称为辐射能量转移。两种情况分别表示如图 2-19 所示。

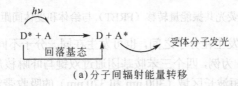

(a) 分子间辐射能量转移

(b) 分子内辐射能量转移

图 2-19　分子间（a）和分子内（b）辐射能量转移示意

辐射能量转移应满足下列条件：①给体 D 的能级高于受体 A 的能级，从光谱上看，D 的发射光谱位于短波长区域，A 的吸收光谱位于长波长区域，且给体的发射光谱应与受体的吸收光谱相重叠，以确保受体能充分地吸收给体的辐射能量；②给体有较高的荧光量子产率和受体有较高的吸收系数，以确保 D 与 A 之间有较高的能量转移效率。图 2-20 分别给出化合物 A 和化合物 B 的吸收与荧光光谱图，如 A 分子的吸收和发光峰位分别在 366 nm 和 450 nm，B 分子的吸收和发光峰位分别在 490 nm 和 620 nm。将 A、B 分子混合配成稀溶液后，此时激发 A 分子（波长 366 nm）则不再发出 450 nm 的蓝光，而是发射 620 nm 的红光。这是由于给体 A 分子将激发态能量转移给受体 B，A 自身失活回到基态单线态，使得受体 B 跃迁至激发态而发光。

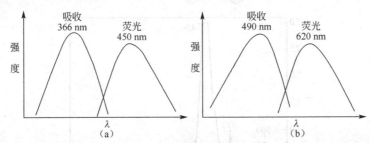

图 2-20　化合物 A（a）和化合物 B（b）的吸收光谱与荧光光谱示意图

荧光共振能量转移（FRET）可看作是辐射能量转移的一种特例。FRET 是指当化合物（给体 D）的荧光光谱与另一个化合物（受体 A）的吸收光谱相重叠时，给体分子的激发能可诱发受体分子发出荧光，同时给体荧光分子自身的荧光强度衰减或猝灭，FRET

程度与给、受体分子的空间距离紧密相关，一般为 7～10 nm 时即可发生 FRET，随着给体与受体之间距离的延长，FRET 显著减弱（见图 2-21）。

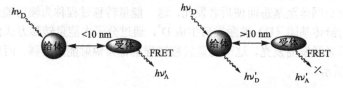

图 2-21　荧光共振能量转移（FRET）与给体和受体间距的关系

辐射能量转移可以发生在分子之间，也可发生在同一分子不同基团之间。以三苯胺卟啉枝状分子（图 2-22）为例，四个三苯胺基团通过双键与卟啉核形成了大的共轭体系，吸收光谱图显示，位于短波长区域（300 nm 和 370 nm）的吸收带对应着三苯胺和 N,N-

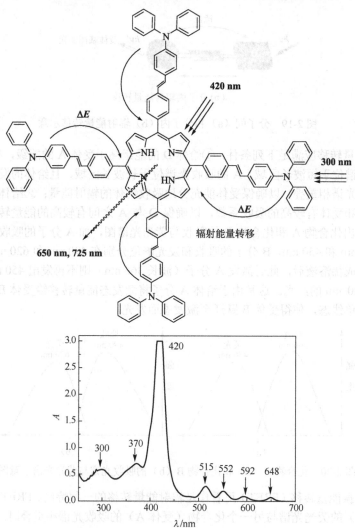

图 2-22　三苯胺卟啉枝状分子的吸收光谱（THF，1×10^{-5} mol·L^{-1}）

二苯氨基二苯乙烯的吸收，420 nm 和 515 nm、552 nm、592 nm、648 nm 则分别归属于四苯基卟啉的 Soret 带和 Q 带。分别用 300 nm 和 420 nm 的光波辐照三苯胺卟啉枝状分子，均可观测到卟啉环的特征双荧光峰（峰位在 650 nm 和 725 nm 附近），见图 2-23 所示。可以发现，在 300 nn 紫外线激发下得到的荧光强度非常强（曲线 a），在 420 nm 可见光激发下得到的荧光强度非常弱（曲线 b）。

波长 300 nm 的光只能激发外围的三苯胺基团，由于三苯胺与卟啉环共轭相连，激发能可沿着"枝-核"共轭链将能量转移至"卟啉"核，发生分子内辐射能量转移，最终发出卟啉环的特征荧光。从图 2-23 可看出，用 300 nm 激发得到的荧光发射强度，远

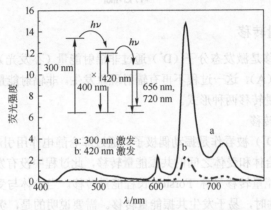

图 2-23　三苯胺卟啉枝状分子荧光与辐射能量转移能级图

比用 420nm 激发得到的荧光发射强度要强得多，说明发生了有效的分子内辐射能量转移，即激发三苯胺基团（300 nm）后，激发能从三苯胺转移至卟啉核使之发光，相应的能量转移能级见图 2-23 中插图。

辐射能量转移还可以在给休、受休的三线态之间发生。将萘和二苯酮混合液用 366 nm 的光波辐照，激发的是二苯酮，得到的却是萘的磷光，这是由于在二苯酮和萘之间发生了分子之间的能量转移的结果。由图 2-24 可知，二苯酮可吸收 366 nm 的光波（过

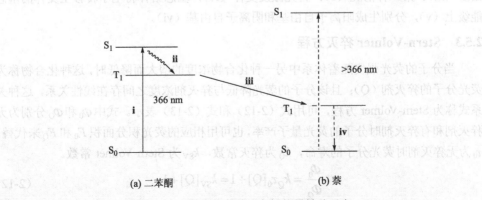

图 2-24　二苯酮和萘分子之间能量转移示意

程 i），萘并不吸收波长 366 nm 的光；当用 366 nm 的光照射二苯酮时，二苯酮被激发至单线态，经过系间窜越至三线态（过程 ii），然后再将能量通过分子之间三线态能量转移传递给萘（过程 iii），最终萘再由 T_1 辐射衰变发射磷光（过程 iv）。

一般地，当给体三线态的能量比受体三线态能量高约 17 kJ·mol^{-1} 时，能量转移可在室温下的溶液中进行。这里强调的是，三线态能量从电子给体（D）转移到电子受体（A）的过程中，一般不发生多重态的改变。相互作用可表示如下：

$$\text{给体 }(T_1) + \text{受体 }(S_0) \longrightarrow \text{给体}(S_0) + \text{受体 }(T_1)$$

$$>17 \text{ kJ·mol}^{-1}$$

2.5.2 非辐射能量转移

非辐射能量转移是激发态分子（D*）通过非辐射能量（不发光）转移方式将其激发能传递给受体分子（A），这一过程不再有辐射现象发生。非辐射能量转移包括共振能量转移和电子交换能量转移两种形式。

（1）共振能量转移

激发态分子（D*）被看作是振动偶极子，通过库仑静电作用引起受体分子（A）发生共振，完成能量给体和受体之间的共振能量转移，此过程中没有发光现象，故为非辐射能量转移。共振能量转移又称 Forster 长程能量转移。当给体与受体的能级差满足：$\Delta E_{D^* \to D} \geqslant \Delta E_{A \to A^*}$ 条件时，易于发生共振能量转移。需要说明的是，荧光共振能量转移和共振能量转移分属于辐射能量转移和非辐射能量转移。

（2）电子交换能量转移

当给体和受体分子之间间距很小，分子之间可直接碰撞，使得两者之间可通过电子交换实现能量转移，最终导致荧光的猝灭。电子交换能量转移又称为 Dexter 短程能量转移。这种电子交换能量转移可发生在分子之间，也可发生在分子内不同基团之间。

电子交换能量转移有两种机制（见图 2-25），第一种情况（a）：首先激发给体（i），给体激发态的电子转移至受体的激发态能级上（ii），分别生成阳离子自由基和阴离子自由基（iii）。第二种情况（b）：首先激发受体（iv），基态给体将电子转移至受体的基态能级上（v），分别生成阳离子自由基和阴离子自由基（vi）。

2.5.3 Stern-Volmer 猝灭方程

当分子的荧光强度随着体系中另一种化合物浓度的增大而降低时，这种化合物称为荧光分子的猝灭剂（Q）；且该分子的荧光降低与猝灭剂浓度之间存在线性关系，这种关系式称为 Stern-Volmer 方程，可用式（2-12）和式（2-13）表示。式中 Φ_0 和 Φ_Q 分别为无猝灭剂和有猝灭剂时分子的荧光量子产率，也可用相应的荧光积分面积 F_0 和 F_Q 来代替，τ_0 为无猝灭剂时荧光分子的寿命，k_Q 为猝灭常数，k_{SV} 为 Stern-Volmer 常数。

$$\frac{\Phi_0}{\Phi_Q} = k_Q \tau_0 [Q] + 1 = k_{SV}[Q] + 1 \tag{2-12}$$

部分子所给出（t_b），即可求出淬灭常数（k_Q）和 k_{SV}，由此也可得出扩散控制速率和浓度等。CPTZ1 和 CPTZ2 的 k_{SV} 数值均为 0.04 L · mol⁻¹，即这些数据表明 CPTZ2 对质子的敏感度是 CPTZ1 的 4 倍。从分子结构上看（见图 2-27），CPTZ1 和 CPTZ2 分子结构的区别是一个咪唑二氮杂萘和二咪唑二氮杂萘的不同，这可能是导致荧光敏感度差异的原因。

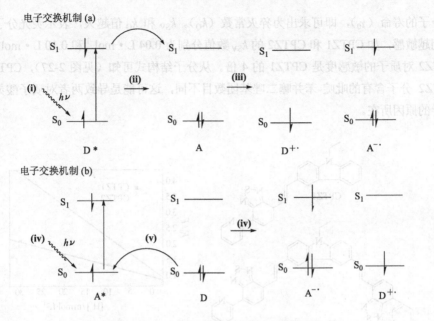

图 2-25　分子之间电子交换能量转移的两种机制

$$\frac{F_0}{F_Q} = k_Q \tau_0 [Q] + 1 = k_{SV}[Q] + 1 \tag{2-13}$$

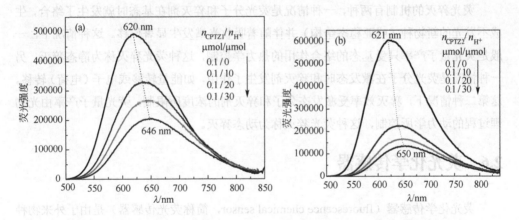

图 2-26　在淬灭剂（H⁺）存在下 CPTZ1（a）和 CPTZ2（b）的荧光光谱变化

如图 2-26 所示，荧光分子 CPTZ1 和 CPTZ2 发光强度很高，峰位分别在 620 nm 和 621 nm；当在溶液中加入质子酸后，CPTZ1 和 CPTZ2 的荧光强度依次降低（伴随着峰位红移），故质子酸是荧光分子 CPTZ1 和 CPTZ2 的淬灭剂。

以淬灭剂物质的量浓度[Q]为横坐标，Φ_0/Φ_Q 比值为纵坐标，根据图 2-26 测得数据可拟和得出一条直线（见图 2-27），由直线斜率得出 Stern-Volmer 常数（k_{SV}），若已知荧光分子的寿命（τ_0），即可求出为猝灭常数（k_Q）。k_{SV} 和 k_Q 值越大，表示荧光分子对猝灭剂越敏感，如 CPTZ1 和 CPTZ2 的 k_{SV} 数值分别为 0.04 L·mol^{-1} 和 0.10 L·mol^{-1}，即 CPTZ2 对质子的敏感度是 CPTZ1 的 4 倍。从分子结构式可知（见图 2-27），CPTZ1 和 CPTZ2 分子含有的吡啶-苯并噻二唑基团数目不同，这可能是导致两者对质子酸灵敏性差异的原因所在。

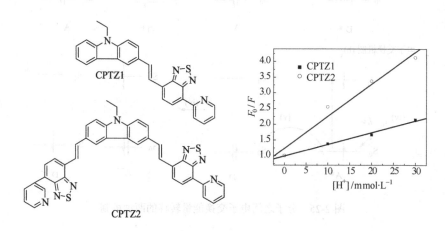

图 2-27　CPTZ1 和 CPTZ2 质子对的 Stern-Volmer 曲线

荧光猝灭的机制有两种，一种情况是荧光分子和猝灭剂在基态时就发生了络合，生成不发光的新物种（或亚稳态结构）并伴随着吸收光谱发生显著位移。这种情况下，一般是荧光量子产率只受基态的络合作用的热力学控制，这种荧光猝灭称为静态猝灭。另一种情况是荧光分子在激发态时和猝灭剂发生了作用，如能量转移或电子（电荷）转移。这第二种情况下，猝灭效率受激发态分子和猝灭剂的浓度所限制，荧光量子产率由光物理过程的动力学所控制，这种荧光猝灭称为动态猝灭。

2.6　荧光化学传感器

荧光化学传感器（fluorescence chemical sensor，简称荧光传感器）是由于外来物种存在而引起分子的荧光性质（如荧光强度、荧光位移和荧光寿命等）发生显著变化，并借助于光导纤维进行光信号传递的一种装置。荧光化学传感器通过荧光性质变化，实现人与分子的"对话"，对单（多）个物种进行实时在线检测，具有选择性好、灵敏度高、检出限低等优点，在传感器领域具有重要的应用价值。

2.6.1　荧光传感分子结构

荧光化学传感器的核心部分是在传感器件的光纤端部修饰一层荧光传感分子，荧光

传感分子在结构上与普通的荧光分子不同，通常由三个部分构成：分别为荧光报告器基
团（Reporter）、接收器基团（Receptor）与连接器
部分（Relay），简称 3R 基团（见图 2-28）。

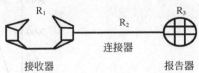

图 2-28　荧光传感分子 3R 结构

（1）接收器基团（Receptor）

荧光传感分子的接收器通常是指能与外来物
种通过弱相互作用而结合的基团，具有高度选择性
和唯一性。即只对某一特定外来物种具有专一识别
能力，其他物种的存在对其检测结果没有干扰。根据接收器基团功能，接收器可分为阳
离子接收器（如冠醚）、阴离子接收器（如酰胺衍生物）和中性分子接收器（如芘甲醛）。

（2）报告器基团（Reporter）

报告器是通过荧光性质（强度与峰位）的显著变化，将接收器捕捉到外来物种的信
息传递给外界的功能基团，有时荧光分子本身也可作为报告器，报告器必须具有高度灵
敏性。

灵敏性是指极微量外来物种侵入即能引起荧光传感分子的荧光性能发生明显的变
化。优秀的荧光传感分子必须同时具有高选择性和高灵敏性。目前报道荧光化学传感器
的检测限可以达到纳摩尔（$nmol \cdot L^{-1}$）量级以下。

（3）连接器基团（Relay）

中继传递体是连接接收器和报告器的连接基团，接收器和报告器的连接可通过共轭
连接，也可为非共轭连接。这部分结构看似不如前两者重要，但影响着传感器的荧光性
质变化，其机制涉及分子内能量转移和电子（电荷）转移的光化学与光物理许多科学
问题。

2.6.2　荧光传感器信号表达

荧光传感分子在接收外来物种分子后，报告器可通过荧光性质的变化将信息传递给
外界，通常有下面三种可能的信号表达。

（1）第一种情况是"报告器发出荧光"

荧光传感分子本身不发光或荧光较弱，当外来物种（foreign species）进入接收器内，
诱发报告器发出强荧光（见图 2-29）。如荧光化合物 TSCM 本身荧光较弱（见图 2-30 曲
线 a），在β-环糊精存在下与精氨酸（Arg）结合后使其荧光强度骤然增大，并伴随发光
峰位蓝移（曲线 b），从其插图也可看出，荧光分子 TSCM 在与外来物种精氨酸结合后，
荧光显著增强。

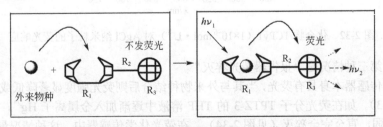

图 2-29　荧光传感器的"报告器发出荧光"

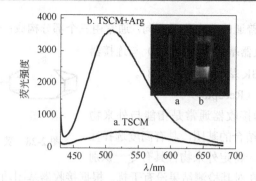

图 2-30　荧光化合物 TSCM 对精氨酸的荧光响应

（2）第二种情况是"报告器荧光峰位移"

荧光传感分子本身具有荧光，当该荧光分子与外来物种结合后生成新的荧光分子，则发出另一波长的荧光（见图 2-31）。如荧光分子 TCPy1 在 THF 溶剂中发出很强的荧光，峰位在 598 nm 处，外来物种 AgCl 微粒的存在，不但使得化合物 TCPy1 的荧光强度增大了 3 倍以上，且发光峰位蓝移了 40 nm，半高宽度收缩了 30 nm（见图 2-32）。其结果是，荧光分子 TCPy1 在 THF 溶剂中发黄色荧光，外来物种 AgCl 纳米粒子侵入后，改变了荧光分子结构，使之发出耀眼的绿光。

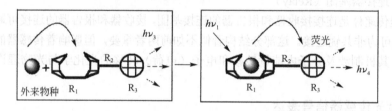

图 2-31　荧光传感器的"报告器发出另一波长的荧光"

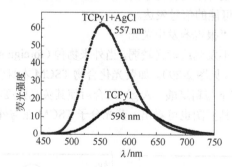

图 2-32　化合物 TCPy1（1×10^{-6} mol·L^{-1}）对 AgCl 纳米粒子的荧光响应

（3）第三种情况是"报告器荧光猝灭"

荧光传感器本身具有荧光，当其与外来物种结合后则荧光强度显著降低或荧光猝灭（见图 2-33）。如在荧光分子 TPTZ-3 的 THF 溶液中逐渐加入金属离子 Hg^{2+}，其荧光强度逐渐减弱，直至完全猝灭（见图 2-34）。在荧光化学传感器中，这种情况最为常见。

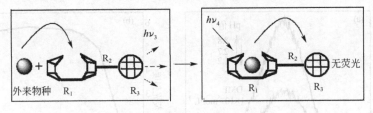

图 2-33 荧光传感器的"报告器荧光猝灭"

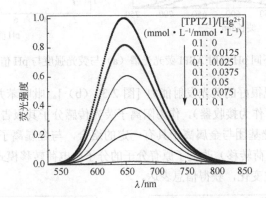

图 2-34 荧光分子 TPTZ-3 对 Hg^{2+} 的荧光响应

2.6.3 荧光传感分子实例

（1）取代苯乙烯吡啶盐染料

苯乙烯吡啶盐染料为阳离子（如 H^+）荧光传感分子，荧光发射带位于 600 nm 附近。在中性和碱性环境中具有 D-π-A 结构特征，作为荧光传感分子，其报告器为整个荧光分子，接收器为给体取代基。以 PSPI 为例，分子的给体 D 为 *N*-甲基-*N*-羟乙基氨基，受体 A 为 *N*-甲基碘化吡啶。当质子侵入该荧光分子内，给体中的氮原子通过质子化诱导分子发生互变异构，凯库勒结构转变为醌式结构（见图 2-35），从而改变了 PSPI 分子的 D-π-A 结构特征，使其在 600 nm 处的荧光发射带几近消失 [见图 2-36(a)]。当加入 OH^- 时，质子从给体中的氮原子上被游离出来，分子内的电荷转移效应又被恢复。由图 2-36(b) 可见，ASPI 在 pH 值 2~4 范围内具有较好的 pH 传感性能。

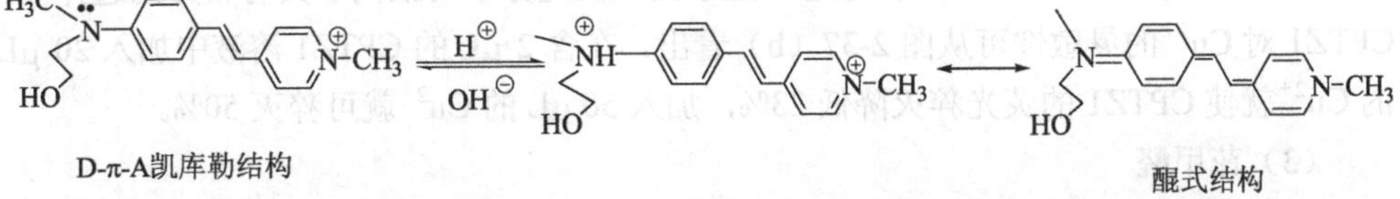

图 2-35 ASPI 分子质子化与去质子化示意

（2）吡啶苯并噻二唑衍生物

吡啶苯并噻二唑基团具有拉电子能力（A），若将该基团与给体基团共轭连接成

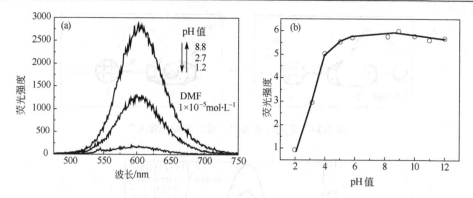

图 2-36　不同 pH 值时 ASPI 荧光光谱（a）与荧光强度与 pH 值关系（b）

D-π-A 结构，将呈现很好的荧光发射能力 [图 2-37（b）]。吡啶苯并噻二唑基团具有与阳离子配位能力（可作为接收器），作为阳离子荧光传感分子其报告器为整个荧光分子。由于吡啶苯并噻二唑基团与金属离子具有一定的络合，与金属离子结合后形成 MLCT（金属-配体之间的电荷转移）改变了原有分子的分子内电荷转移模式，从而影响了荧光体的荧光强度与峰位变化，获得信息表达。

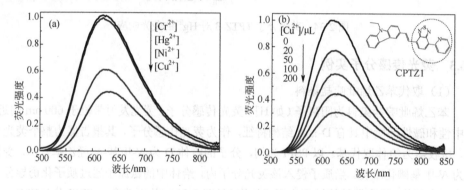

图 2-37　金属离子对 CPTZ1 荧光光谱影响（THF，1×10^{-4} mol · L^{-1}）

　　如在荧光分子 CPTZ1 溶液（2 mL，1×10^{-4} mol · L^{-1}）中分别加入 100 μL 的 Cr^{2+}、Hg^{2+}、Ni^{2+} 和 Cu^{2+} 水溶液,这些金属离子对荧光分子 CPTZ1 荧光光谱有所不同 [见图 2-37（a）]：汞离子和铬离子对 CPTZ1 的荧光性质影响不大,铜离子和镍离子对 CPTZ1 的荧光有明显猝灭作用,其中 Cu^{2+} 更敏感。显示出该荧光分子对铜离子具有较好的选择性。CPTZ1 对 Cu^{2+} 的灵敏性可从图 2-37（b）看出,在含 2 μL 的 CPTZ1 溶液中加入 20 μL 的 Cu^{2+} 就使 CPTZ1 的荧光猝灭降低 23%,加入 50 μL 的 Cu^{2+} 就可猝灭 50%。

（3）芘甲醛

　　芘甲醛化合物为中性荧光传感分子,其报告器与接收器分别为芘和醛基,由于醛基的微扰作用使得芘甲醛不发光。当甲醇与醛基作用形成氢键后,芘甲醛的荧光量子产率将发生突跃性增大,具有识别甲醇的功能。其原因在于,芘甲醛的激发单线态属于 n-π* 跃迁,在溶液中不发光；当醛基与醇羟基形成氢键后,使化合物分子的最低激发单线态由 n-π* 转变为π-π*，发光能力大大增强，从而传递出外来物种入侵的信息。芘甲醛结构与氢键诱导下 n-π* 跃迁转变为π-π* 跃迁如图 2-38 所示。

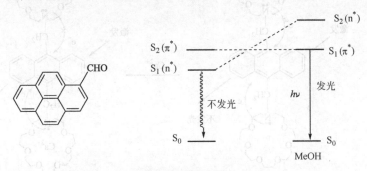

图 2-38　芘甲醛结构与氢键诱导发光

（4）冠醚衍生物

大环冠醚具有特定的中空结构，其空穴大小可络合特定体积大小的金属离子，是金属阳离子有效的接收器。若选择不同的荧光分子作为报告器（如香豆素或蒽环等），与冠醚连接可获得不同的荧光传感分子。香豆素具有很强绿色荧光发射能力，量子产率90%以上，与冠醚通过σ键结合，可构筑如图 2-39 所示的荧光传感分子。当冠醚作为金属离子接收器与金属离子结合后，由于正电荷离子引入并处于香豆素的电子受体部位，香豆素发生荧光猝灭，从而将信息传递外出。

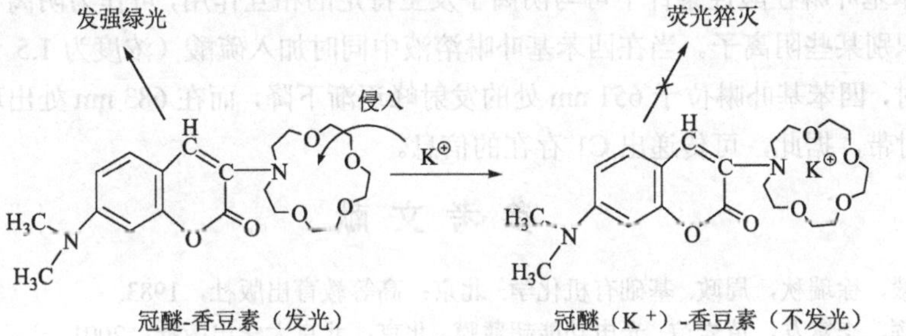

图 2-39　香豆素-冠醚荧光传感体系

大环冠醚接收器与蒽环σ键结合后得到的冠醚-蒽分子不发光（见图 2-40），但外来物种侵入时该分子却发出蒽环特有的蓝色荧光。原理如下：冠醚中的叔氨基 N 原子和蒽环之间连接着亚甲基，使得冠醚与蒽基团处于非共轭状态，当蒽基被激发后，由于受激的蒽基很快从冠醚环内的氮原子上得到电子，发生了分子内电子转移而使激发态的蒽荧光猝灭，所以蒽环不再发出蓝色荧光。当阳离子物种侵入时（如 Na^+、K^+、Ca^{2+}、Mg^{2+} 等金属离子），阳离子可和冠醚中的叔氨基 N 原子的电子紧密结合，使受激的蒽基不再能从 N 原子上得到电子，从而切断了分子内电子转移通道；以致受激的蒽基发出强的蓝色荧光，传递出分子接受了外来物种的信息。

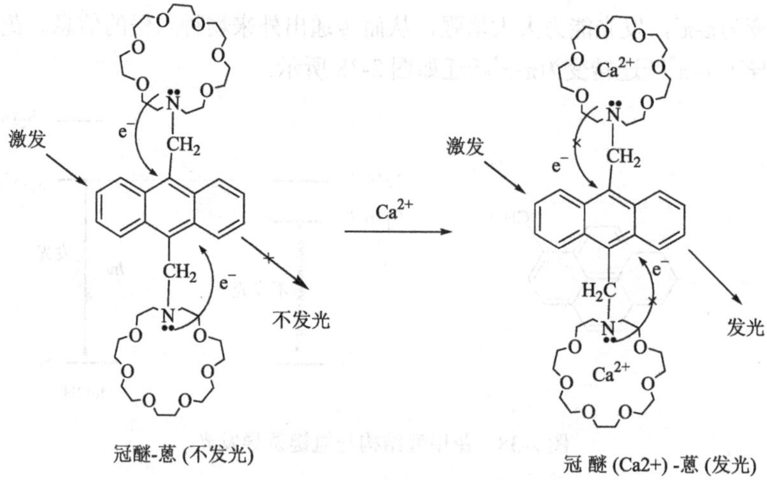

图 2-40　蒽-冠醚衍生物荧光传感体系

　　不同的大环冠醚可结合不同的碱金属和碱土金属阳离子（Na^+、K^+、Ca^{2+}、Mg^{2+}等），这些金属离子可参与诸如神经脉冲传递和细胞活动调节等生物过程，它们在血液和尿液中的存在水平对临床诊断尤为重要，冠醚-蒽荧光传感分子用于检测体液中碱金属或碱土金属阳离子的存在与含量，具有实用价值。

　　（5）卟啉衍生物

　　四苯基卟啉在酸性条件下可与阴离子发生特定的相互作用，可作为阴离子荧光传感分子来识别某些阴离子。当在四苯基卟啉溶液中同时加入硫酸（浓度为 $1.5~mol \cdot L^{-1}$）和 Cl^- 时，四苯基卟啉位于 651 nm 处的发射峰逐渐下降，而在 683 nm 处出现一个新的荧光发射带，据此，可传递出 Cl^- 存在的信息。

参 考 文 献

[1] 邢其毅，徐瑞秋，周政. 基础有机化学. 北京：高等教育出版社，1983.

[2] 黄春辉，李富友，黄岩谊. 光电功能超薄膜. 北京：北京大学出版社，2001.

[3] 徐国珍，黄贤智，郑朱梓等. 荧光分析法. 北京：科学出版社，1990.

[4] 吴世康. 超分子光化学导论. 北京：科学出版社，2005.

[5] 吴世康. 高分子光化学导论. 北京：科学出版社，2003.

[6] 张建成，王夺元. 现代光化学. 北京：化学工业出版社，2006.

[7] 姜月顺，李铁津. 光化学. 北京：化学工业出版社，2005.

[8] 许胜，刘斌，田禾. 阴离子荧光化学传感器新进展. 化学进展，2006，18（6）：687.

[9] Y. Zhang, M. X. Li, M. Y. Lü, et al. J. Phys. Chem. A, 2005, 109 : 7442.

[10] 赵维峰，王筱梅，罗建芳，陶绪堂. 光谱学与光谱技术，2011，31(5)：1300.

[11] 王筱梅，杨平，施芹芬等. 化学学报，2003，10：1646.

[12] 王筱梅. 电荷转移对称性与双光子吸收/激射性能研究. 博士学位论文，2001，山东大学.

[13] 吴莉娜，王筱梅，范丛斌等. 功能材料，2010，9(42)：1865.

[14] 王宝柱，王筱梅，蒋宛莉等. 化学学报，2007，10: 887.

[15] 王筱梅，王德强，倪媛等. 具有双光子荧光和聚集态发光特性的蒽-三苯胺枝形分子. 中国发明专利，ZL 101348537A.

[16] Z. M. Wang, X. M. Wang, J. F. Zhao. Dyes and Pigments, 2008, 79: 145.

[17] 刘国华，杨平，蒋宛莉，王筱梅等. 功能材料，2005, 5 (36): 600.

思 考 题

1. 画出 Joblonski 图并解释下列各名词：

基态、激发态、单线态、三线态、多重态、辐射衰变、非辐射衰变、内转换、系间窜越、荧光、磷光、斯托克斯位移。

2. 物质的荧光性质主要包括哪些？影响荧光性质有哪些因素？

3. 物质吸收与荧光光谱呈实物与镜像关系的原因是什么？为什么荧光光谱位于吸收光谱的长波长区域？磷光光谱总是位于荧光光谱的长波长区域？

4. 激发态处于高能状态，热力学不稳定。简述分子激发态能量损失的几种形式，讨论斯托克斯位移的原因。

5. 解释磷光辐射波长和磷光寿命均比荧光辐射波长和寿命要长的原因。

6. 重原子效应对荧光和磷光有什么影响？

7. 聚集体与激基复合物如何甄别？后者的荧光如何甄别？

8. Lippert 方程和 Stern-Volmer 方程描述的内容是什么？可解决哪些问题。

9. 为何会出现荧光的浓度猝灭现象？聚集态发光有什么意义？

10. 简述辐射能量转移和非辐射能量转移，简述电子交换能量转移两种机制。

11. 测出下列化合物 1 与 2 的荧光量子产率分别为 0.33 和 0.31，荧光寿命为 1.67 ns 和 1.56 ns，计算它们的辐射衰减常数和非辐射衰减常数。讨论分子结构与荧光性质之间的关系。

化合物 1　　　　　　　　　　　　　　　　　　化合物 2

12. 试根据图 2-10 和表 2-4，详细描述取代基效应对卟啉大环荧光性质（包括荧光峰位和荧光量子产率）的影响。

13. 如图 2-41 所示为化合物 A 在不同溶剂中的吸收与荧光光谱图，试计算该化合物在三种不同溶剂中的荧光量子产率数值。由该图得出化合物 A 在甲苯、乙酸乙酯和 DMF 溶剂中的荧光积分强度分别为 5.2×10^7、4.6×10^7 和 2.9×10^7，相应的吸光度图已标出（测试中以荧光素为参比物，其吸光度 A_r 与荧光积分强度 F_r 比值为 5×10^{-9}，荧光量子产率为 0.9）。

14. 图 2-42 为化合物 TS 在不同溶剂中的荧光光谱，从能级结构变化讨论其溶剂效应（甲苯

THF：四氢呋喃；EA：乙酸乙酯；DCM：二氯甲烷；丙酮）。

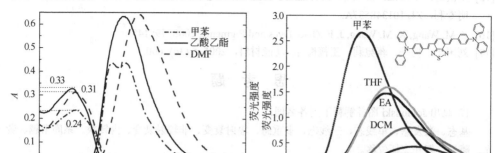

图 2-41　化合物 A 在不同溶剂中的吸收与荧光光谱　图 2-42　化合物 TS 在不同溶剂中的荧光光谱

15. 三联吡啶-三苯胺在不同溶剂中的荧光光谱见图 2-43 所示，可以看出，发光峰位分别为：a. 399 nm（正己烷）；b. 430 nm（苯）；c. 458 nm（乙酸乙酯）；d. 469 nm（二氯甲烷）；e. 484 nm（丙酮）；f. 498 nm（乙腈）；g. 528 nm（甲醇）。试从溶剂效应对发光分子能级的影响予以解释。

16. 表 2-9 为化合物 T1、T2 和 T3 在不同溶剂中的吸收与发射性质，分子结构如图 1-12 所示。结合分子的结构，讨论共轭效应和溶剂效应对分子的吸收性质（包括吸收峰位和摩尔吸光系数）与荧光性质（包括发光峰位和荧光量子产率）的影响。

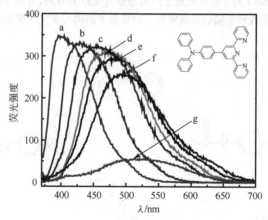

图 2-43　三联吡啶-三苯胺在不同溶剂中的荧光光谱

表 2-9　化合物 T1、T2 和 T3 在不同溶剂中的吸收与发射性质

化合物	光谱性质	环己烷	乙醚	氯苯	二氯甲烷	DMF	乙腈
T1	λ^{ab}_{max}/nm	360	355	368	366	366	361
	$\varepsilon \times 10^4/L \cdot mol^{-1} \cdot cm^{-1}$	2.8	2.5	3.0	4.2	3.5	3.8
	λ^{em}_{max}/nm	393	420	426	436	446	446
	$I/\times 10^4$	96	183	348	349	357	373
	Φ_f	0.489	—	—	0.504	0.657	0.967

续表

化合物	光谱性质	环己烷	乙醚	氯苯	二氯甲烷	DMF	乙腈
T2	λ^{ab}_{max}/nm	382	379	388	384	383	378
	$\varepsilon \times 10^4/L \cdot mol^{-1} \cdot cm^{-1}$	4.7	5.7	5.0	5.8	5.5	5.0
	λ^{em}_{max}/nm	415	424	438	442	459	479
	$I/\times10^4$	282	294	356	114	233	309
	Φ_f	0.628	—	—	0.522	0.546	0.414
T3	λ^{ab}_{max}/nm	388	383	389	388	388	380
	$\varepsilon \times 10^4/L \cdot mol^{-1} \cdot cm^{-1}$	6.0	7.0	6.0	7.7	6.7	6.2
	λ^{em}_{max}/nm	423	436	450	451	473	483
	$I/\times10^4$	321	307	283	68	143	223
	Φ_f	0.535	—	—	0.330	0.387	0.287

17. 图 2-44 为三苯胺-苯并噻二唑衍生物（CPTZ1 和 CPTZ2 结构见 52 页）被 Ag^+ 和 Ni^{2+} 荧光猝灭的 Stern-Volmer 曲线，结合荧光分子结构，讨论其构效关系。

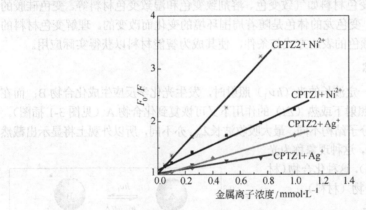

图 2-44　三苯胺-苯并噻二唑衍生物与金属离子的 Stern-Volmer 曲线

18. 给体分子（基团）与受体分子（基团）之间的能量转移通常有哪几种形式？非辐射能量转移有 Forster 长程能量转移和 Dexter 短程能量转移两种，试简述之。

19. 试述荧光传感分子结构特点及其荧光传感器工作原理。

20. 简述冠醚类衍生物用于化学传感的基本原理。

第3章　光致变色与电致变色材料

3.1　光致变色现象

3.1.1　变色材料

变色材料 (chromic materials) 是指当受到外界刺激后能自动变更其颜色并能发生可逆性变化的一类材料。外界的刺激条件包括光、电、热、压力、酸碱等，相应的变色材料依次叫做光致变色、电致变色、热致变色、机械变色和酸致变色材料。

还有其他的一些变色材料如气致变色、溶剂致变色和湿致变色材料等。变色硅胶的变色是由湿度引起的，变色龙的体色是随着周围环境的变化而改变的。理解变色材料的变色机理并能调控其颜色的表达方式与条件，使其成为智能材料以获得实际应用。

3.1.2　光致变色概念

化合物 A 在受到一定波长的光（$h\nu_1$）照射时，发生光化学反应生成化合物 B；而在另一波长的光（$h\nu_2$）照射下或热（△）的作用下又可恢复到化合物 A（见图 3-1 插图）。由于化合物 A 和 B 的分子结构不同，最大吸收波长 λ_{max} 亦不同，所以外观上将显示出截然不同的颜色（见图 3-1），这种现象称为光致变色（photochromism），这种化合物（材料）称为光致变色化合物（材料）。

3.1.3　光致变色机理

光致变色机理是物质在光照下由一种稳态结构（如 A 式）可逆地转变为另一种稳态结构（如 B 式）的化学过程。这种光化学反应包括光致顺反异构化、光致开环闭环异构化和氧化还原等反应。

需要强调的是，光致变色过程中生成的两种稳定的结构式称为双稳态结构。双稳态结构之间吸收波长（或反射波长）的差异越大，光致变色的颜色分辨率越大；双稳态结构的稳定性越好，材料的抗疲劳性亦越好。

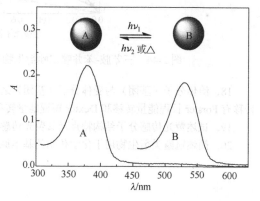

图 3-1　光致变色化合物对应的紫外-可见吸收光谱

3.2　光致变色材料

凡是具有双稳态结构的化合物，且能在光驱动下实现双稳态结构的可逆转换，这样的材料都可作为光致变色材料。实用性的光致变色材料应满足下列条件：

① 对特定光源敏感，且在该波段的光照射下颜色可逆变化的分辨率大；

② 颜色可逆变化循环次数高（>10^6）、抗疲劳性好；

③ 颜色变化响应速度快，一般在 10^9~10^{12} 次·s^{-1}；

④ 对光、热的稳定性好。

目前有机光致变色化合物主要有螺吡喃、偶氮化合物、俘精酸酐、螺噁嗪、二噻吩乙烯等，相应的母体结构如图 3-2 所示。

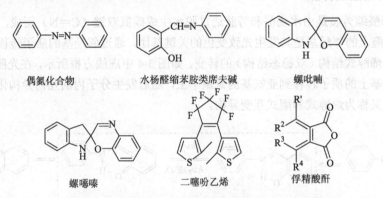

图 3-2　常见的几种光致变色材料的母体结构

3.2.1　偶氮化合物（见 1.5.2 节和 1.6.1 节）

偶氮化合物是通过分子内的偶氮基（—N=N—）在光（或热）的作用下发生顺反异构实现双稳态结构转变的，偶氮化合物双稳态结构分别为顺式与反式异构体。

偶氮化合物反式异构体的共平面性好，最大吸收峰位（$\lambda_{反式}$）位于长波长区；顺式异构体共平面性差，最大吸收峰位（$\lambda_{顺式}$）位于短波长区。一般情况下偶氮分子多以稳定的反式结构存在，当化合物吸收光子发生跃迁时由反式结构变为顺式结构，这种现象叫光致异构，偶氮染料是一类具有光异构特征的有机光学材料。如图 3-3 所示，顺式异构体（Z-）最大吸收波长（$\lambda_{顺式}$）为 340 nm，其吸收边已进入可见光区，所以顺式异构体呈淡黄色；反式异构体（E-）最大吸收波长（$\lambda_{反式}$）为 460 nm，外观呈鲜艳的红色。如反式体在波长为 460 nm 的光照下转化为黄色的顺式体结构，顺式体则在 340 nm 光照下（或加热）回复到反式体结构。

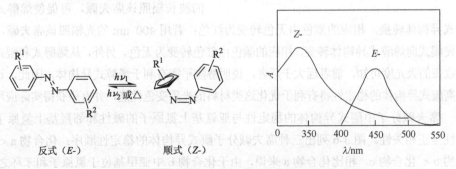

图 3-3　偶氮衍生物 Z-/E-异构体的吸收光谱

　　偶氮化合物由于制备工艺简单，反式异构体和顺式异构体的颜色对比度较大，作为光致变色材料具有一定的优势。但是，顺式偶氮化合物的稳定性远不如反式异构体，不能组成有效的双稳态结构，当光照结束后，顺式异构体会自发转变为反式异构体。因此，偶氮化合物作为光致变色材料受到一定限制。如果在偶氮苯两端引入推、拉电子基团，设法提高偶氮化合物顺式体的稳定性，将有利于优化该类光致变色材料的性能。

3.2.2 水杨醛缩芳胺

　　水杨醛缩芳胺是由水杨醛和芳胺通过脱水生成碳氮双键（C＝N）而成，俗称席夫碱。水杨醛上的邻羟基是其发生光致变色的关键基团，通过邻羟基的质子转移可实现酮式结构与烯醇式结构（双稳态结构）的转变。如图 3-4 中虚线方框所示，在光照下（$h\nu_1$）水杨醛羟基上的质子转移到亚氨基的氮原子上，随后发生分子内的几何异构化，这种结构的变化又称为烯醇式和醌式互变异构。

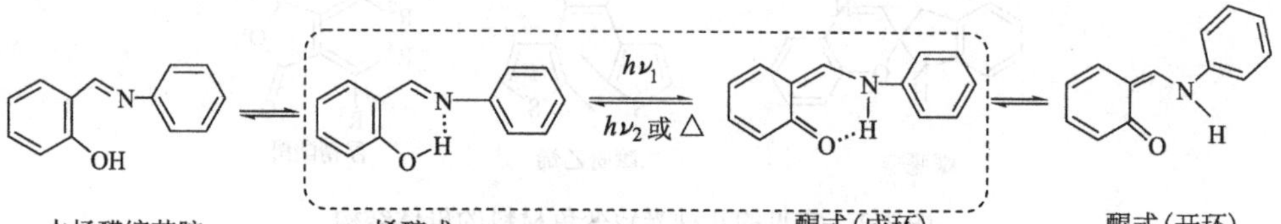

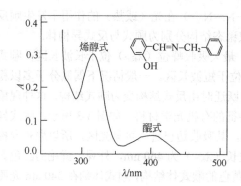

水杨醛缩苯胺　　　　　　烯醇式　　　　　　　　　醌式（成环）　　　　　醌式（开环）

图 3-4　水杨醛缩苯胺类席夫碱的光致变色反应

图 3-5　水杨醛缩芳胺衍生物在甲醇中的吸收光谱

　　在水杨醛缩芳胺的双稳态结构中，烯醇式异构体稳定性大于醌式异构体；前者共轭度短，吸收峰位出现在较短的波长区，后者共轭度长，吸收峰位出现在较长的波长区，两者吸收光谱不同，外观颜色也不一样。如图 3-5 所示（结构式见插图），烯醇式异构体的吸收带位于短波长区（325 nm 左右），醌式异构体的吸收带位于长波长区（400 nm）。用 325 nm 的波长辐照该席夫碱，可促使烯醇式向醌式异构体转换，相应的颜色由无色转变为红色；若用 400 nm 的光辐照该席夫碱，可促使醌式向烯醇式异构体转变，相应的颜色由红色转变为无色。另外，从烯醇式和醌式的吸收带的吸光度可知，前者远大于后者，说明醇醌平衡有利于烯醇式异构体，因此，设法提高醌式异构体的稳定性将有利于优化这类材料的光致变色性能，并有望获得实际应用。

　　席夫碱分子中醌式异构体的稳定性与亚氨基上氮原子的碱性和邻羟基上氢原子的酸性呈正相关性。图 3-6 列出三种席夫碱分子醌式异构体的稳定性顺序：化合物 a ＜ 化合物 b ＜ 化合物 c。相比化合物 a 来说，由于化合物 b 中亚甲基位于氮原子和苯环之间，使得氮原子上的电子密度增强，碱性增强，促使化合物 b 醌式体形成。同理，化合物 c

的硝基增强了酚羟基的酸性，更有效地促使了化合物 c 的醌式体形成。

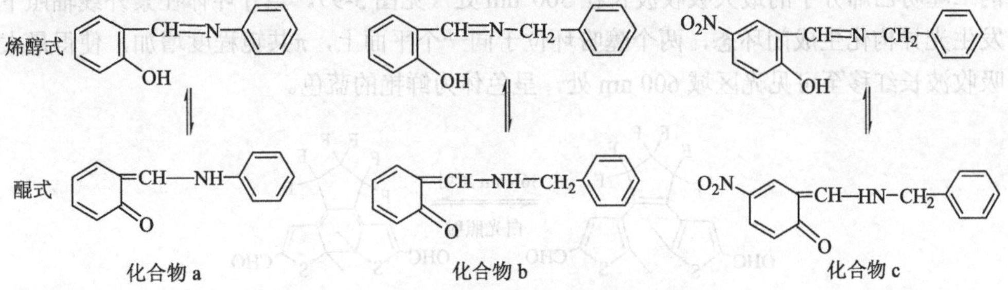

烯醇式

醌式

化合物 a　　　　　　　　　化合物 b　　　　　　　　　化合物 c

图 3-6　三种席夫碱醌式异构体的稳定性比较

　　席夫碱在溶液中两种异构体的平衡不但与席夫碱分子结构有关，还与溶剂极性有关。在非极性溶剂如环己烷中，由于溶质与溶剂间相互作用很小，席夫碱主要以烯醇式异构体存在；而极性溶剂如甲醇中，由于甲醇与席夫碱形成了分子间的氢键，将有利于醌式异构体的存在。

3.2.3　二芳基乙烯类衍生物

（1）结构特征

　　二芳基乙烯类衍生物是在乙烯基的 1,2-位上连有芳香环（Ar）的一类化合物，具有一个共轭 6π 电子的己三烯母体结构。如图 3-7 所示，其中芳基（Ar）可为苯环、五元杂环或稠杂环等，取代基 R 可为氢原子、烷基、脂环烃、芳香烃及卤原子等。尤其是，当芳香环（Ar）为呋喃、噻吩或噻唑等杂环时，二芳基乙烯衍生物将具有明显的光致变色性质。

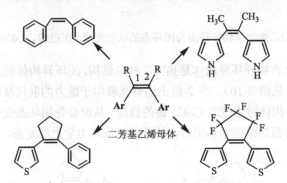

二芳基乙烯母体

图 3-7　二芳基乙烯母体结构及其衍生物示例

（2）光致变色反应

　　二芳基乙烯分子的双稳态结构是开环态和闭环态两种异构体，其中开环态异构体外观上为白色固态，称为无色体；在紫外线照射下，开环异构体发生顺旋生成闭环体，闭环异构体一般呈现很深的颜色，称为呈色体。二芳基乙烯分子根据取代基及其取代位置的不同，闭环态的吸收波长也有所不同，可呈现不同的颜色，如黄色、红色、蓝色、绿色等。

　　图 3-8 为二噻吩乙烯衍生物在光致变色反应中开环态和闭环态的结构式。可以看出，

在开环态中，由于两个噻吩环不共平面，π电子定域在各自的噻吩杂环中，使得开环态的二噻吩乙烯分子的最大吸收波长在 300 nm 处（见图 3-9）。当开环体在紫外线辐照下发生光异构化生成闭环态，两个噻吩环位于同一个平面上，π共轭程度增加，使得最大吸收波长红移至可见光区域 600 nm 处，呈色体为鲜艳的蓝色。

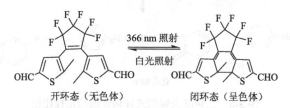

图 3-8　二噻吩乙烯衍生物的光致变色反应

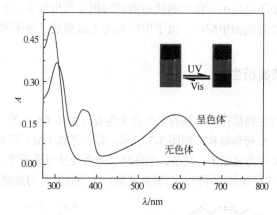

图 3-9　二噻吩乙烯衍生物开环态与闭环态的吸收光谱（正己烷，2.0×10^{-5} mol·L^{-1}）

　　二芳基乙烯化合物开环异构体是热力学稳定结构，闭环异构体的热稳定性和 2-位上所连的基团有关（见图 3-10）。当 2-位上连有强吸电子能力的取代基时，由于吸电子取代基减弱了闭环异构体时生成的 C_5-$C_{5'}$ 键的强度，从而会使闭环态变得不稳定而容易开环。当 2-位上连接强的给电子基团时，闭环态变成热力学上稳定态，不再容易开环。

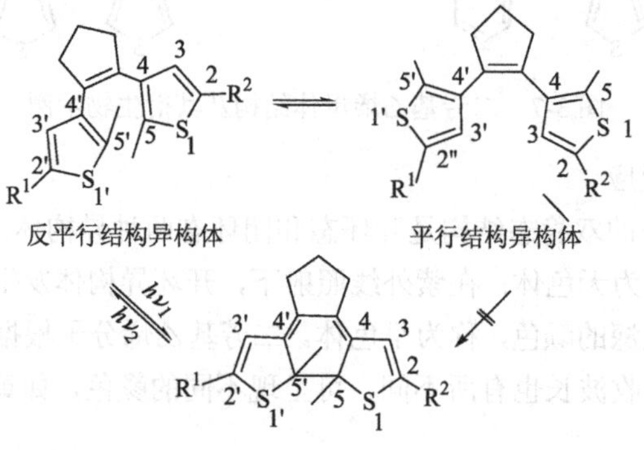

图 3-10　二噻吩乙烯衍生物反平行异构体光致变色

另外，需要注意的是，开环二芳基乙烯化合物中的芳杂环存在着平行结构和反平行结构两种构型，只有反平行结构的二芳基乙烯分子在光作用下才能以顺旋实现光环化反应，完成由开环态到闭环态的转变，在宏观上表现出光致变色特性；而以平行结构存在的二芳基乙烯分子则表现为光化学惰性，在常规条件下不能发生光环化反应，不具有光致变色特性（见图 3-10）。

3.2.4　螺吡喃类化合物

螺环化合物是指两个碳（杂）环共用一个碳原子（又称螺原子），当有一个杂环为吡喃环，即为螺吡喃。螺吡喃（spiropyran）是研究得较早的一类有机光致变色化合物，其变色过程是通过分子内周环反应，实现由闭环异构体向开环异构体的转变，如图 3-11 所示。

在螺吡喃化合物的闭环态中，螺原子两边的杂环之间没有共轭关系，最大吸收波长在紫外线区域，为无色体。当闭环态在紫外线辐照下发生光异构化生成开环态，分子生成两个共轭双键并与两端的苯环共轭相连，因为开环异构体（即半花菁结构，见 1.6.5 节）的共轭效应得到加强，促使最大吸收波长红移至可见光区域，呈现鲜艳的颜色。螺吡喃化合物闭环异构体是热力学稳定结构，开环态呈色体稳定性不好，因此，螺吡喃作为光致变色材料的抗疲劳性较差，易被氧化降解。

螺噁嗪（spirooxazine）化合物的光致变色是在螺吡喃基础上发展起来的，其变色过程与螺吡喃相似（见图 3-12）。

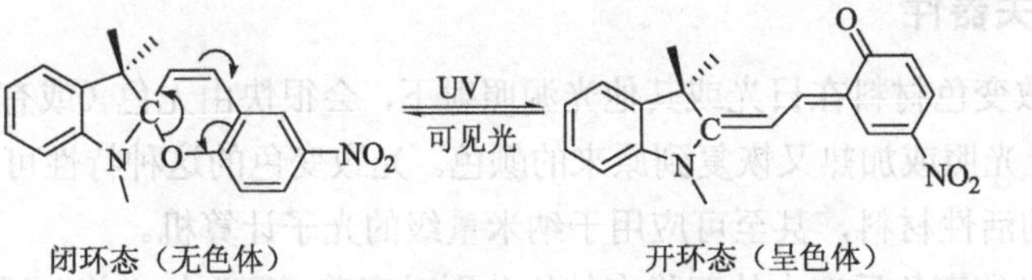

闭环态（无色体）　　　　　　　开环态（呈色体）

图 3-11　螺吡喃光致变色示意图

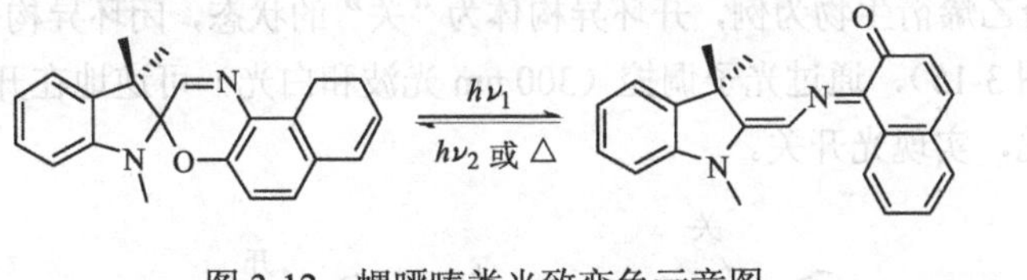

图 3-12　螺噁嗪类光致变色示意图

3.2.5　俘精酸酐与周环反应

俘精酸酐的母体结构为二亚甲基丁二酸酐化合物 [见图 3-13(a)]，当两个亚甲基的氢原子被取代后，形成的结构通式如图 3-13(b) 所示；当 $R^1 \sim R^4$ 四个取代基中至少有一个是芳香环或芳杂环时，称为俘精酸酐。

当俘精酸酐受到紫外线照射后发生 [4+2] 光环化反应，参与周环反应的 6π 体系涉及俘精酸酐的母体骨架的两个亚甲基上的 4 个 π 电子和取代芳环中的 2 个 π 电子（见图

3-14）。光照下环合反应后，由于环化产物的共平面性得到加强，共轭程度提高，闭环异构体的吸收光谱与开环异构体的光谱相比，其峰值波长位于长波长区域。如俘精酸酐开环异构体在 336 nm 的紫外线照射后，发生闭环反应后为玫瑰红色，该闭环异构体在 540 nm 的可见光照射下发生逆反应开环，又生成无色体。

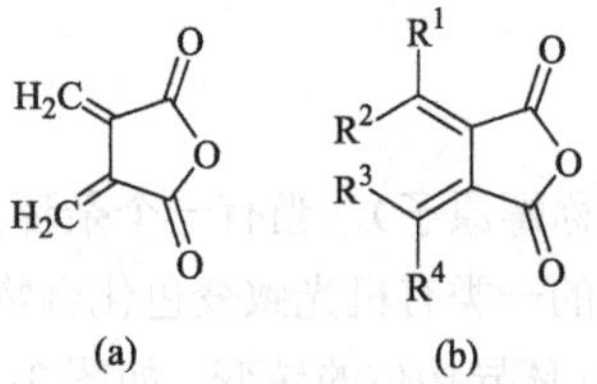

图 3-13　二亚甲基丁二酸酐
(a)与俘精酸酐(b)结构式

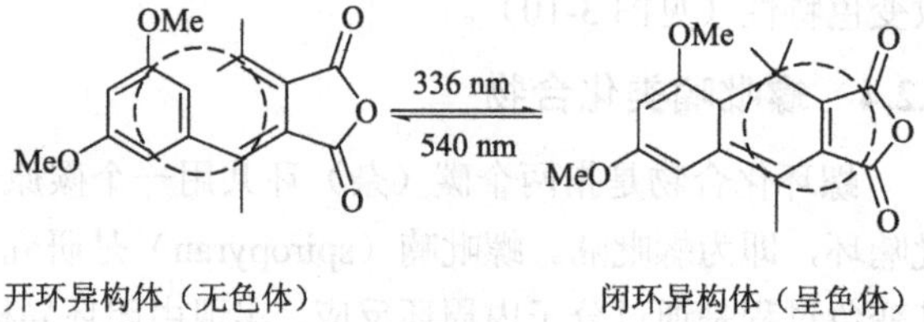

图 3-14　俘精酸酐衍生物[4+2]光环化反应

开环异构体（无色体）　　　　闭环异构体（呈色体）

　　俘精酸酐类材料是近年来研究得较为深入的一类光致变色体系，一些俘精酸酐呈色体的最大吸收可和半导体激光器（700～900 nm）相匹配，有些俘精酸酐的光致变色循环次数可高达数千次，且呈色体和无色体均表现良好的热稳定性。因此，俘精酸酐类光致变色材料是最有希望用于光信息存储的材料之一。

3.3　光致变色材料的应用

3.3.1　光开关器件

　　有机光致变色材料在日光或其他光源照射下，会很快由无色（或有色）变成其他各种颜色，停止光照或加热又恢复到原来的颜色。光致变色的这种特性可用作光调控和光开关等器件的活性材料，甚至可应用于纳米量级的光子计算机。

　　通常将光致变色反应中的双稳态结构分别对应着"开"与"关"两状态，如将吸收带位于长波长区域的异构体作为"开"态，将吸收带位于短波长区域的异构体作为"关"态。以二噻吩乙烯衍生物为例，开环异构体为"关"的状态，闭环异构体可看作是"开"的状态（见图 3-15），通过光子调控（300 nm 光波和白光）可逆地在开环与关环异构体之间发生转化，实现光开关。

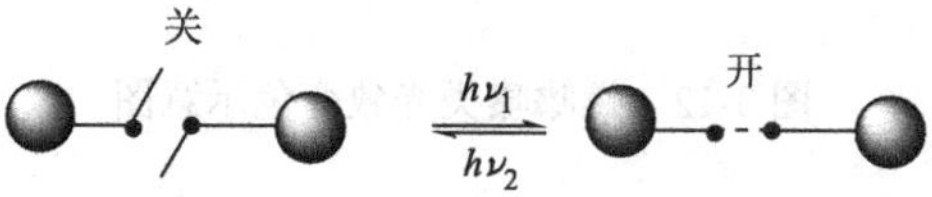

图 3-15　二噻吩乙烯分子开关示意图

3.3.2　光信息存储

　　信息存储包括将信息在介质上"写入"和"读出"两个最基本的功能，将光致变色材料的双稳态结构对应着二进制"0，1"两种状态，可实现信息的写入和读出。

以螺吡喃化合物为例，其光存储原理、对应的分子结构及其能级见图 3-16 所示。其中 A 代表无色体（螺环形式），在二进制中为"0"；B 为呈色体形式（半花菁结构），在二进制中为"1"。

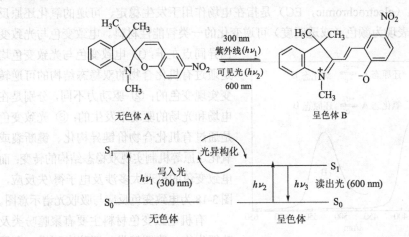

图 3-16 螺吡喃光存储对应的分子结构与"写"、"读"和"擦除"能级图

（1）写入过程（A→B）：用 $h\nu_1$ 的光激发螺吡喃无色体 A 至激发态 A^*，诱导电子转移发生光异构化生成呈色体 B，即完成了一次"信息写入"过程；所以，$h\nu_1$ 的光称为"写入光"；

（2）读出过程（B^*→B）：用呈色体对应的最大吸收波长的光（$h\nu_2$）激发 B，使之激发至激发态 B^*，当激发态的呈色体以辐射形式回落至基态 B 并发出荧光（$h\nu_3$），从而实现非破坏性读出。所以，$h\nu_3$ 的光称为"读出光"；这里的 $h\nu_2$ 和 $h\nu_3$ 并不相同。

（3）擦除过程（B→A）：当用 $h\nu_2$ 光波照射螺吡喃呈色体时，使其处于激发态并通过光异构化又回到无色体 A^* 态，最终回落至基态 A，完成一次擦除过程。所以，$h\nu_2$ 的光称为"擦除光"。

如用俘精酸酐衍生物为光存储材料，采用甩胶法和真空镀膜法制备的光盘样盘结构如图 3-17 所示。其无色体和呈色体的转换分别用紫外线和 632.8 nm 的 He-Ne 激光器驱动，经数百次写入、擦除循环后，光盘稳定性尚好。

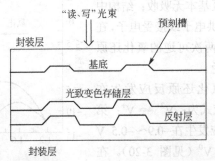

图 3-17 以俘精酸酐衍生物为光存储材料制作的光盘结构

3.4　电致变色材料

电致变色（electrochromic，EC）是指在电场作用下发生稳定、可逆的氧化还原反应，在外观上表现为颜色（或透明度）可逆变化的一类智能性材料。电致变色与光致变

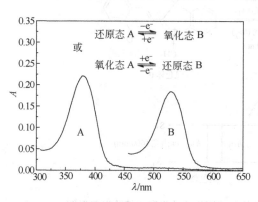

图 3-18　电致变色反应与吸收光谱示意图

色异同点在于：① 电致变色与光致变色均是通过有机化合物的双稳态结构的可逆转变实现变色的；② 驱动力不同，分别是在电场和光场的驱动下发生的；③ 光致变色是通过有机化合物价键异构化、键断裂或氧化还原等机制实现双稳态结构的转变；而电致变色的机理大多涉及电子得/失反应，图 3-18 为电致变色反应与吸收光谱示意图。

有机电致变色材料主要有聚噻吩类及其衍生物、紫罗精类、四硫富瓦烯、金属酞菁类化合物等。

3.4.1　紫精衍生物

将对联吡啶与卤代烃在乙腈中回流得到的联吡啶盐（见图 3-19）称为紫精（viologen）衍生物，其最小的同系物 1,1′-二甲基-4,4′-联吡啶盐（DMP）在还原态（V^0）时显紫色，故称为紫精。紫精衍生物具有优良的氧化还原性质，通过电化学和光化学方法均可发生氧化还原反应并伴随有显著的颜色变化，因此，紫精衍生物具有优良的光致变色和电致变色特性。

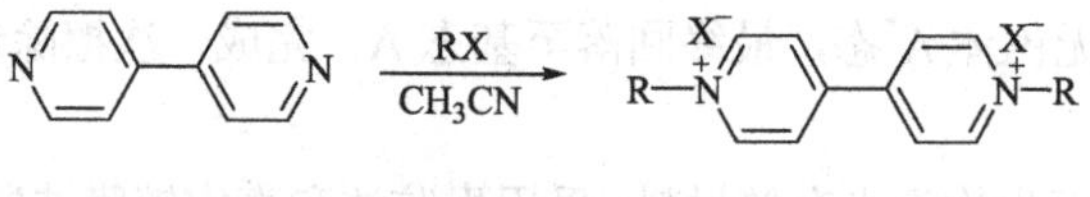

图 3-19　紫精衍生物的制备路线

二价阳离子的紫精衍生物（V^{2+}）是热力学稳定结构，在可见光区基本无吸收；结构中含有的两个 N 原子可提供电子或接受电子，在外电场的作用下能发生两次可逆的氧化还原反应，呈现出不同的颜色。

如第一步可逆的氧化还原反应发生在 −0.5～−0.2 V 之间，反应式为：$V^{2+} \rightleftharpoons V^+$；第二步可逆的氧化还原反应发生在−0.9～−0.5 V 之间，反应式为：$V^+ \rightleftharpoons V^0$（见图 3-20）。在紫精的氧化还原过程中，生成的二价阳离子

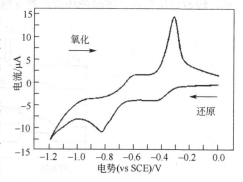

图 3-20　紫精在水溶液中的循环伏安曲线

（V^{2+}）最稳定，在可见光区基本无吸收、不显色，为无色体；第一还原态生成的一价阳离子自由基（V^+）带有离域的正电荷，自由基电子在紫精的大共轭π键骨架上离域，促使分子内电荷转移，使其摩尔吸光系数增高，吸收峰位红移至可见光区产生颜色，为呈色体；两次还原后的零价紫精（V^0）呈醌式结构，颜色变浅（见图 3-21），紫精一价阳离子自由基（V^+）离域正电荷的共振式结构见图 3-22 所示。选择不同的取代基，可提高分子内、分子间电荷转移能力，获得不同的颜色。当取代烷基较短时，离子呈现蓝色。随着链长的增加，分子间二聚作用增加，颜色也逐渐变成深红色。

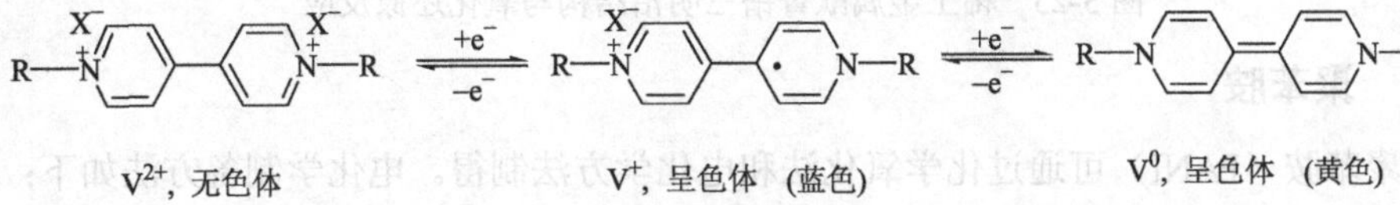

V^{2+}，无色体　　　　　　　　　V^+，呈色体（蓝色）　　　　　　　V^0，呈色体（黄色）

图 3-21　紫精衍生物的电致变色对应的结构式变化

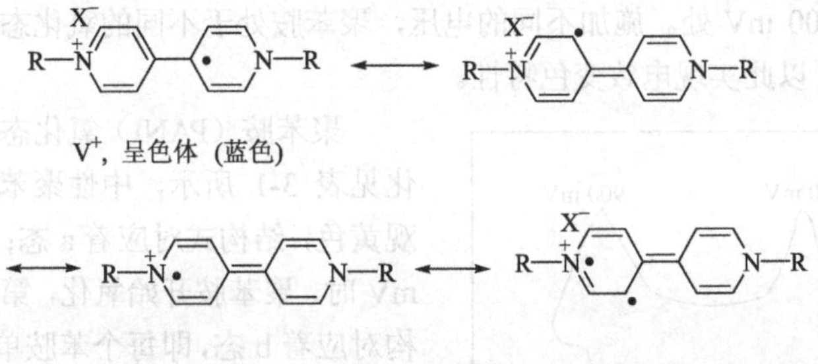

V^+，呈色体（蓝色）

图 3-22　紫精一价阳离子自由基（V^+）离域正电荷的共振式结构

3.4.2　金属酞菁

具有 C_{2h} 对称性的四氮杂卟啉环结构称为酞菁（phthalocyanine，简称 Pc）。酞菁具有鲜艳夺目的蓝色，对酸、碱和热具有高度稳定性，在高温下不分解而升华，成膜性能好（见第 1 章 1.5.4 节）。

以稀土金属（铼 Re、镥 Lu 和钍 Th 等）为中心离子，得到的酞菁配位化合物是两个酞菁环之间夹持着金属离子的三明治结构，具有电致变色性质（见图 3-23）。稀土金属酞菁的电致变色特点是响应速度快（< 50 ms）、温度范围宽、功耗小（0.5～1.5 mJ·cm^{-1}），但缺点是开关循环次数不够高（<10^5 次）。

以三价镥离子(Lu^{3+})为例，与酞菁形成的夹心配合物结构式可缩写为 $LuH(Pc)_2$（见图 3-23），其中每个酞菁环中仍保留一个活泼氢。镥酞菁 $LuH(Pc)_2$ 本身为绿色，在外加电压由正压变化到负压（+0.1 V 到 –1.2 V）镥酞菁 $LuH(Pc)_2$ 依次失去电子（见图 3-23），对应的颜色变化分别为：绿色（0.1 V）、蓝色（–0.8 V）到紫色（–1.2 V）。

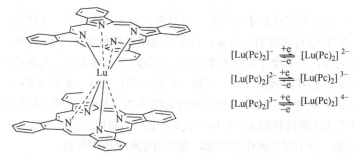

$$[Lu(Pc)_2]^- \underset{-e}{\overset{+e}{\rightleftharpoons}} [Lu(Pc)_2]^{2-}$$

$$[Lu(Pc)_2]^{2-} \underset{-e}{\overset{+e}{\rightleftharpoons}} [Lu(Pc)_2]^{3-}$$

$$[Lu(Pc)_2]^{3-} \underset{-e}{\overset{+e}{\rightleftharpoons}} [Lu(Pc)_2]^{4-}$$

图 3-23　稀土金属酞菁镥三明治结构与氧化还原反应

3.4.3　聚苯胺

聚苯胺（PANI）可通过化学氧化法和电化学方法制得。电化学制备方法如下：将电极浸入含有低浓度苯胺的盐酸溶液中，在铂电极上就会产生聚苯胺薄膜。在盐酸电解质（含 1 mol·L^{-1} HCl）中测其循环伏安曲线（见图 3-24），可以看出在 0～1 V 电压区间出现两对氧化还原峰，其中还原电位分别在 200 mV 和 800 mV 处，氧化电位则分别在 280 mV 和 900 mV 处。施加不同的电压，聚苯胺处于不同的氧化态与还原态，并呈现不同的颜色，以此实现电致变色特性。

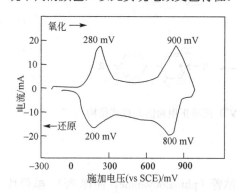

图 3-24　PANI 薄膜电化学循环伏安曲线示意

聚苯胺（PANI）氧化态结构式与颜色变化见表 3-1 所示，中性聚苯胺不带电荷，外观黄色，结构式对应着 a 态；施加正压至 280 mV 时，聚苯胺开始氧化，第一步氧化态的结构对应着 b 态，即每个苯胺单元失去 0.5 个电子，从表 3-1 中看出，四个苯胺单元共失去 2 个电子。当外加电位至 700 mV 时，聚苯胺共轭链完全转变为第一氧化态，颜色转变为绿色，第一氧化态 b 态不稳定，很快脱掉 2 分子 HCl 变成蓝色，对应着结构式 c 态；当外加电位为 900 mV 时，聚苯胺发生第二步氧化反应，失去 2 个电子和 2 个质子（即每个苯胺单元失去 1 个电子和 1 个质子），颜色转变成黑色，结构式对应着 d 态，此为第二氧化态。

中性 PANI 是很强的电子给体，第一氧化态（b 和 c 态）具有"D-π-A"型结构特征；第二氧化态（d）是很强的电子受体，易被还原。所以当聚苯胺 d 态在外加电位为 900 mV，聚苯胺开始还原，施加电压至 200 mV 时，聚苯胺为中性，呈现黄色，又回复到 a 状态。

通过改变外加电压可实现 PANI 的颜色转变，如以苯胺及其衍生物为材料制备的电致变色薄膜中，可实现浅黄色-红色-黑色、浅黄色-绿色-红褐色和浅黄色-绿色-蓝色等多种颜色变化。

3.4.4　多联吡啶金属配合物

多联吡啶主要包括 2, 2'-二联吡啶（缩写 bpy，简称联吡啶）和 2,2':6' 2"-三联吡啶（缩

表 3-1　PANI 氧化态结构与颜色变化

氧化态	颜色	电压/mV	结构式
a	黄色	200	（化学结构式）
b	绿色	700	（化学结构式，含 Cl⁻）
c	蓝色		（化学结构式，含 N⁺、Cl⁻）
			（化学结构式）
d	黑色	900	（化学结构式）

$+2e^- \big\Vert -2e^-$

$+2e^- \big\Vert -2e^-$ （含 Cl⁻）

$+2HCl \big\Vert -2HCl$

$+2e^- \quad -2e^-$
$+2H^+ \quad -2H^+$

写 tpy）两种，它们均为重要的有机配体 [见图 3-25(a), (b)]；能够和许多过渡金属形成稳定的配合物，尤其是与变价金属离子的配合物 [见图 3-25(c), (d)]，显示出良好的电致变色性能。在多联吡啶环外引入吸电子基团或给电子基团，可调控配合物氧化还原电位，获得变色能力强、转换电压低、响应时间短的电致变色材料。

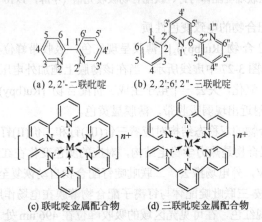

(a) 2, 2'-二联吡啶　　　(b) 2, 2';6', 2''-三联吡啶

(c) 联吡啶金属配合物　　(d) 三联吡啶金属配合物

图 3-25　二联吡啶和三联吡啶配体及其配合物结构

（1）多联吡啶配合物的吸收性质

二联吡啶和三联吡啶均为白色粉末，溶液态无色。当它们与金属离子形成配合物后，

形成配体（ligand）与金属离子（metal ion）配位键，促使 ICT（分子内电荷转移）吸收带显著红移，该吸收带又称为配体-金属电荷转移吸收带（ligand-metal intramolecular charge transfer），简称为 MLCT 或 LMCT 吸收带。

三联吡啶配体的吸收峰位在 275 nm 处，当该配体与金属离子配位后，形成的三联吡啶金属配合物在可见光区会出现 MLCT 吸收带。如三联吡啶配体与铁离子形成的 MLCT 吸收带出现在 568 nm 处，外观为玫瑰红色。三联吡啶和二联吡啶配体与钌离子形成的 MLCT 吸收带分别在 490 nm 450 nm 处，外观均为红色（见图 3-26 和图 3-27）。

钌原子和铁原子属于同族元素，铁原子最外层是 $3d^7 4s^1$ 结构，钌原子最外层为 $4d^7 5s^1$ 结构，前者的原子半径小，更有利于与配体之间形成由配体到金属的电荷转移(MLCT)吸收带，使得三联吡啶铁的 MLCT 吸收带向更长的波长方向红移。三联吡啶的螯合作用大于二联吡啶，当它们与相同的金属离子配位时（如钌离子），一般是前者的 MLCT 吸收带向更长的波长方向红移。如三联吡啶钌的吸收峰位在 490 nm，三联吡啶钌的吸收峰位在 450 nm（见图 3-26 和图 3-27）。

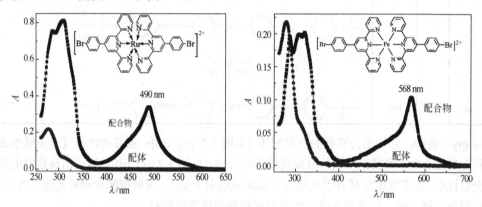

图 3-26　三联吡啶配体与钌、铁配合物吸收光谱 (甲醇，1×10^{-5} mol·L^{-1})

（2）多联吡啶配合物的电致变色性质

二联吡啶钌的配合物 $[Ru(bpy)_3]^{2+}$ 薄膜呈现红色，吸收带峰位在 450 nm 附近，呈现强而宽的峰形，如图 3-27 中虚线所示。当在该薄膜上施加外电压为+1.5V 时，二价配合物$[Ru(bpy)_3]^{2+}$发生氧化，失去一个电子生成三价配合物 $[Ru(bpy)_3]^{3+}$，它的 LMCT 明显变弱，在 400 nm 附近出现弱吸收带，薄膜显黄色。

二联吡啶钌配合物的双稳态结构对应着三价(III)钌和二价(II)钌配合物，这两种氧化还原态中以二价钌配合物是热力学稳定结构，对应的颜色变化在红色与黄色之间转换，驱动电压在 0～+1.5V，外电场撤去，二联吡啶钌配合物自动恢复至红色。

图 3-28 为三苯胺-三联吡啶配体与钌离子配合物薄膜在电场作用下的吸收光谱。三联吡啶钌(II)薄膜外观红色，在可见光区域的吸收峰位在 496 nm 处。对聚合物薄膜施加正向电压，且随着电压由 0 V 逐渐增大到 2.0 V 时，位于 495 nm 处的吸收带（红色）逐渐降低，同时在 710 nm 处出现一个宽而强的吸收峰（蓝色），后者对应着三价钌离子与配体的 MLCT 吸收带。

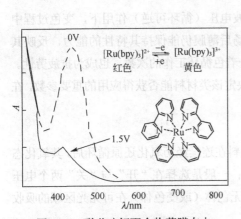

图 3-27 联吡啶钌配合物薄膜态电
致变色对应的吸收光谱 (bpy =2,2′-联吡啶)

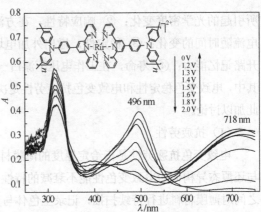

图 3-28 三苯胺-三联吡啶钌薄膜在电场
(0～2 V)中的吸收光谱变化

相应地，三联吡啶铁(II)薄膜外观呈紫色，M(II)LCT 吸收峰位在 573 nm 处，施加正向电压由 0V 增大到 1.12 V 时，M(II)LCT 吸收带明显降低，继续增大正向电压直至 1.5 V 时，在 573 nm 处的 M(II)LCT 吸收带继续减弱，在近红外区域出现一个弱而平缓的吸收带，对应着三价铁离子的 M(III)LCT 吸收峰，同时在 400 nm 处吸收峰红移至 411 nm，峰形变宽，聚合物膜片的颜色由最初的紫红色逐渐变淡，进而变为黄绿色。反之，当电压从 1.5 V 逐渐降低时，M(II)L 跃迁所产生的吸收峰强度又逐渐增加，最终回复到原来的强度，相应的新出现的吸收峰也降低直至消失，实现了由紫红到淡黄绿色之间的电致变色（见图 3-29）。

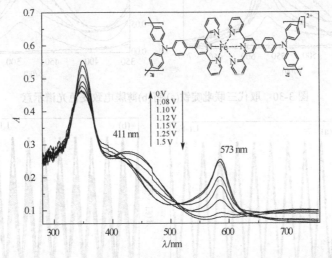

图 3-29 三苯胺-三联吡啶铁薄膜在电场(0～2 V)中的吸收光谱变化

3.4.5 电致变色性能

电致变色性能可用下列物理参数表征：① 着色效率，单位面积薄膜注入的电荷量所引起的光学密度变化；② 响应特性，在方波电压（循环可逆）作用下，变色过程中电流随时间的变化；③ 稳定性，撤出外加电场后薄膜仍能保持其特性的能力，反映其开路记忆能力；④ 寿命，在工作电压下漂白—着色循环工作的次数，也成为抗疲劳性。其中，电致变色稳定性和电致变色抗疲劳性是决定该类材料能否获得应用的重要参数，在此加以讨论。

（1）抗疲劳性

电致变色抗疲劳性是指给定厚度的薄膜材料在连续经历氧化还原循环后，其氧化态与还原态异构体的电致变色性能不衰减的特性；一般是选择在"开"与"关"两个电压之间对薄膜材料进行持续扫描，记录呈色体与无色体（或变色体）在可见光区域的吸收带的变化情况。

对金属配合物而言，当位于可见光区域的吸收带（MLCT 吸收带）完全消失时对应的电压定义为"关"，MLCT 吸收带恢复至初始状态时的电压定义为"开"电压。如图 3-30 所示，两种配合物的开/关电压分别为 2.2 V/0 V 和 3.0 V/0 V。

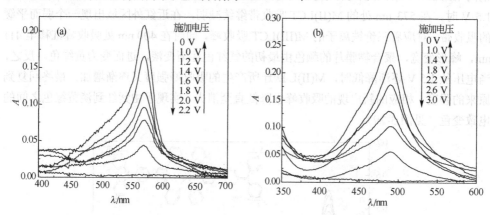

图 3-30　取代三联吡啶铁(a)/钌(b)薄膜电致变色光谱示意

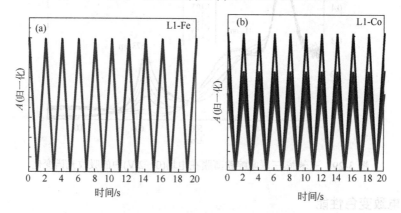

图 3-31　溶液中，配合物在开、关电压下 MLCT 吸收带随扫描次数的升降变化
（4000 圈的前 20 圈黑色线，中间 20 圈深灰色，最后 20 圈浅灰色）

　　图 3-31 为取代三联吡啶配合物在开关电压下 MLCT 吸光度随扫描次数的变化，可见含不同金属离子的配合物显示出不同的抗疲劳性，从图中看出配合物的稳定性顺序是铁配合物>钴配合物，如铁配合物在施加循环电压至第 2000 圈和第 4000 圈后 MLCT 吸光带的损失率分别为 1.7%和 4.0%；相应地，钴配合物的损失率分别为 16.6% 和 26.8 %（见表 3-2）。

表 3-2　在开关电压下 MLCT 吸收带的损失率

配合物	2×10^3 圈损失率/%	2×10^3 圈损失率/%
钴配合物	16.6	26.8
铁配合物	1.7	4.0

（2）电致变色稳定性

　　电致变色稳定性是指，对给定厚度的薄膜材料施加一定电压使其达到某一变色状态（如呈色体或无色体），在停止供电后该电致变色状态的保留时间，电致变色稳定性亦称为电致变色记忆稳定性或存储特性。

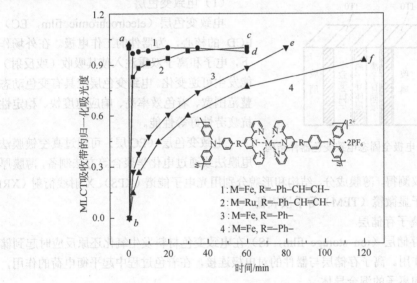

图 3-32　空气中电致变色薄膜保留时间（纵坐标为 M(II)LCT 吸收带归一化）

　　电致变色稳定性与有机配体结构和金属离子有很大的关系，刚性有机配体有利于提高电致变色记忆稳定。以三苯胺-三联吡啶薄膜材料为例，其电致变色保留时间曲线见图 3-32 所示。未施加电场时，四种薄膜材料的 M(II)LCT 吸收带位于可见光区域，经归一化后均位于 a 位置。施加 2.0 V 电压后，四种配合物薄膜很快发生氧化，M(II)LCT 吸收带迅速褪色，沿着 ab 曲线到达 b 状态，此时 M(II)LCT 吸收带消失，停止供电后电致变色薄膜在 b 状态的保留时间即为电致变色稳定性。

　　对 1 号和 2 号薄膜而言，M(II)LCT 吸收带很快沿着原来途径（曲线 bc 和 bd）回复为初始状态。3 号和 4 号薄膜的 M(II)LCT 吸收带变化较为缓慢，如 3 号样品放置 80 min

后，其 M(II)LCT 吸收带强度沿 *be* 曲线回复为初始状态，4 号样品放置 120 min 后，M(II)LCT 吸收带强度沿 *bf* 曲线回复为初始状态。由此可知，3 号和 4 号样品的无色体状态在空气中的稳定性明显高于 1 号和 2 号样品；四种聚合物薄膜电致变色的稳定性顺序为 4 > 3 > 2 > 1。

3.4.6　电致变色器件

电致变色器件（electrochromic device，ECD）是以电致变色材料为核心材料，在电子源和离子源等材料的共同参与下构成的有机半导体器件。电致变色器件有液态、半固态和固态三种形式，全固态器件多层薄膜结构如图 3-33 所示。器件结构从左至右分别为：玻璃或透明基底材料、透明导电层（如：ITO）、离子存储层、离子导体层（电解质层）、电致变色层、透明导电层（如：ITO）、玻璃或透明基底材料。双电极器件工作时，在两个透明导电层之间加上一定的电压，电致变色层材料在电压作用下发生氧化还原反应，颜色发生相应的变化；三电极电致变色器件对应的电化学三个电极，分别是电致变色层、离子存储层和离子导体层。

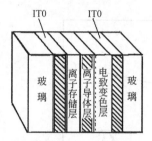

图 3-33　双电极全固态电致变色器件结构

（1）电致变色层

电致变色层（electrochromic film，EC）是 ECD 的核心，为器件的工作电极。在外场作用下，电子和离子双重注入使其吸收（或反射）性能发生可逆变化。电致变色层应具有变色动态调整范围宽、着色效率高、响应速度快、稳定性和抗疲劳性好等性能。

电致变色层（EC 层）可通过真空镀膜法、甩膜法或通过电化学聚合等方法制备，薄膜厚度可用厚度仪测得，薄膜成分、结构和形貌分别用光电子能谱（XPS）、X 射线衍射（XRD）和透射电子显微镜（TEM）等手段表征。

（2）离子存储层

离子存储层（ion storage film，IS）在电致变色材料发生氧化还原反应时起到储存反离子的作用。离子存储层与器件的对电极连接，在着色过程中起平衡电荷的作用，是一种电子和离子的混合导体。

（3）离子导体层

离子导体层（ion conductor，IC）又称为电解质层，可与器件的参比电极连接，以提供电致变色材料所需的补偿离子。IC 层应具有高的离子传导率（$\geqslant 1 \times 10^{-7}\,S \cdot cm^{-1}$）和高的电阻率（$\geqslant 1 \times 10^{12}\,\Omega \cdot cm$），是离子的良好导体，又是电子的绝缘体。

电解质层（IC 层）分为固体电解质和液体电解质两种，高氯酸锂和高氯酸钠可作为液体（溶于溶剂中），也可作为固体电解质材料。液体电解质虽然能提供很好的电致变色效应，但使用不便。固体电解质使用方便，但导电率低。

3.4.7　电致变色器件的应用

电致变色器件可用于显示面板、防眩后视镜以及智能变色窗方面。此外，作为一种智能材料在军事伪装（如军事变色服/隐身装备）等方面也具有潜在应用价值。

（1）电致变色玻璃

电致变色玻璃是在外电场作用下，通过调节光的透过率，达到控制热能散耗（或热辐射）的一种智能材料。用电致变色玻璃制备的自动防眩目后视镜，可以通过电子感应系统，根据外来光的强度调节反射光的强度，达到防眩目的作用，使驾驶更安全、旅途更舒适。

（2）电致变色显示器

电致变色显示器件不需要背光灯，启动电压低，功耗小，具有节能效能。电致变色显示器与其他显示器相比具有无视盲角、对比度高、制造方便、工作温度范围宽、驱动电压低、色彩丰富等优点，可应用于信息存储、大屏幕显示、电子书和电子报纸（e-paper）等方面。

（3）电致变色智能窗

电致变色智能窗应具有如下功能：允许绝大部分可见光透过，反射太阳光红外线，可动态调节太阳能（可见光区）的输入或输出光谱，光密度连续可逆地调节，功耗低。

由于电致变色薄膜器件在电场作用下具有光吸收/透过可调节性，可选择性吸收或反射外界热辐射和内部的热扩散，改善自然光照程度，因而可制成建筑物的智能窗(smart windows)，实现对室内温度的调节，具有夏季可降温、冬季可保暖的节能环保功效，这为缓解能源危机提供了潜在应用价值，成为现代节能（绿色）建筑材料的最新发展方向。

3.5　酸致变色

酸致变色（acidichromism）是指具有特定结构的分子随着体系的酸碱度变化而发生可逆的变色现象。具有酸致变色材料在分子结构上存在着可接受与释放质子的官能团，如羧基、羟基和氨基等，并伴随着得失质子引起分子内电荷转移的变化。

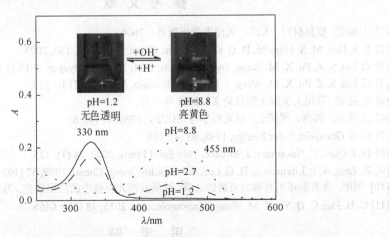

图 3-34　ASPI 酸致变色的吸收光谱与颜色变化 (水相，$1\times10^{-5}\,mol\cdot L^{-1}$)

　　取代苯乙烯吡啶盐阳离子（见第 2 章 2.6.3 节），在共轭链两端带有吸电子基和给电子基，这些基团均含有氮原子，对质子很敏感，具有很好的酸致变色特性。因为质子的侵入将改变供电子基团与吸电子基团的电子结构，也就改变了吸收光谱的性质。如吡啶盐 ASPI 水溶液在 pH=1.2 时的吸收峰位在 330 nm 处，外观无色；在碱性溶液中（pH=8.8），455 nm 处出现新的吸收带，此带是由分子内电荷转移引起的，称为 ICT 吸收带，在极稀水溶液中呈现亮黄色。碱性中，455 nm 处吸收带恢复；酸性中，455 nm 处吸收带消失，相应光谱如图 3-34 所示。

　　这种现象可解释为：在酸性条件下，分子中取代氨基中的氮原子发生质子化，削弱了氮原子的 p-π 共轭效应，降低了给体的给电子能力，改变了分子内 D-π-A 电荷转移特性，使得 ICT 吸收带消失。加入 OH⁻ 时，质子被游离出来，分子内 D-π-A 的电荷转移（ICT）吸收带又恢复（见第 2 章图 2-35）。

　　一些酸碱指示剂也具有酸致变色特定。如酚酞指示剂酸致变色原理是在分子结构上存在着可接受与释放质子的羧基和羟基官能团，由图 3-35 可以看出，羧基原为吸电子基团，在碱性介质中则电离为羧酸根离子，转变为给电子基团，同时羟基的存在使得分子由酚羟基转变为醌式，引起分子内共轭体系电荷转移发生明显变化，导致 ICT 吸收带显著红移至可见光区域。

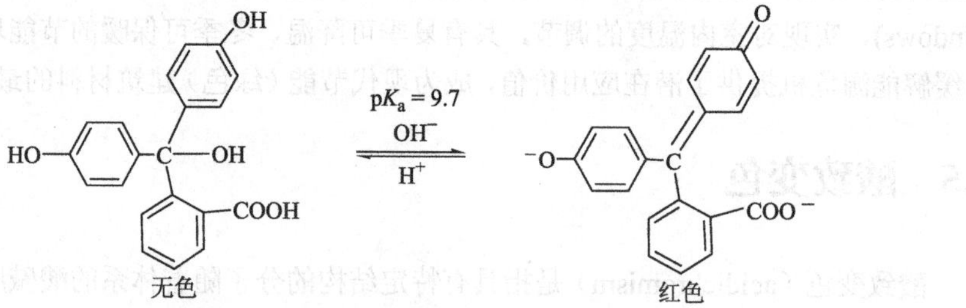

图 3-35　酚酞指示剂酸致变色原理

参 考 文 献

[1] 干福熹. 信息材料. 天津：天津大学出版社，2000.

[2] F. S. Han, M. S. Higuchi, D. G. Kurth. J. Am. Chem. Soc, 2008, 130, 2073.

[3] G. Liu, S. Z. Pu, X. M. Wang. Dyes Pigments, DOI: 10.1016/j.dyepig. 2010.11.001.

[4] G. Liu, S. Z. Pu, X. M. Wang. J. Photoch. Photobio. A, 2010，214：230.

[5] 范丛斌. 苏州大学博士学位论文，2011 年 6 月.

[6] 王凤奇，郭燕，樊美公. 感光科学与光化学，1989, 11 (4): 62.

[7] C. G. Granqvist. Solar Energy, 1998, 63 (4): 199.

[8] D. J. Qian, C. Nakamura, J. Miyake. Thin Solid Films, 2000, 74 (1): 125.

[9] Z. Tang, A. P. Litvinchuk, H. G. Lee, A. M. Guloy. Inorg. Chem., 1998, 37 (19): 4752.

[10] 刘刚. 含芳杂环不对称二芳烯的合成、性质及在光存储中的应用研究. 苏州：苏州大学，2010.

[11] C. B. Fan, C. Q. Ye, X. M. Wang. Macromolecules, 2015, 48 (18): 6465.

思 考 题

　　1. 解释名词：

光致变色、电致变色、酸致变色、双稳态结构

2. 下列给出的光致变色和电致变色分子，各属于哪一类化合物。

3. 讨论偶氮化合物的光致变色反应的条件（即用什么波长的光驱动与相应可能的颜色变化）。

4. 比较下列二芳基乙烯衍生物的闭环异构体稳定性顺序。

1 R = H
2 R = o-CN
3 R = m-CN
4 R = p-CN
5 R = p-F
6 R = p-OCH₃

5. 写出下列三种席夫碱光致变色反应中对应的双稳态结构，比较三种醌式结构的稳定性大小。

化合物 a   化合物 b   化合物 c

6. 分别写出 1,2-二甲基-1,2-二苯基乙烯、1,2-二吡咯环戊烯光致变色对应的开环态和闭环态的光致变色反应。

7. 凡具有双稳态结构的化合物都可作为光致变色材料，都可用于光调控"开/关"应用，指出在螺吡喃、偶氮化合物、俘精酸酐、螺噁嗪、二噻吩乙烯等常见的光致变色材料中，双稳态结构对应的"开"、"关"态是什么结构？

8. 以二噻吩乙烯为例，写出光致变色机制用于信息存储的基本原理。

9. 以紫精衍生物为例，写出电致变色机制用于信息存储的基本原理。

第 4 章　有机光电显示材料与器件

4.1　显示材料与技术

显示材料是指在电场作用下，通过自身的光学性能变化（如吸收、荧光、折射率等）并借助一系列技术，继而产生可读性文字、图像等的一类材料。

显示材料需要借助一系列技术方能获得具有显示效果，其中液晶显示与有机电致发光显示被称为新型有机光电显示技术，具有耗电量低、功耗小等优点，适合制作手机屏、数码相框、车载显示、笔记本电脑、高清晰度数字电视、数字摄像机以及录像机等一系列显示产品。传统的显示技术如阴极射线管（CRT 显示）由于耗电量大等缺点，正逐渐消亡。

4.2　液晶显示（LCD）材料

4.2.1　液晶概念

液晶是介于晶体和液体之间的中间态，外观上呈混浊的液体，结构上类似于晶体的有序周期排列，性能上亦类似于晶体具有各向异性。由于具有液体的流动性，故液晶又称为流动晶体或液态晶体。

液晶的流动性表明液晶分子之间作用力是微弱的，很小的外力就可改变液晶的结构；由于结构决定性能，液晶的性能（如光学、电学与力学性能）亦对外力相当敏感，这使得液晶显示屏在很弱的外电场作用下，具有很灵敏的显示响应，故液晶显示技术具有低电压、低功耗优势并最终得以应用。

4.2.2　液晶分类

液晶是介于液态和晶态的一个独立的物理形态，需要在特定的条件下形成。根据液晶形成的条件不同，液晶可分为热致液晶和溶致液晶两大类（见图 4-1），热致液晶根据分子取向排列的不同，可分为近晶相、向列相和胆甾相三类。根据构成液晶分子的形状又可分为棒状分子和板状分子，根据分子官能团可分为联苯类、席夫碱、偶氮类、酯类等，根据分子量又可分为有机小分子和聚合物液晶。

- 液晶分类
  - 热致液晶
    - 近晶相液晶
    - 向列相液晶
    - 胆甾相液晶
  - 溶致液晶

图 4-1　液晶分类

热致液晶只在一定温度范围内存在，如图 4-2 所示，热致液晶存在的温度范围在 T_1～T_2 之间，其中 T_2 为晶体与液晶相共存时的平衡温度，是晶体的熔点；T_1 为液晶相与液体共存时的平衡温度，是液晶的清亮点；在 T_2 和 T_1 之间的温差范围（ΔT）即为液晶存在的相变温度范围。

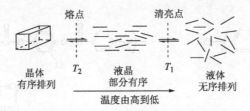

图 4-2　热致液晶相变温度范围

溶致液晶需要在特定的溶液中形成，并与溶液的浓度、溶质、溶剂性质有关。如两亲性分子体系具有溶致液晶性能，这些液晶分子在溶剂中的排列通常以胶束或反胶束形式排列。

4.2.3　液晶分子结构

目前，获得应用的液晶分子几乎都是棒状分子，一般当棒状分子几何长度和宽度之比大于 4 时，才具有液晶性质。棒状液晶分子通常由中心基团和末端基团（和侧基）两大部分构成（见图 4-3），其中，X 和 Y 为末端基团，A 为中心基团，Z 和 Z'为侧链基团。

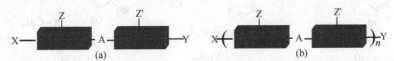

图 4-3　小分子(a)和聚合物(b)棒状液晶分子

中心部分通常是由刚性结构的中心桥键连接的芳环构成，如"A"通常为双键、酯基、甲亚氨基、偶氮基、氧化偶氮基等，A 可连接苯环、环己烷、嘧啶环、酯环等；这些官能团和苯环类形成π-电子共轭体系，形成分子链不易弯曲的刚性体。末端基团如烷基、烷氧基、酯基、羧基、氰基、硝基、氨基等，其中末端基直链长度和极性基团的性质使液晶分子具有一定的几何形状和极性。中心部基团和末端基团不同组合，可形成不同液晶相和不同的物理性质，一些小分子和聚合物棒状液晶分子实例见图 4-4 所示。板（盘）状液晶分子形状及相应的实例见图 4-5 所示。

4.2.4　液晶相结构

液晶分子视结构与分子之间相互作用不同，其分子取向排列亦不同，可构成不同的液晶相结构。液晶相结构与液晶分子结构是两个层面上的概念，前者为分子的取向结构，后者为分子官能团结构。液晶相结构分为向列相、近晶相和胆甾相三种类型。

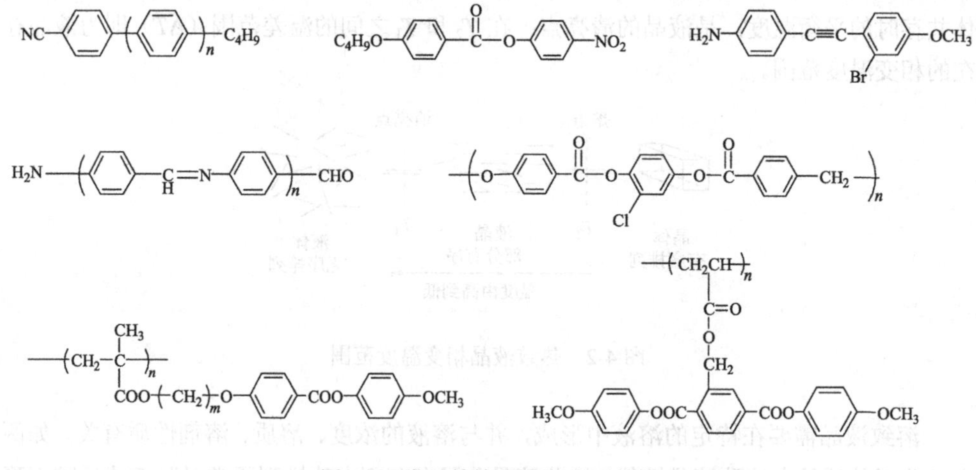

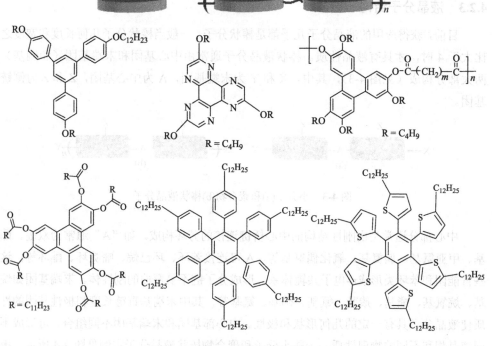

图 4-4　常见的棒状液晶分子结构

图 4-5　板状液晶分子模型与实例

（1）向列相结构

液晶向列相结构（Nematie，N 相）是由几何长度和宽度较大的棒状分子所组成的，按一维有序排列成层状结构，如图 4-6(a)所示。可见在分子长轴方向上分子之间保持近乎平行（在此一个极其微小的区域内分子的平均取向称为指向矢 **n**），但分子重心随机分布，可上下、左右及前后滑动。

当棒状分子的长轴与指向矢 **n** 完全平行时，定义液晶的有序程度（有序度 S）为 1；当液晶分子随机排列时，$S = 0$。有序度越高，液晶的光电性能越好，一般向列相 $S = 0.5 \sim 0.6$。

（2）胆甾相结构

胆甾相结构（Cholesteric，C 相）可看作是向列相液晶以指向矢为螺旋轴有规则旋转排列而成。胆甾相结构中液晶分子（通常为棒状）排列成层状结构，每层内分子排列取向呈向列相结构；层内分子相互平行 (有错位)，分子长轴平行于层平面，但不同层的分子长轴方向略有变化，沿层的法线方向排列成螺旋状结构，见图 4-6(b)，其中短箭头方向对应着该层液晶分子指向矢。

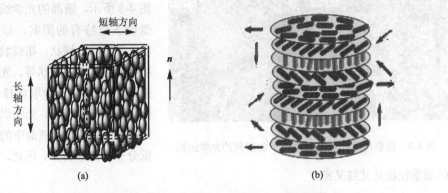

图 4-6 液晶向列相(a)和胆甾相(b)结构中分子排列取向

（3）近晶相结构

近晶相结构（Smectic，S 相）通常亦由棒状分子组成，其规整性接近于晶体，故得名为近晶相。近晶相结构分子呈层状排列，有三种情况（见图 4-7）：（a）分子长轴垂直于层面，层内规则有序；（b）分子长轴垂直于层面，层内无序；（c）分子长轴倾斜于层面，层内无序。

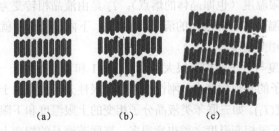

图 4-7 近晶相液晶分子取向排列的三种情况

4.2.5 液晶畴结构

通常液晶材料并不能在很大的宏观层面上呈现规整的取向排列，而只能在一定的微小区域内具有规整性，这种具有规整定向排列的微小区域称为畴。液晶按畴内分子排列的有序性分为向列相、胆甾相和近晶相三类，这些液晶畴在电场（磁场、外力如拉伸）

中获得规则取向。

　　宏观液晶体系是由无数个畴组成的，畴内分子的取向是一致的；在畴与畴之间，分子的取向方式可以不同，不同畴之间的边界并不是很分明的，而是呈不太明确并连续分布的。运用 X 射线衍射、偏光显微镜以及差热分析仪等测试方法可研究液晶的相结构，如用偏光显微镜或电镜可观察到液晶相的微观结构，甚至液晶相内分子取向。

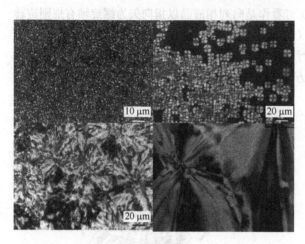

　　薄层样品在偏光显微镜下观测到液晶相形貌称为光学织构。如图 4-8 所示，液晶的光学织构在显微镜下呈特有的图案，如呈圆球状、花瓣状、线状、指纹状、纹影状、焦锥状以及扇状等。光学织构揭示了液晶中分子取向排列的缺陷，缺陷密度越大，光学织构中的图案越小，高分子液晶中的缺陷比低分子中的多得多，因此，织构中的图案往往是又细又密。

图 4-8　薄层样品在偏光显微镜下观察到的光学织构

4.2.6　液晶材料物理性能

　　液晶材料主要物理参数有相变温度、黏度、介电常数、折射率和弹性常数，这些物理参数受到液晶分子几何形状、分子极性与分子之间相互作用等因素的影响。

　　（1）相变温度（ΔT）

　　相变温度是热致液晶材料最重要的物理参数之一，指的是液晶态存在一个温度范围，通常用 ΔT （$=T_2-T_1$）表示（见图 4-2）。其中，T_1 是由固态晶体转变为液晶时对应的温度，又称为下限温度（也即晶体的熔点）；T_2 是由液晶相转变为普通液体时对应的温度，又称为上限温度（也即液体的清亮点）；上、下限温度范围就是液晶存在的温度范围，即为液晶的相变温度。

　　液晶的相变温度与分子结构有很大关系。表 4-1 和表 4-2 列出一些液晶材料的相变温度，可以看出分子的共轭程度大、刚性结构以及极性分子均有利于提高液晶相的上限温度(T_2)和下限温度(T_1)。如三联苯类液晶分子相变的上限温度和下限温度均比联苯的要高出很多，且上、下限相变温度之差也宽得多。双联苯液晶的相变上限温度和下限温度均比联苯的要高出很多，且上、下限相变温度之差也宽得多；端基为强极性基团时，也有利于提高上限温度和下限温度以及上下温差。

　　从表 4-1 和表 4-2 中可以看出，单独种类的液晶分子上、下限温度以及温差范围很难满足实际应用需求，因为显示（如电脑显示屏）需要很宽的工作温度范围，通常下限温度低于室温、上限温度尽可能地高。为了做到这一点，采用多组分液晶按一定比例混合以期获得增宽液晶的相变温度，这种液晶混合技术称为液晶勾兑。

表 4-1　联苯类液晶分子结构与相变温度 ΔT 的关系

A—〈 〉—〈 〉—B

A	B	下限温度 T_1/℃	上限温度 T_2/℃	相变温度 ΔT/℃
$C_5H_{11}O-$	CN	24	45	21
$C_4H_7-C_6H_5-$	CN	182	257	75

表 4-2　酯类液晶分子结构与相变温度 ΔT 的关系

$CH_3(CH_2)_4$—〈 〉—〈 〉—COO—〈 〉—X

X	下限温度 T_1/℃	上限温度 T_2/℃	相变温度 ΔT/℃
H	87	114	27
F	92	156	64
Br	115	194	79
CN	111	226	115
CH_4	106	176	70
C_6H_5	155	266	111

液晶勾兑原理可借用相图原理解释，如双组分液晶混合相图类似于简单低共熔混合物的相图。由图 4-9 看出，A 液晶分子的相变温度 $\Delta T_A = T_{A2} - T_{A1}$，B 液晶分子的相变温度 $\Delta T_B = T_{B2} - T_{B1}$。当 A、B 两类液晶分子按一定比例混合后到达某一点（此时 A 含量 42%，B 含量 58%），对应着混合物体系的最低共熔点为 T_{C1}，清亮点则为 T_{C2}。可见勾兑后双组分液晶的相变温度得到明显增宽，即 $\Delta T_C (= T_{C2} - T_{C1}) > \Delta T_A$，且 $\Delta T_C > \Delta T_B$。

同理，多组分液晶混合可以更有效地拓宽液晶相变温度范围。液晶的勾兑是一门科学性很强的技术，需要通过各个单组分液晶相图优化，以期达到实用目的。

（2）黏度 (η)

液体在流动时分子间产生内摩擦的性质称为液体的黏性，黏性的大小反映了在一定温度下液体流动时所受的阻力大小，用黏度表示。

液晶材料的黏度具有各向异性，分子长轴和短轴方向上黏度各不相同；通常是长轴方向（指向矢方向）黏度（$\eta_{长}$）小于短轴方向黏度（$\eta_{短}$）。显然，在热致液晶应用于显示器件时，液晶的黏度各向异性不仅对器件的工作温度影响很大，对器件的响应时间也有着重要的影响。

与普通溶液不同，溶致液晶的黏度具有反常的变化，如浓度大时黏度反而会降低，这一特性在材料成型加工和纺丝工艺中特别有用。如聚对苯二甲酰对苯二胺（PPTA）溶于浓硫酸中，在一定浓度时可形成向列液晶相，见图 4-10 所示。聚对苯二甲酰对苯二胺的浓硫酸溶液有两个临界浓度：c_1 和 c_2。当 $c < c_1$ 和 $c > c_2$ 时，溶液黏度正常地随浓度增加而提高；当在 $c_1 \sim c_2$ 之间时，溶液黏度反常地随浓度增加而降低。

原因可以解释为，在 $c < c_1$ 时，溶液为各向同性液体，黏度按常规地与黏度成正比。当 $c = c_1$ 时，溶液开始定向排列，出现向列相液晶，此时溶液视为向列相液晶分散在各

向同性的液体中。由于向列相液晶黏度低，导致溶液体系的黏度下降。当$c=c_2$时，整个体系全部转化为向列相液晶，黏度降低到最低值。浓度继续增加，这个"全液晶体系"的黏度又正常地与浓度呈正比。在高分子的溶液纺丝工艺中，总是希望纺丝液的浓度高而黏度低，对于普通的各向同性的高分子溶液很难满足这一需求，而向列相液晶就能满足这一要求。

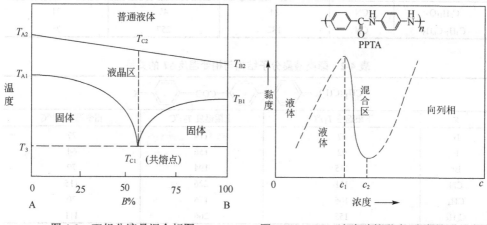

图 4-9 双组分液晶混合相图　　图 4-10 PPTA/浓硫酸的黏度-浓度关系示意图

（3）介电常数

液晶材料的电学性能可由介电常数表征，介电常数指同一电容器中某一物质作为电介质时的电容和其中为真空时的电容的比值。液晶材料介电常数越大，表示该材料由于带电而引起本身电势改变程度越大。通常分子共轭度越大，介电常数越大。

液晶的介电常数呈各向异性。长轴方向的介电常数定义为$\varepsilon_\parallel$，短轴方向的介电常数定义为$\varepsilon_\perp$，两者差值为各向异性值，即$\Delta\varepsilon=\varepsilon_\parallel-\varepsilon_\perp$。

当$\Delta\varepsilon>0$，表示$\varepsilon_\parallel>\varepsilon_\perp$，液晶为正介电各向异性，称为正型液晶（P-LCD）；当$\Delta\varepsilon<0$，表示$\varepsilon_\parallel<\varepsilon_\perp$，液晶为负介电各向异性，称为负型液晶（N-LCD）。P型液晶分子长轴方向的极化程度高，N型液晶分子短轴方向的极化程度高。

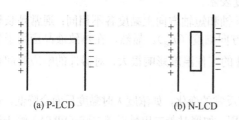

(a) P-LCD　　(b) N-LCD

图 4-11 P-LCD、N-LCD 在电场中分子的排列取向

在电场作用下，P型液晶分子长轴平行于电场方向时最稳定，而N型液晶分子短轴平行于电场方向时最稳定。如图 4-11 所示，当显示器件处于工作状态时，液晶分子取向重新排列成最稳定状态。通常是P型液晶的分子长轴平行于电场方向时最稳定，N型液晶分子长轴垂直于电场方向时最稳定。

液晶的$\Delta\varepsilon$值除与分子结构有关外，还与外加电场和温度等因素有关。如图 4-12 所示，不同结构的液晶分子影响着分子长、短轴方向的极化程度，当极性基团位于分子的端基时，一般呈正型液晶；当极性基团位于分子的中部时，一般呈负型液晶，两者的介电各向异性受温度的影响也不同。由图 4-12 可见，正型液晶在相变温度范围内其$\varepsilon_\parallel$随温度的升高有所下降，$\varepsilon_\perp$随温度的升高有所上升；而负型液晶在相变温度范围内其$\varepsilon_\parallel$随温度的升高有所上升，$\varepsilon_\perp$随温度的升高有所下降。温度升高不利于正型液晶分子长轴方向的极化变形，相反有利于负型液晶分子长轴方向的极化变形。温度高于相变点，各向异性消失。

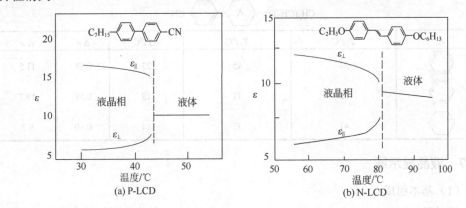

图 4-12　介电各向异性与温度的关系

（4）折射率

液晶相中分子排列既不像固态晶体那样具有三维周期性，又不像普通液体那样混乱，而是处于中间状态。虽然液晶外观呈现为液态，但与普通液体不同。普通液体由于各向同性，外观是透明的；由于液晶分子的各向异性导致了光的强烈散射，所以液晶外观是混浊的。液晶中分子的排列具有一定的规整度，偏光显微镜下可观测到明显的筹结构。

在光场中液晶分子电极化引起折射率的变化表现出各向异性，分子长轴和短轴方向的折射率不相同。分子长轴方向折射率为 $n_\parallel$，垂直方向介电常数为 $n_\perp$。在液晶分子中联苯、酯键、双键和三键等组成的中心部π电子在分子长轴方向上容易极化，故此方向上折射率最大，即分子长轴方向折射率$n_\parallel$大于垂直方向折射率 $n_\perp$。

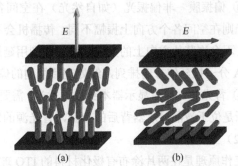

图 4-13　正光性(a)和负光性(b)液晶在电场中分子取向排列

折射率的各向异性定义为：$\Delta n = n_\parallel - n_\perp$。$n_\parallel > n_\perp$ 为正光性液晶，$n_\parallel < n_\perp$ 为负光性液晶（见图 4-13），因为ε和 n 两者之间存在这样的关系：$\varepsilon^2 = n$。所以，正型液晶对应着正光性液晶；负型液晶对应着负光性液晶，表 4-3 列出联苯类液晶的相变温度、介电常数和折射率关系。

向列相液晶和近晶相液晶具有正光性。正光性液晶和负光性液晶在电场中分子排列取向不同。正光性液晶分子长轴平行于电场方向时最稳定，负光性液晶分子短轴平行于电场方向时最稳定。

表4-3　联苯类液晶的相变温度、介电常数和折射率的关系

$$CH_3(CH_2)_4 - \boxed{A} - \bigcirc - CN$$

A	$T_1/^\circ C$	$T_2/^\circ C$	$\Delta T/^\circ C$	Δn	$\Delta \varepsilon$
⬡	22	45	23	0.18	11.5
⬡(N)	52	71	19	0.18	19.7
⬡	41	55	14	0.10	9.7

4.2.7　液晶显示屏

（1）基本组成

液晶显示屏（liquid crystal display panel，LCD panel）的构造包括导电的玻璃基板、偏光板、具有细纹沟槽的配向膜、液晶材料以及背光源等。

① 基板材料　将铟锡氧化物涂布在玻璃上制得的透明导电玻璃称为ITO玻璃，ITO玻璃是液晶显示器的基板材料。

② 取向材料　液晶分子之间相互作用力很弱，其分子取向排列受着器件中基板表面状态的影响，在基板表面涂布取向材料（又称为极化材料）能有效地控制液晶分子排列。取向材料可选用氧化物、氟化物和聚酰亚胺类高分子材料。

③ 偏振膜　非偏振光（如自然光）在空间各个方向上振幅相同、传播机会均等；偏振光则在空间各个方向上振幅不同、传播机会不均等。偏振膜只允许某一方向的光线通过，不允许其他方向上的光线通过。如利用延展法均匀拉伸聚乙烯醇（PVA）膜，使得PVA分子按延伸方向排列，经处理后得到的偏振膜可用于调制偏振光。

④ 背光源　液晶显示器本身并不发光，需要背光源对光线调制才能达到显示效果。背光源是位于液晶显示器背后的光源，背光源的发光直接影响到液晶显示视觉效果。

（2）工作原理

工作原理是在两片涂布有极化材料的ITO玻璃之间充满液晶溶液，电流通过该液体时会使液晶分子重新排列，以使入射光线产生偏转，在偏振膜和背光源作用下达到显示效果。

由于液晶分子之间作用力很微弱，要改变液晶分子取向排列所需外力很小。例如，在几伏电压和每平方厘米几微安电流密度下就可以改变向列液晶分子取向，因此，液晶显示器件具有耗能少、驱动电压低等优点。

液晶显示器依驱动方式可分为被动矩阵型和主动矩阵型，其中扭转式向列相液晶

（twisted nematic，TN）是最基本的显示技术，其工作原理是将液晶材料置于两片贴附光轴垂直偏光板的透明导电玻璃间，液晶分子会依配向膜的细沟槽方向顺序旋转排列，如果电场未形成，光线会顺利地从偏光板射入，依液晶分子旋转其行进方向，然后从另一边射出。如果在两片导电玻璃通电之后，两片玻璃间会造成电场，进而影响其间液晶分子的排列，使其分子棒进行扭转，光线便无法穿透，进而遮住光源。这样所得到光暗对比的现象，又叫做扭转式向列场效应。

4.3 有机电致发光器件（OLED）

4.3.1 OLED 研究进程

20 世纪 60 年代，美国纽约大学 Pope 等人在蒽单晶片（10～20 μm）上施加 400 V 电压，观察到蒽单晶发出微弱的蓝光，这是首例有机电致发光（electroluminescence，EL）现象。20 年以后，研究者采用真空蒸镀法制备了亚微米厚度的蒽薄膜，在 30 V 电压驱动下观察到外量子效率达 0.03%的蓝光。早期研究的有机电致发光器件存在着载流子注入效率低、有机薄膜质量差、器件工作电压高等弊病，实际应用价值不大。

直到 1987 年，C. W. Tang 等人利用 8-羟基喹啉铝作为发光层、芳香胺化合物作为空穴传输层、镁铝合金作为阴极，获得一种发光效率高的绿光 OLED 器件，驱动电压 10 V 左右，从此，OLED 的研究成为有机光电领域内的热点课题。1990 年，英国剑桥大学 J. H. Burroughes 等人首次报道以聚苯乙炔（简称 PPV）为发光材料的聚合物基电致发光器件。今天，小分子有机电致发光器件（OLEDs）和聚合物基有机电致发光器件（PLEDs）成为并驾齐驱的两个研究方向。1994 年，Kido 等人率先制备出白光 OLEDs（简称 WOLEDs），使有机电致发光技术涉入照明领域的应用。1998 年，Baldo 等人采用磷光发光材料，实现了单线态和三线态激子同时发光，大幅度增加器件的发光效率。

经过数十年的发展，OLED 技术在显示和照明领域逐渐走向应用，如 OLED 电视机、OLED 灯和 OLED 手机也开始面市。推动 OLED 技术最终普及应用的动力在于如下优势：OLED 器件具有工艺简单、能耗小、成本低、响应速度快，既可形成刚性显示，还可实现柔性显示，且易于实现大屏幕显示等特性，在某些方面甚至胜过液晶显示技术。

4.3.2 OLED 结构与产品

（1）器件结构

有机电致发光器件结构视有机材料的层数来分类的，可分为单层型和多层型器件（每层膜厚均为几十纳米）。单层器件的耐久性好，而多层器件在发光效率和亮度方面远优于单层器件。

① 单层 OLED 结构　分别以导电玻璃和金属材料作为器件的正、负电极，将发光层夹在两电极中间，构成单层器件结构，俗称"三明治"结构 [见图 4-14(a)]，其中导电玻璃是将氧化铟和氧化锡蒸镀在普通玻璃上制得，简称 ITO，具有导电性。

正电极与负电极分别称作阳极与阴极，其厚度只有几十纳米至几百纳米之间。由于单层器件中的发光层紧邻电极材料，空穴和电子传输不平衡时容易引起激子猝灭，单层器件的发光效率低。

② 多层 OLED 结构　在单层器件的电极（正极或负极）与发光层之间插入一层传输材料，构建二层以上的器件结构，称为多层结构。图 4-14(b)为三层结构器件，是在正极与发光层之间插入一层空穴传输材料，在负极与发光层之间插入一层电子传输材料。多层器件的优势是平衡载流子传输速率，将激子限制在发光层提高发光效率。

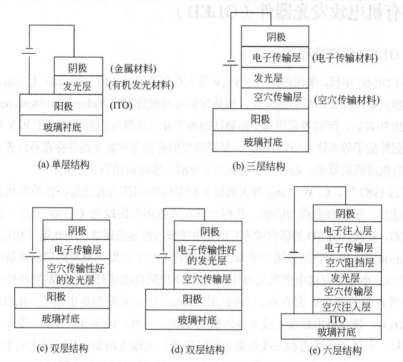

图 4-14　单层(a)与多层(b～e) OLED 器件结构示意图

很多有机发光材料兼顾空穴传输特性，也有少数有机发光材料兼顾电子传输特性，用这些发光材料可以制作双层结构器件[见图 4-14(c)，(d)]。有机层之间靠弱的范德华力结合，机械稳定性不好，双层结构器件减少了有机层数，提高了器件耐久性，又具有三层器件的功能。

为了进一步提高器件的综合性能，更多层的器件结构如图 4-20(e)被设计出来。该结构中增加的电子注入层更有利于电子的注入，空穴阻挡层使空穴停留在发光层中，空穴注入层更有利于空穴的注入。

（2）产品分类

OLED 产品可分为主动矩阵 OLED、被动矩阵 OLED、顶部发光 OLED、透明 OLED、白光 OLED、可折叠 OLED 等。每一种 OLED 产品都有其独特的用途。

①　主动矩阵 OLED（AMOLED）　是在器件的阳极层上覆盖着薄膜晶体管（TFT）阵列，属于有源阵列。每个 TFT 控制一个开关，对应一个像素点。通过控制各个像素点的发光形成图像。主动矩阵 OLED 可用于大屏幕广告牌、大屏幕电视。

②　被动矩阵 OLED（PMOLED）　该器件中所需的能量不是由 TFT 提供，而是来自于矩阵之外的电路。器件中阴极带与阳极带相互垂直，其交叉点为发光部位，即形成像素部位。被动矩阵 OLED 适用于制作成小屏幕、手机和笔记本电脑等。

③　顶部发光 OLED　器件衬底不透明，光线由器件顶部（金属电极）发出。可用于制作智能卡。

④　透明 OLED　器件衬底透明。可采用主动矩阵，也可采用被动矩阵。适宜于制作飞机上使用的平视显示器。

⑤　白光 OLED　白光 OLED 具有高亮度、高均衡度、高能效以及真彩性。有望取代目前日常生活中使用的日光灯。

⑥　可折叠 OLED　器件衬底采用柔性金属箔或塑料，重量轻，可折叠，方便携带。

4.3.3　OLED 发光原理

电致发光工作原理可视为，在一定电压驱动下，电子和空穴分别从金属电极（阴极）和 ITO 透明电极（阳极）注入到电子传输层（ETL）和空穴传输层（HTL），然后电子和空穴分别经由 ETL 和 HTL 迁移至发光层（EL）相遇，形成激子并使发光分子激发，后者经过辐射弛豫而发出可见光，辐射光可从透明电极一端发出，如图 4-15 所示。

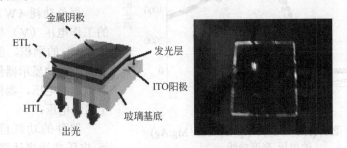

图 4-15　电致发光器件结构与实物图

具体地，电致发光机理可分解为下列几步。

①　载流子注入过程　将有机电致发光器件通电以后，即完成载流子注入过程。此时电子从负极注入形成负载流子，空穴从正极注入形成正载流子。

②　载流子传输过程　在外电场作用下，注入的电子向正极迁移，同时注入的空穴向负极迁移，这个动态过程被认为是载流子传输。器件中这两种相向迁移的正、负载流子可能相遇，也可能使之交臂，不再相遇，这种情况多半是载流子被杂质或缺陷俘虏而失活；而载流子相遇区域有两种情况：一是在发光层相遇，二是不在发光层相遇。只有正、负载流子在发光层相遇时才有可能复合而发光。

③　载流子相遇与激子复合　在外电场作用下，注入的电子和空穴相遇配对，形成"电子-空穴对"。它具有一定的寿命，约在皮秒至纳秒级量级。这样的"电子-空穴对"被称为"激子"。

④ 激子衰减与发光　激子以辐射形式衰变跃迁至基态即获得电致发光。激子可分为单线态激子和三线态激子，在有机电致发光过程中，单线态激子和三线态激子可同时产生。通常单线态激子的辐射衰变称为电致荧光，寿命较短；三线态激子的辐射衰变称为电致磷光，寿命较长。

4.3.4　OLED 性能指标

（1）发光亮度（L）与启亮电压（V_0）

器件亮度（luminance）是指垂直于光束传播方向单位面积上的发光强度，单位为每平方米坎德拉（cd·m^{-2}），又称为流明（lm），即 1 cd·m^{-2}=1 lm。

器件的启亮电压（V_0）定义为器件亮度在 1 cd·m^{-2} 时对应的电压。

器件亮度（L）是衡量器件性能的最直接参数，一般电脑显示屏亮度在 200 cd·m^{-2} 左右即可满足工作要求。器件亮度越高，启亮电压越低，说明器件性能越佳。

图 4-16 给出发光器件的电压-亮度曲线（实心圆点曲线），该器件启亮电压在 5V 左右，随着施加电压增大，器件亮度也随之提高；当施加电压达 11.5V 时亮度接近 10000

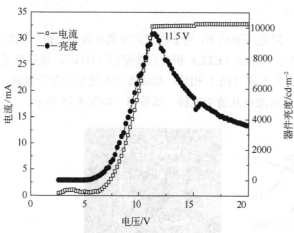

cd·m^{-2}。继续升高电压器件的电压，亮度急剧减弱，表明器件材料可能损坏。可知该器件正常的工作电压应控制在 10V 以下。

（2）器件功耗（W）与工作电压（V）

器件功耗（W）定义为器件的工作电压（V）与所消耗的电流（A）的乘积。器件工作电压定义为驱动显示器件正常工作时所施加的电压，器件工作电压大于启动电压。

图 4-16　器件(ITO /TCTA/ Np-G1/BCP/ Mg:Ag)
的电压-亮度曲线

器件的功耗可由器件的电流-电压曲线来计算，由图 4-16 电流-电压曲线（空心方框曲线）可得出该器件在亮度为 500 cd·m^{-2} 和 2000 cd·m^{-2} 时对应的功耗分别为：

$$W_{(500\text{ cd·m}^{-2})}=4.54 \times 10^{-3}\text{A} \times 7.78\text{ V}=35\ \mu\text{W}$$

$$W_{(2000\text{ cd·m}^{-2})}=8.57 \times 10^{-3}\text{A} \times 8.78\text{ V}=75\ \mu\text{W}$$

可见，有机电致发光器件具有低功耗的优势，适合制作以纽扣电池为电源的便携式显示器件。

（3）发光效率（lm·W^{-1}）和电流效率

器件发光效率是指单位功耗（W）所发出的光通量（lm），单位为流明·瓦$^{-1}$（lm·W^{-1}）。普通白炽灯为 15 lm·W^{-1}。

已知器件电压 V 对应的电流密度 J（A·m^{-2}）和发光亮度 L（cd·m^{-2}），则器件的电流效率与发光效率可由式（4-1）和式（4-2）计算：

$$电流效率 = L/J \qquad (4-1)$$

$$发光效率 = \pi \times L/J \cdot V \qquad (4-2)$$

从器件的电压-电流曲线和电压-亮度曲线（见图 4-16）可计算出该器件在最高亮度（9594 cd·m^{-2}）时对应的电流密度（J）为 4489A·m^{-2}，发光效率为 0.588 lm·W^{-1}。

表 4-4　发光层为 Np-G1 制作的有机电致发光器件性能

器件	发光峰位 /nm	启亮电压 /V_0	工作电压 /V	电流密度 /A·m^{-2}	最大亮度 /cd·m^{-2}	电流效率 /cd·A^{-1}	功率效率 /lm·W^{-1}
1	518	5.1	14.2	6564	4920	0.75	0.17
2	518	5.0	14.8	4900	5033	1.03	0.21
3	518	4.1	11.4	4489	9594	2.13	0.59

注：器件 1 的结构：ITO/NPB (30 nm)/ Np-G1(40 nm)/ BCP (40 nm) / Mg:Ag (250 nm)；
器件 2 的结构：ITO/NPB (30 nm)/ Np-G1(50 nm)/BCP (40 nm) / Mg:Ag (250 nm)；
器件 3 的结构：ITO/TCTA (20 nm)/ Np-G1(50 nm)/BCP (40 nm) / Mg:Ag (250 nm)。

表 4-4 列出以 Np-G1 为发光层（分子结构式见图 4-18）制作的器件（1～3）性能参数，器件结构列于表 4-4 下方。以器件 1 作为比较，当发光层 Np-G1 的厚度由 40 nm 提高到 50 nm，且其他条件不变时，器件 2 的发光亮度（5033 cd·m^{-2}）、电流效率（1.03 cd·A^{-1}）和功率效率（0.21 lm·W^{-1}）均有所提高；若用 TCTA 传输层代替 NBP 时，器件 3 的发光亮度接近 10000 cd·m^{-2}，同时电流效率、功率效率均提高了三倍左右，且启亮电压明显降低（至 4.1 V）。可见，影响器件性能的因素很多，包括有机层的分子结构与薄膜厚度等。

（4）器件寿命

器件寿命可用半衰期表征，定义为器件初始亮度衰减一半所需要的时间。OLED 的半衰期一般达数千小时甚至达 10 万小时以上，已具备了实用条件。

影响器件稳定性的因素主要有以下几点：① 各种有机材料（包括发光层和传输层）必须具有高的光、热稳定性；② 有机薄膜的质量要好，由于 OLED 薄膜厚度一般小于 100 nm，因而微小厚度不均匀或微晶物等容易引起电击穿，因此，成膜过程中应防止各层膜材料的结晶化；③ OLED 器件封装的密闭性，由于有机材料与电极直接接触，容易与氧气、水分产生化学反应，这常导致器件的寿命急剧降低。

（5）色度

所谓色度是色彩的纯度，通常为色调与饱和度两者的合称。色调决定着色彩本质类别，而饱和度是表示颜色的深浅。如大红的色度高于玫瑰色，紫色色度最暗，黄色色度最明亮。

通常用 CIE（国际照明学会）二维色坐标表示色度，如图 4-17 所示。横坐标 x 数值由 0 到 1.0，表示由紫色渐变为红色；纵坐标 y 数值由 0 到 1.0，表示由

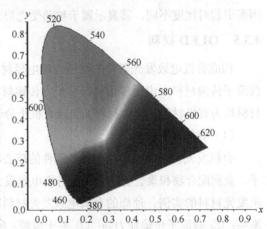

图 4-17　CIE 舌形色坐标系统

蓝色渐变为绿色。绿色包含的区域最广，红色次之，蓝色再次之，而黄色、粉红色和青

色的色带更窄。

围绕着舌形图对应的波长由 380 nm 至 620 nm。将舌形图中的某两种单色光混合，其连线若能穿过白光色带，则能组合得到白光。红绿相加混合成黄色，绿蓝相混得蓝绿色（青色），由蓝色和红色混合得到紫色。

当器件色坐标值在 $x > 0.3$, $y < 0.4$ 区域内，多半为红光，如 $x = 0.616$, $y = 0.481$ 为红光器件。色坐标值 y 只要大于 3（$y > 0.3$）的均为绿光，如器件的色坐标 $x = 0.264$, $y = 0.619$ 为绿光；蓝光的色坐标数值都较小，如蓝色器件的发光色坐标：$x = 0.17$, $y = 0.15$；白光器件的色坐标 $x = 0.333$, $y = 0.333$。

（6）对比度

对比度表示显示部分的亮度和非显示部分的亮度之比。在室内照明条件下对比度达到 5∶1，可满足显示的基本要求。

（7）分辨率

器件分辨率定义为单位面积内像素电极的数目，即像素点数目，单位 ppi。阴极射线管（CRT）显示器件的分辨率最高在约 100 ppi，OLE 器件分辨率至少在 400 ppi 以上。

（8）响应时间与余辉时间

响应时间表示从施加电压到显示图像所需要的时间。余辉时间表示从切断电压后到图像消失所需要的时间。发光器件的响应时间在微秒量级（μs），显示器件要求响应时间和余辉时间之和不大于 50 ms 才能满足要求。

（9）可视角

所谓可视角即为器件的对比度随着观察角度不同而发生变化。有机电致发光显示器件不存在可视角问题，因为像素元就是光辐射源，光空间分布均匀、可视角大。对于液晶显示器件，由于液晶分子具有光学各向异性，液晶分子长轴和短轴方向光吸收不同，因而引起对比度不同，其显示属于被动受光形式，因此存在较严重的可视角问题。

4.3.5　OLED 材料

构成有机电致发光器件的材料包括电极材料（正极材料和负极材料）、发光材料、载流子传输材料（电子传输材料和空穴传输材料）。一般地，除了电极材料以外，其他材料均为有机材料，有机材料又包括有机小分子、有机配合物和聚合物材料。

（1）有机发光材料

有机发光材料为有机电致发光器件的核心材料，通常具有刚性平面结构的共轭小分子、金属配合物和聚合物均可作为有机电致发光材料。图 4-18 和图 4-19 列出了一些有机发光材料的实例。理想的有机电致发光材料在性能上具有如下特点：① 荧光量子效率高；② 载流子传输能力强；③ 易于成膜；④ 对光和热稳定性好；⑤ 具备适宜的分子能级，可与器件中其他材料的分子能级相匹配。

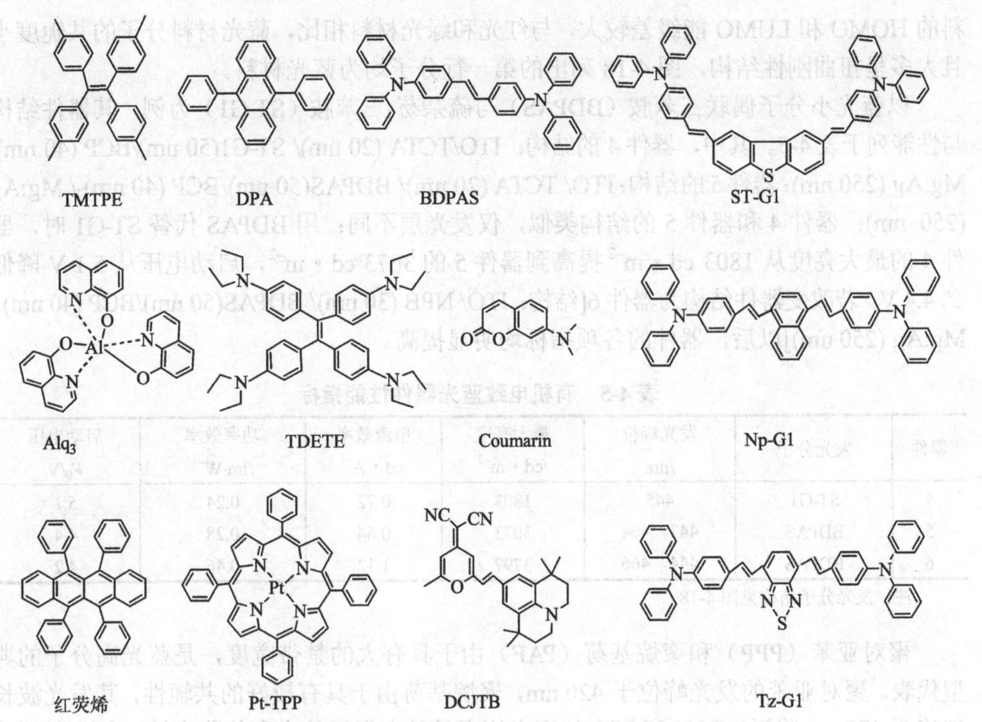

图 4-18　有机电致发光小分子材料举例

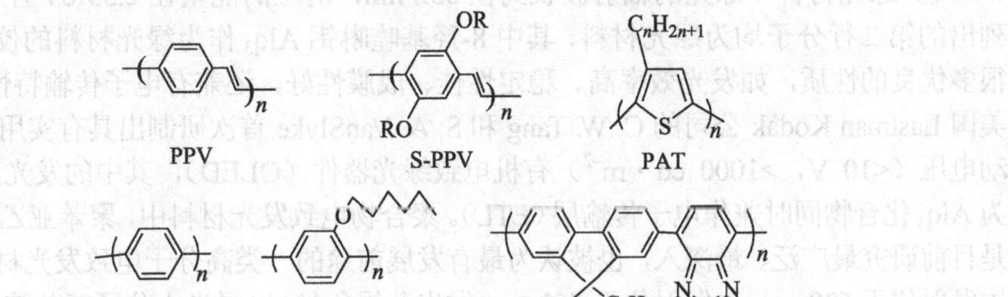

TMTPE　　DPA　　BDPAS　　ST-G1

Alq₃　　TDETE　　Coumarin　　Np-G1

红荧烯　　Pt-TPP　　DCJTB　　Tz-G1

图 4-19　有机电致发光聚合物材料举例

PPV　　S-PPV　　PAT

PPP　　DO-PPP　　F8BT

　　有机分子材料可通过化学修饰，如延长分子的共轭度，提高分子平面和刚性，提高传输能力和发光效率；可改变 HOMO 和 LUMO 能级、调控分子的发光颜色，使得分子的发光峰位蓝移或者红移，从而得到三基色有机电致发光器件。

　　刚性结构的聚合物由于溶熔性不好，通常对其侧链进行取代基修饰，取代基作用在于：一是改善聚合物的溶解性，利于直接旋涂成膜，简化器件制作工艺；二是调控电子结构和发光颜色，特别是烷氧基的引入导致发光红移；三是增加空阻或分子扭曲，降低分子聚集，减少浓度猝灭。

　　① 蓝光材料　通常蓝光辐射波长约为 450 nm，对应能量在 2.76 eV 左右。蓝光材

料的 HOMO 和 LUMO 能级差较大,与红光和绿光材料相比,蓝光材料分子的共轭度小且大多呈扭曲刚性结构,图 4-18 列出的第一行分子均为蓝光材料。

以蓝光小分子偶联三苯胺(BDPAS)与硫杂芴-三苯胺(ST-G1)为例,其器件结构与性能列于表 4-5。其中,器件 4 的结构:ITO/TCTA (20 nm)/ ST-G1(50 nm)/BCP (40 nm)/Mg:Ag (250 nm);器件 5 的结构:ITO/ TCTA (20 nm)/ BDPAS(50 nm)/BCP (40 nm) / Mg:Ag (250 nm);器件 4 和器件 5 的结构类似,仅发光层不同;用 BDPAS 代替 ST-G1 时,器件 4 的最大亮度从 1803 cd·m^{-2} 提高到器件 5 的 3073 cd·m^{-2},启动电压从 5.1 V 降低到 4.4 V。若改变器件结构为器件 6[结构:ITO/ NPB (30 nm)/ BDPAS(50 nm)/BCP (40 nm) / Mg:Ag (250 nm)]以后,器件的各项指标均明显提高。

表 4-5 有机电致蓝光器件性能指标

器件	发光分子	发光峰位 /nm	最大亮度 /cd·m^{-2}	电流效率 /cd·A^{-1}	功率效率 /lm·W^{-1}	启动电压 V_0/V
4	ST-G1	445	1803	0.72	0.24	5.1
5	BDPAS	442,464	3073	0.64	0.28	4.4
6	BDPAS	444,466	3797	1.12	0.46	4.2

注:发光分子结构见图 4-18。

聚对亚苯(PPP)和聚烷基芴(PAF)由于具有大的禁带宽度,是蓝光高分子的典型代表。聚对亚苯的发光峰位于 420 nm,聚烷基芴由于具有较好的共轭性,其发光波长红移至 470 nm 附近。PPV 和 PPP 的突出特点是具有很好的光和热稳定性,但由于不熔不溶,难以加工。因此,可溶性有机聚合物蓝光材料的研制备受关注。

② 绿光材料　绿光的辐射波长约在 532 nm,对应的能量在 2.33 eV 左右。图 4-18 列出的第二行分子均为绿光材料,其中 8-羟基喹啉铝 Alq$_3$ 作为绿光材料的佼佼者,具有很多优良的性质,如发光效率高、稳定性佳、成膜性好,还兼有电子传输特性。1987 年美国 Eastman Kodak 公司的 C. W. Tang 和 S. A. VanSlyke 首次研制出具有实用价值的低驱动电压(<10 V,>1000 cd·m^{-2})有机电致绿光器件(OLED),其中的发光层(EL)即为 Alq$_3$ 化合物同时兼作电子传输层(ETL)。聚合物电致发光材料中,聚苯亚乙烯基(PPV)是目前研究最广泛、最深入,也被认为最有发展前途的一类高分子电致发光材料,发光谱主发射位于 520 nm,次发射位于 551 nm,发出黄绿色光。以绿光小分子三苯胺-萘(Np-G1)为例,其器件结构与性能列于表 4-6。该器件发光峰位在 518 nm,为黄绿光。

表 4-6 有机电致绿光器件性能指标

器件	发光材料	发光峰位 /nm	最大亮度 /cd·m^{-2}	启动电压 V_0/V	电流效率 /cd·A^{-1}	功率效率 /lm·W^{-1}
7	Np-G1	518	9594	4.2	2.8	1.2
8	Np-G1	518	5005	5.2	2.0	0.64
9	Np-G1	518	4706	4.2	0.64	0.33

注:器件 7 的结构:ITO/TCTA (20 nm)/Np-G(50 nm)/BCP (40 nm) / Mg:Ag (250 nm);
器件 8 的结构:ITO/NPB (30 nm)/ Np-G1(50 nm)/BCP (40 nm) / Mg:Ag (250 nm);
器件 9 的结构:ITO/NPB (10 nm)/ Np-G1(40 nm)/BCP (30 nm) / Mg:Ag (250 nm)。

③ 红光材料　红光的辐射波长为 650 nm 左右,对应的能量在 1.91 eV 左右。在蓝绿红三基色当中,红光材料的 HOMO 和 LUMO 能级差最小,图 4-18 列出的第三行分子均为

红光材料（其中红荧烯和 BDJTB 均为常见的红光材料），其结构特点是具有更大的共轭体系或更强的分子内电荷转移能力，如以 Tz-G1 作为发光层，制作的器件[ITO/PVK 掺杂 2%Tz-G1 (70 nm)/Alq₃ (30 nm) /LiF (0.7 nm) /Al (100 nm)]，发光波长在 620 nm，为红光器件。

聚合物红光材料中，对聚噻吩（PAT）的研究较多，由于荧光量子效率较低，导致其器件的发光效率和亮度都较低。通过聚噻吩 3-位取代基的修饰，可改善溶液的加工性能；同时通过空间位阻效应调控聚噻吩的共平面性，提高发光性能。

（2）载流子传输材料

载流子传输材料包括空穴（正电荷）传输材料和电子传输材料两种类型。

① 空穴传输材料　具有传输空穴能力的材料或以空穴导电为主的材料称为空穴传输材料。大多数芳胺类共轭分子具有空穴传输特性，空穴传输材料具备的特性如下：

i. 首先是材料必须具有优良的热稳定性与成膜性能。

ii. 材料应具有宽带隙、较高的激发能量，以防止激子的能量传递。如 TCTA 为最常见的激子阻挡材料，通常可作为空穴传输材料使用。

iii. 空穴迁移率要高。一般地，电离能（失去电子所需的能量）小、易于失去电子并对电子具有一定的阻挡作用的材料，其空穴迁移率较高；同时，具有较小的电子亲和能（获得电子所放出的能量）的材料，也适宜作为空穴传输材料。

图 4-20 列出常见的四种芳胺类空穴传输材料分子结构。其中 TPD 是最早使用的空穴传输材料，欠缺的是由于热稳定性较差（玻璃化温度 60～65 ℃），致使器件不够稳定，寿命较短，现已不再使用。TTB 分子中 4 个甲基呈对位取代，结构高度对称，其玻璃化温度提高到 82 ℃。NPB 分子刚性与致密性进一步提高，具有较好的热稳定性（T_g, 96 ℃）和较高的空穴转移率，性能上明显优于 TPD 和 TTB，较为广泛用于 OLED 器件的空穴传输材料。TCTA 材料的 HOMO 与 LUMO 能级差较大，是一种宽带隙的激子阻挡材料。有机空穴传输材料的热稳定性均较低，这影响有机电致发光器件的使用寿命，因此，寻找热稳定性的空穴传输材料一直是关注的焦点。

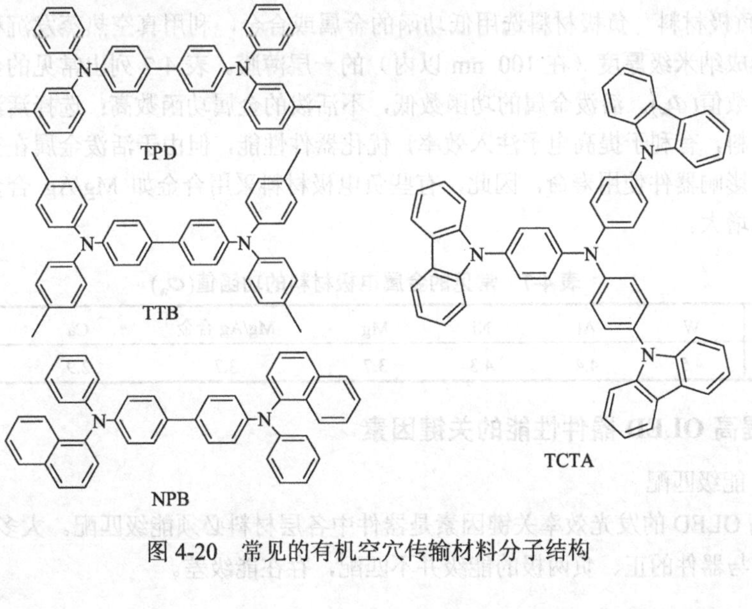

图 4-20　常见的有机空穴传输材料分子结构

② 电子传输材料　具有传输电子能力的材料或以电子导电为主的材料均称为电子传输材料。电子传输材料具备的特性如下：i. 具有优良的热稳定性与成膜性能；ii. 具有较低的激发能量；iii. 具有高的电子迁移率。图 4-21 给出三种常见的有机电子传输材料，其中 BCP 为被广泛用于 OLED 器件的电子传输材料，Alq₃ 为兼有发光与电子传输双功能特性的材料，这三种电子传输材料的成膜性均很好。

大多数有机材料的空穴传输性均比电子传输性要好，因此，寻找性能佳的有机电子传输特性的材料无疑备受研究者的青睐。

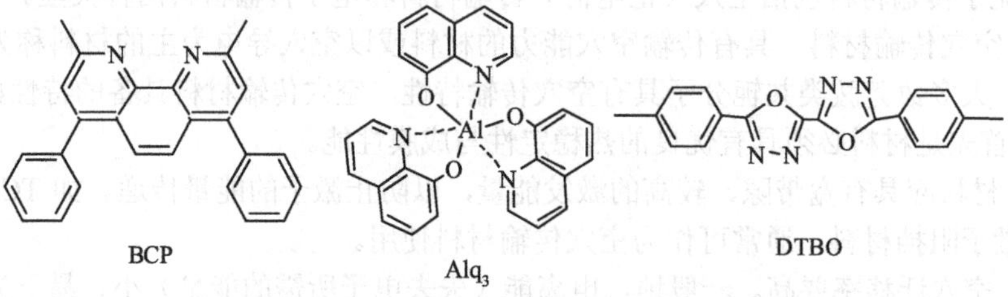

BCP　　　　　　Alq₃　　　　　　DTBO

图 4-21　常见的有机电子传输材料分子结构

（3）电极材料

有机电致发光器件的电极材料包括正极材料与负极材料两种，正电极材料大多使用透明导电玻璃（称为 ITO），负电极材料则是各类金属材料。

常用功函数(Φ_{w})描述电极材料的性质，定义为一个电子从金属或半导体表面逸出时所需要的功（能量）。功函数值大，有利于降低正极材料与空穴传输层或发光层之间的势垒，提高空穴注入效率；功函数值小，则有利于降低负极材料与电子传输层或发光层之间的势垒，提高电子注入效率。

① 正极材料　ITO 导电玻璃是由铟掺杂二氧化锡（indium tin oxide）纳米级薄膜镀在玻璃上构成，其面电阻为 20～100 Ω·cm⁻²，透光率大于 80%，ITO 的功函为 4.7～5.0 eV。

② 负极材料　负极材料选用低功函的金属或合金，利用真空热蒸发沉积技术在器件表面形成纳米级厚度（在 100 nm 以内）的一层薄膜。表 4-7 列出常见的金属电极材料的功函数值(Φ_{w})。活泼金属的功函数低，不活泼的金属功函数高；选择活泼金属作为负电极材料，有利于提高电子注入效率，优化器件性能，但由于活泼金属在空气中稳定性较差，影响器件使用寿命，因此，有些负电极材料采用合金如 Mg/Ag 合金，其功函数值并未增大。

表 4-7　常见的金属电极材料的功函值(Φ_{w})

金属电极	W	Al	Ni	Mg	Mg/Ag 合金	Ca	Al/Li 合金
Φ_{w}/eV	4.5	4.4	4.3	3.7	3.7	2.9	2.9

4.3.6　提高 OLED 器件性能的关键因素

（1）能级匹配

提高 OLED 的发光效率关键因素是器件中各层材料必须能级匹配。大多数情况下，有机材料与器件的正、负两极的能级并不匹配，存在能级差。

假设器件的正极与空穴传输层之间的界面势垒为 ΔE_{h}，负极与电子传输层的界面势垒为 ΔE_{e}，当载流子注入时，即电子和空穴的注入需要克服界面势垒 ΔE_{e} 和 ΔE_{h}，才能进入发光层（EL）。实际情况往往是 ΔE_{e} 和 ΔE_{h} 界面位垒都较高，常常导致载流子注入效率降低，需要施加高的电场强度（电压），以克服能带势垒；其结果是器件的启亮电压偏高，发光效率降低。

以单层器件为例（见图 4-22），在外加电场作用下发光材料的能级发生倾斜，发光材料的电离能（IP）对应于发光材料的 HOMO (π) 能级；发光材料的电子亲和能（E_{A}）对应于发光材料的 LUMO (π^*) 能级；ΔE_{h} 为注入空穴要越过的 ITO 功函与 HOMO 的能级差，ΔE_{e} 为注入电子要越过金属电极功函与 LUMO 的能级差。

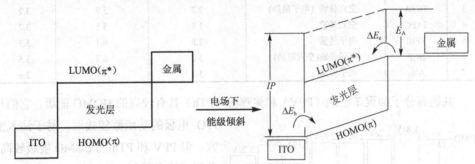

图 4-22　单层器件能级示意图

若发光层材料的电离能小，容易失去电子，HOMO 能级高，ΔE_{h} 降低，这将有利于空穴注入，有利于空穴传输。若发光层材料的电子亲和能大，LUMO 能级低，ΔE_{e} 降低，这将有利于电子注入，易于电子传输。所以，在制作器件时，应选择低功函数的负极材料（如活泼金属）和高功函数的正极材料，这样可分别降低电子和空穴注入的能带势垒，提高器件的发光效率，同时降低器件的启亮电压。

当空穴和电子分别从正、负电极注入器件后，正、负载流子复合与激子形成的区域有两种情况，若有机发光材料与两电极的能带势垒高度基本相同或相近，即 $\Delta E_{\mathrm{h}} \approx \Delta E_{\mathrm{e}}$，则载流子在发光层附近复合，这有利于提高器件的发光效率。若发光层与正、负电极两侧的能带势垒高度相差较大，则载流子复合与激子形成的区域远离发光层，而是在正极或负极附近，这将导致激子猝灭，极大地降低器件的发光效率。

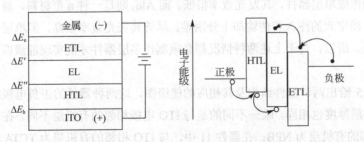

图 4-23　三层器件能级差与能级匹配示意

对于多层器件来说，除了需要考虑发光层材料与正、负电极材料的能级匹配，还要考虑发光层（EL）与空穴传输层（HTL）和电子传输层（ETL）之间的能级匹配，尽可能地降低$\Delta E'$和$\Delta E''$能级差，确保电子和空穴同时在 EL 层相遇。如图 4-23 所示，三层器件可借助一些传输材料的能级降低空穴、电子的注入能级差，以期达到能级尽可能地匹配。表 4-8 列出常见的有机空穴与电子传输材料的 HOMO 和 LUMO 能级，它们的能级高低以及能级差的示意见图 4-24。

表 4-8　有机空穴与电子传输材料的能级结构

序号	化合物	类型	HOMO / eV	LUMO / eV	ΔE /eV
1	TPD	空穴传输	2.7	5.6	2.9
2	NPB	空穴传输	2.2	5.2	3.0
3	TCTA	空穴传输 (电子阻挡)	2.7	5.9	3.2
4	TAPC	空穴传输	1.8	5.5	3.7
5	TPBi	电子传输	2.8	6.1	3.3
6	BCP	电子传输(空穴阻挡)	3.2	6.7	3.5
7	Alq$_3$	电子传输	3.1	5.7	2.6

共轭高分子如聚苯乙炔（PPV）和聚噻吩（PTh）具有较高的 HOMO 能级，它们与 ITO 电极的功函数较接近，易于注入空穴。但 PPV 和 PTh 的 LUMO 能级较高，若用活泼金属如 Ca （功函为 2.7 eV）作为阴极时，PPV 和 PTh 的 LUMO 与阴极材料的功函数较接近，可有效地降低ΔE_e，使得电子容易注入，但活泼阴极材料易氧化，在发光层与阴极之间形成氧化层，严重影响阴极向发光层注入电子的效

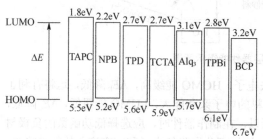

图 4-24　空穴与电子传输材料能级结构示意

率。若使用稳定的金属如 Al 作为阴极时，由于金属 Al 的功函数较大（4.4 eV），使得ΔE_e变大，所以阴极向发光层注入电子的效率很低。由于能级的不匹配，载流子复合与激子形成的区域远离发光层，导致器件的发光效率降低。

聚合物 PPV 是一种 p 型材料，易于空穴的注入和传输，电子的注入和传输却十分困难，若制作成单层器件，其发光效率很低。而 Alq$_3$ 则是一种 n 型材料，易于电子的注入和传输，而空穴的注入和传输却十分困难。尽管其荧光效率很高，但单层器件的发光效率却很低。所以，对于上述两种情况都必须制作多层器件才能实现能级匹配，提高器件的性能。

图 4-25 给出两种器件结构及其相应的能级图，这两种器件的正负电极相同、发光层相同，各层厚度也相同，唯一不同的是与 ITO 电极相邻的有机层不同。在器件 10 中，与 ITO 相邻的有机层为 NPB；在器件 11 中，与 ITO 相邻的有机层为 TCTA。已知 NPB 为空穴传输层（HTL），TCTA 为激子阻挡层（EBL）；由表 4-9 可清楚看出，器件 10 的发光亮度与启亮电压均明显优于器件 11。

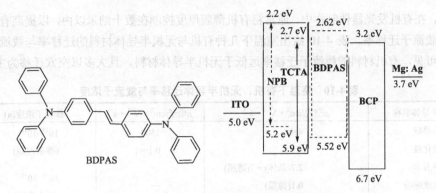

图 4-25　BDPAS 分子结构和 OLED 器件结构

表 4-9　以 BDPAS 为发光层的 OLED 器件性能

器件	HTL 或 EBL	EL	ETL	λ_{em}/nm	L_{max}/cd·m^{-2}	V_0
10	NPB (30 nm)	BDPAS (50 nm)	BCP(40 nm)	444, 466	3807	4.1
11	TCTA (30 nm)	BDPAS (50 nm)	BCP(40 nm)	442, 464	3063	4.4

注：HTL、EBL、EL、ETL、λ_{em}、L_{max} 和 V_0 分别为空穴传输层、激子阻挡层、发光层、电子阻挡层、发射峰位、最大发光亮度和启亮电压。

根据能级匹配原理分析如下：对于器件 10 而言，ΔE_h（NPB 与 ITO 之间能级差）和 $\Delta E'$（NPB 与 BDPAS 之间能级差）较小，分别为 0.2 eV 和 0.3 eV；相应地，器件 11 中的 ΔE_e（TCTA 与 ITO 之间能级差）和 $\Delta E'$（TCTA 与 BDPAS 之间能级差）较大，分别为 0.9 eV 和 0.38 eV。显而易见，在其他条件相同的情况下，器件 10 性能理应优于器件 11。

在多层结构器件的制作中，利用"能级匹配"原则可优化器件性能。通常选择有机发光材料的 LUMO 能级尽量低，使 ΔE_e 小，这样金属电极容易向发光层注入电子；有机发光材料的 HOMO 能级尽量高，使 ΔE_h 小，这样 ITO 电极容易向发光层注入空穴。同时，还要注意尽可能将 ΔE_e 与 ΔE_h 接近。

（2）迁移率匹配

提高 OLED 的发光效率另一重要因素是器件中正、负载流子的迁移率匹配。一般地，有机材料很难做到同时传输空穴（正载流子）和电子（负载流子），更难做到在器件中正、负载流子的迁移率相近，这就使得正、负载流子不能在发光层相遇而形成激子，导致器件发光效率降低。借助迁移率匹配原则，在设计多层结构器件时，选择不同的传输层以确保正、负载流子迁移率相当，以期两者同时到达发光层复合、形成激子，优化器件性能。

迁移率（μ）定义为载流子在单位电场作用下，单位时间内沿电场方向的迁移距离，单位为平方厘米·伏特$^{-1}$·秒$^{-1}$（cm^2·V^{-1}·s^{-1}），即

$$迁移率(\mu) = \frac{距离}{电场 \times 单位时间} = \frac{cm}{(V/cm) \times s} = \frac{cm^2}{V \cdot s} \quad (4\text{-}3)$$

$$\mu = \sigma / ne \quad (4\text{-}4)$$

可用式(4-4)计算，其中 σ 为电导率；n 为载流子浓度；e 为电荷量。由式(4-4)可知，具有高迁移的材料应具有高的电导率；通过控制载流子注入效率可提高有机材料载流子

浓度，在有机发光器件制作中，通常将有机薄膜厚度控制在数十纳米以内，以提高有机材料的载流子迁移率。表 4-10 给出室温下几种有机与无机半导体材料的迁移率与载流子浓度。可见，有机材料的载流子迁移率远低于无机半导体材料，且大多以空穴迁移为主。

表 4-10　室温下有机、无机半导体迁移率与载流子浓度

半导体名称	μ空穴/cm^2·V^{-1}·s^{-1}	μ电子/cm^2·V^{-1}·s^{-1}	载流子浓度(n)
单晶硅	480	1500	$10^{15} \sim 10^{18}$
氢化硅	< 0.1	0.1~1	(掺杂控制)
并五苯	2.7(晶体)~7(薄膜)	—	$10^{10} \sim 10^{16}$
六聚噻吩	0.1(薄膜)	—	
并噻吩衍生物	0.6(薄膜)	—	(注入控制)

　　载流子注入效率取决于界面层间电荷的积累，由于有机材料电荷迁移率低，导致电荷的局部堆积和区域富集，从而阻止载流子的进一步注入。因此，提高有机材料载流子的迁移率将有利于载流子的注入，可有效降低驱动电压。一般来说，有机材料空穴注入相对容易，而电子注入却较困难。为解决载流子注入不平衡问题，通常在金属电极和发光层之间引入电子传输层；在发光层与阳极之间引入空穴传输层。若发光材料主要传输电子，即多数载流子是电子，少数载流子是空穴，此时应引入空穴传输层于 ITO 和发光层之间，提高空穴的注入效率和密度；反之，若发光材料主要传输空穴，即多数载流子是空穴，少数载流子是电子，此时应引入电子传输层于金属电极和发光层之间，提高电子的注入效率和密度。总之，通过调节多层器件获得迁移率匹配的器件，可有效优化器件的性能。

　　需要强调的是，器件的发光效率不但取决于载流子的有效注入，而且取决于注入的电子和空穴数量是否平衡。为实现注入平衡，要求两种载流子以同样的速率进行注入，即发光层和正负电极之间形成的能带势垒高度相等，即$\Delta E_e = \Delta E_h = 0$。否则，导致一种载流子注入数量多，另一种数量少。这种情况下，不但载流子复合概率小，而且其复合不是发生在发光中心区域，而是偏向电极一侧。

4.3.7　OLED 制作工艺

　　（1）器件阳极制作

　　器件的阳极通常选用 ITO 导电玻璃，制作器件时，通常需要对 ITO 电极进行物理和化学处理。首先将 ITO 玻璃裁成合适的尺寸，用稀盐酸刻蚀成所需的图形，再对 ITO 玻璃进行清洗（包括高温超声、紫外线辐射、等离子体处理等）。有时还可对 ITO 进行必要的化学修饰，如将导电高分子涂覆在 ITO 表面或在 ITO 上蒸镀一层致密性较好的过渡层（如酞菁铜 CuPc），以消除 ITO 表面缺陷，增加 ITO 表面的含氧量，提高功函数和减小空穴注入势垒。

　　（2）有机材料薄膜制备

　　有机材料成膜有两种方法，可通过溶液旋转涂膜形成（spin-coating），薄膜厚度一般为 100~200 nm。在溶液成膜时，一个重要的问题是溶剂的选择，要求选择的溶剂应该和基体间、上（下）层材料之间不能有物理（化学）相互作用。此外，在溶液加工中还要考虑溶液的浓度、溶解度、溶剂的挥发速度以及基底的表面性质等。

有机小分子薄膜可通过真空热蒸镀（vaccum evaporation）形成，厚度一般控制在几十纳米左右。真空热蒸镀对真空镀膜系统有较高的要求，其真空度至少要在 10^{-4} Pa 以上。在蒸镀过程中需控制电流、稳定有机材料的蒸发速度（速率在 0.2 nm·s^{-1}左右），以获得均匀的有机薄膜。在正式蒸镀之前，可先对蒸镀的材料进行预蒸镀，以确定蒸发速度，同时也达到对欲蒸镀的材料进行纯化的目的。

图 4-26 为单腔室的六蒸发源的真空镀膜机，每个蒸发源可用来蒸镀一种薄膜材料，如空穴传输层、电子传输层和发光层则需要三个蒸发源即可满足。每个蒸发源上方都有各自的探头，以方便及时检测薄膜厚度。

图 4-26　高真空有机/金属热蒸发-
沉积镀膜设备外观

（3）器件阴极蒸镀

器件的阴极通常由金属材料制作，常用金属电极有 Al、Mg:Ag 合金和 LiF /Al 电极等。通过真空（真空度在约 10^{-4} Pa）热蒸发直接在预先覆有 ITO 的有机层镀上一层金属箔即可。

以 LiF/Al 电极为例，制作的具体方法为：先在有机层上镀上一层厚度大约仅为 1 nm 的氟化锂（LiF），接着再蒸镀厚度一般为 100 nm 左右的金属铝。因为金属层与有机层之间的界面势垒较大，所以一开始蒸镀金属时要尽量慢些，并且要控制其均匀性，使金属更好地附着在有机层之上。为了避免腔体内剩余的有机分子小颗粒混在金属蒸气中，在条件允许的情况下，至少把有机层和金属电极的蒸镀分别放在两个独立的腔室内。

（4）器件封装

器件中的有机材料和金属电极都极易被氧化，实际应用中需要对器件进行密闭封装，利用环氧树脂感光胶和紫外（UV）固化机进行封装，详细请见第 8 章 8.5.4 节。

参 考 文 献

[1] 干福熹主编. 信息材料. 天津：天津大学出版社，2000.

[2] 谢希文，过梅丽. 材料科学基础. 北京：北京航空航天大学出版社，2005.

[3] C. W. Tang, S. A. Vanslvke. Organic electroluminescent diodes. Appl. Phys. Lett., 1 987, 51: 913-915.

[4] 贺国庆，胡文平，白凤莲. 分子材料与薄膜器件. 北京：化学工业出版社，2011.

[5] 黄春辉，李富友，黄岩谊. 光电功能超薄膜. 北京：北京大学出版社，2001.

[6] 刘云圻等编著. 有机纳米与分子器件. 北京：科学出版社，2010.

[7] C. Y. Xia, X. M. Wang, J. Lin, et al. Synthetic Metals, 2009 159: 194.

[8] 王春波，蒋宛莉，林剑，王筱梅等. 功能材料，2007，9(38)：1408.

[9] 周懋怡，王筱梅等. 功能材料，2008，39(9)：1420-1422.

[10] 王晓宏，王筱梅等. 功能材料，2010，7(41)：1211.

[11] Klaus Mullen and Ullrich Scherf. Organic Light Emitting Devices Synthesis, Properties and Applications, Germany, Wiley-VCH Verlag Gmbrl, 2006.

思 考 题

1. 解释下列名词：

液晶、热致液晶、向列相液晶、相变温度、液晶筹、三基色（蓝光、绿光、红光）材料、电子传输材料、空穴传输材料、器件功耗、能级匹配、迁移率

2. 下面给出的两种液晶的分子结构，分别为有机小分子和聚合物。预计它们的光学织构可能为图 4-8 中的哪一种？

C_8H_{17}—◯—◯—CN

$\{CH_2-\underset{COO-(CH_2)_m-O}{\overset{CH_3}{C}}\}_n$—◯—COO—◯—$OCH_3$

3. 简述不同层面上的液晶的分类，并各举一例。

4. 下表列出芳香族酯类液晶化合物的结构、相变温度和介电常数，试解释结构与性能之间的关系。

Y—◯—C(=O)—O—◯—Z

Y	Z	相变温度/℃		$\Delta\varepsilon$
		晶体-液晶（下限温度）	液晶-液体（上限温度）	
CH_3O	$C_6H_{13}O$	55	77	< 0
CH_3O	C_5H_{11}	29	42	> 0
C_5H_{11}	C_5H_{11}	33	12	> 0
C_6H_{13}	CN	45	47	> 0

5. 简述液晶显示器件（LCD）的组成和工作原理。

6. 简述有机电致发光器件（OLED）的组成和工作原理。

7. 试指出有机电致发光（EL）和光致发光（PL）异同点，指出有机电致显示和液晶显示的异同点。

8. 聚苯乙炔（PPV）是目前研究最深入，也被认为最有发展前途的一类高分子电致发光材料。它的发光是黄绿色，其发光谱主发射位于 520 nm，次发射位于 551 nm，试给出两发光带的能隙为多少电子伏特？

9. 试给出蓝光材料 (发光峰位为 420～470 nm) 和红光材料 (发光峰位为 600～760nm) 的能带间隙为多少电子伏特？

10. 描述有机电致发光器件（OLED）的性能指标有哪些？试列举几个最重要并详细解释之。

11. 在制作 OLED 器件时，如何优化 OLED 器件的性能？

12. 简述单层 OLED 和三层 OLED 器件制作工艺，画出相应的能级草图。

13. 试写出常见的几种空穴传输材料和电子传输材料的分子结构式。

14. 试分别写出两种蓝光材料、绿光材料和红光材料的分子结构式。

15. 下表给出 6 个 OLED 器件的结构与性能，试画出能级结构示意图（参考图 4-24 和图 4-25），根据能级匹配原理讨论其构效关系。

序号	HTL 或 EBL	EL	HBL	λ_{em}/nm	J/A·m^{-2}	L_{max}/cd·m^{-2}	V_0	η_{max}/cd·A^{-1}
1	NPB, 30 nm	Np-G1, 50 nm	BCP, 30 nm	518	1142	5054	5.1	1.30
2	NPB, 30 nm	Np-G1, 50 nm	BCP, 40 nm	518	425	4706	5.1	2.01
3	TCTA, 20 nm	Np-G1, 50 nm	BCP, 40 nm	518	2954	9594	4.1	2.84
4	NPB, 20 nm	ST-G1, 30 nm	BCP, 40 nm	446	104	1486	6.8	0.48
5	TCTA, 8 nm	ST-G1, 30 nm	BCP, 40 nm	446	3895	1490	5.2	0.44
6	TCTA, 20 nm	ST-G1, 30 nm	BCP, 40 nm	445	3895	1595	5.1	0.48

第5章　有机场效应管材料与器件

有机场效应晶体管（简称有机场效应管）是在无机半导体三极管基础上发展起来的一种有机半导体器件，作为集成电路中的基本元件和控制开关，在数据存储和传感器方面具有重要的应用价值。

在学习有机场效应晶体管之前，首先介绍有关无机半导体三极管的基本知识。

5.1　无机半导体三极管

5.1.1　半导体基本知识

（1）半导体

半导体是一类导电性能介于金属与绝缘体之间的非离子性固体导电材料，室温下电阻率为 $10^{-3} \sim 10^9 \Omega \cdot cm$。

在半导体中，能量较低的填有价电子的能带称为价带（VB），价带中的电子是不导电的（金属中的价带是导电的）；能带较高的部分被占据的能带称为导带（CB），导带中的电子能够导电；价带与导带之间的间隙称为禁带（FB）。

在半导体中，原子的价电子被其共价键束缚在键合原子上，要使价带中的价电子参与导电，必须有足够的能量激发，使电子越过禁带进入导带。

（2）本征半导体

不含杂质且结构非常完整的半导体称为本征半导体，其禁带宽度为 0.2～3 eV，而绝缘体的禁带宽度为 5～10 eV，两者之间的能带结构示意图如图 5-1 所示。纯度很高、内部结构完整的本征半导体在极低温度下几乎不导电。在足够的能量激发下，可使电子进入导带。每当一个电子从价带被激发进导带，便在价带中产生一个空穴；在电场作用下，被激发的电子与空穴朝相反方向运动，同时参与导电。

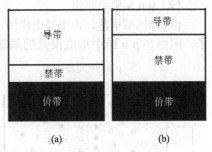

图 5-1　本征半导体（a）和绝缘体（b）的电子能带结构

本征半导体有元素本征半导体和化合物本征半导体两种。元素本征半导体有单晶硅 Si 和锗 Ge。化合物本征半导体有 IIIA～VA 族和 IIB～IA 族两类，如砷化镓（GaAs）和锑化铟（InSb）为 IIIA 族和 VA 族的元素化合而成；硫化镉（CdS）和碲化锌（ZnTe）为 IIB 族和 VIA 族的元素化合而成。

（3）非本征半导体

非本征半导体称为杂质半导体，其导电性能取决于杂质的种类和含量。非本征半导体的制备方法是将半导体材料提纯后再掺入适当的杂质。如在高纯度的硅（或锗）基材中掺杂微量杂质原子而制成的固溶体，一般掺杂浓度为 100 ～1000 μg·mL^{-1}。根据掺杂原子的种类不同可分为 n 型半导体和 p 型半导体。

n 型半导体是通过将五价原子（如磷 P 和砷 As）掺杂进硅基材中而制成的。当在本征半导体材料硅单晶中加入这些五价杂质原子后，一个杂原子取代了一个硅原子，杂质原子上的 5 个价电子中只有 4 个价电子可参与键合，多余的一个价电子成为非键合的价电子，以很弱的静电作用松散地结合在杂质原子上，所以很容易从杂原子上逃逸，变成自由的导电电子。

p 型半导体是通过将三价原子（如铝 Al 和硼 B）掺杂进硅基材中而制成的。当在本征半导体材料中加入三价杂质原子后，则在硅 (或锗)原子周围的共价键就缺少一个电子，这种缺电子位置可看作是一个与杂质原子微弱结合的空穴，这些空穴可通过与邻近键中的电子换位而从杂质中逸出，参与导电过程。

（4）施主和受主

施主和受主分别是指 n 型半导体和 p 型半导体中所掺杂的一类杂质。

在 n 型（negative）半导体中，施主是指能够提供导电电子，即参与导电的主要是带负电的电子，如在半导体锗和硅中的五价元素砷、锑、磷原子都是施主。

在 p 型（positive）半导体中，受主是指能接受半导体中的价带电子，并产生同等数量的空穴。如在半导体锗和硅中的三价元素硼、铟、镓原子都是受主。

5.1.2　半导体二极管

（1）p-n 结与整流作用

在一块半导体中掺入施主杂质，使其中一部分成为 n 型导电的区域，其余部分掺入受主杂质，使它具有 p 型导电的性质，这两个区域之间的交界层就是 p-n 结（见图 5-2）。

（2）p-n 结整流作用

p-n 结区域很薄，由于静电作用，在 n 型一侧富集着空穴，而在 p 型一侧富集着电子，因而在 p-n 结中形成很强的局部电场，即方向由 n 区指向 p 区，如图 5-2 所示。

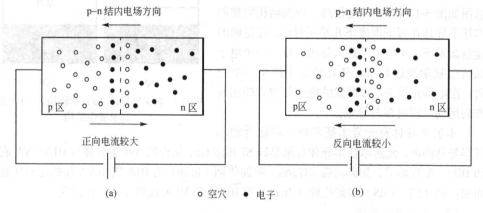

图 5-2　电场中的 p-n 结变化

当结上加正向电压 (即 p 区加正电压, n 区加负电压) 时, 此时电场减弱, n 区中的电子和 p 区中的空穴都容易通过, 因而电流较大; 当外加电压方向相反时, 此时电场增强, 只有原来在 n 区中的少数空穴和 p 区中的少数电子能够通过, 因而电流极小。即通过外电场方向调控 p-n 结内电流的大小, 达到整流作用。

（3）p-n 结晶体管

具有一个 p-n 结的晶体管称为半导体二极管, p-n 结半导体具有光生伏特效应。

当具有 p-n 结的半导体受到光照时, 其中电子和空穴的数目增多, 在结的局部电场作用下, p 区的电子移到 n 区, n 区的空穴移到 p 区, 这样在结的两端就有电荷累积, 形成电势差, 这种现象称为 p-n 结的光生伏特效应。

5.1.3　半导体三极管

具有两个 p-n 结的晶体管称为半导体三极管。按工作原理不同可分为结型晶体管和场效应晶体管两种。

（1）结型晶体管

结型晶体管是在半导体单晶上制备两个 p-n 结, 组成一个 p-n-p（或 n-p-n）的结构。中间的 n 型（或 p 型）区域叫基极 (base pole, 简称为 b), 两端的区域分别叫发射极 (emission pole, 简称为 e) 和集电极 (collector, 简称为 c), 如图 5-3 所示。晶体管用作放大器时, 在发射极和基极之间输入电信号, 以控制集电极与基极之间的电流, 从而在负载上获得放大的电信号。

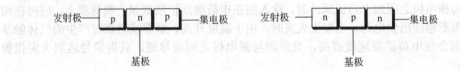

图 5-3　晶体三极管构造示意图

结型晶体管是以硅为基材, 用氧化、光刻、扩散、真空镀膜等工艺制得（见 8.4.2 节）。即通过高温氧化在硅片上生成一层二氧化硅层, 再用光刻的方法把一定区域的二氧化硅去除, 然后进行扩散, 这时只有去除了氧化层的部分才有杂质扩散进硅片内, 有二氧化硅保护的区域杂质则不能进入。利用上述工艺制得的晶体管, 其管心表面为平的, 且呈薄膜状, 故又称为平面型晶体管或薄膜场效应晶体管（thin film field effect transistor, TFET）。

（2）场效应晶体管

场效应晶体管（field effect transistor, FET）是利用输入电压的电场来控制输出电流的半导体器件, 是设计大规模和超大规模集成电路的基本元件, 具有放大、振荡、开关等功能。常见的场效应晶体管为金属-氧化物-半导体场效应晶体管（简称为 MOSFET 或 MOS）。MOSFET 的结构是: 在 n 型 (或 p 型) 晶片上扩散生成两个 p 型 (或 n 型)区, 分别称为源电极和漏电极。源电极和漏电极之间存在一导电层, 称为沟道（channel）, 即为半导体中由于外加电场引起的沿长度方向的导电层。沟道分为 n 型沟道和 p 型沟道两种。n 型沟道中自由电子数量大于空穴数量, 导电的载流子为电子; p 型沟道中导电

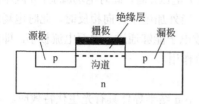

图 5-4　n 型 MOS 场效应晶体管结构示意

的载流子为空穴。图 5-4 为 n 型 MOS 场效应晶体管结构示意图。

在沟道区上面覆盖一层绝缘层（如二氧化硅）后再镀上金属层，即为栅极。在场效应晶体管工作时，栅极电压的变化会引起沟道导电性能的变化，因而控制了源、漏极之间电流的变化。场效应晶体管和结型晶体管的电极对应如表 5-1 所示。

表 5-1　场效应晶体管和结型晶体管的电极对应关系

结型晶体管	场效应晶体管
集电极，collector	漏极(D), drain
基极，base	栅(门)极(G), gate
发射极，emission	源极(S), source

场效应晶体管主要应用如下：

① 湿敏传感器　在场效应晶体管（MOSFET 器件）的栅电极上分别镀上 SiO_2（80 nm）、多孔氧化铝薄膜（1μm）和金电极后，这种栅电极能直接控制半导体的界面电荷，使得器件的电容随着相对湿度而发生变化，由此可制成湿敏传感器。

② 气（烟）敏传感器　在 MOSFET 器件的栅电极附上一层聚合物薄膜，当在 p 型衬底与栅电极之间加上直流脉冲时，注入的正电荷渐渐扩展到聚合物薄膜上，同时在沟道上渐渐感应出负电荷。当发生火灾时，由于温度升高、烟雾或燃烧时产生的气体触及器件都会使电荷扩展速度提高，直至源与漏电极之间被导通，获得信号达到火灾报警目的。

③ 平板显示器开关　场效应晶体管还可应用于各种平板显示器（包括 LCD、LED 和 OLED）的控制开关，驱动电路。如单层 OLED 器件是由阴极、有机层及阳极组成的，若将场效应晶体管（TFT）阵列覆盖在阳极层上即可形成一个完整矩阵。TFT 阵列的每个像素点可由集成在自身上的 TFT 来控制，通过各个像素点的发光，形成图像。

5.2　有机场效应晶体管

5.2.1　基本概述

① 有机场效应晶体管（organic field effect transistor, OFET）　简称为有机场效应管，是以有机半导体为活性层，依靠栅电压控制源极和漏极之间电流的电学开关器件。

② 栅电极、源电极和漏电极　有机场效应管中活性层材料为有机半导体材料，在该有机薄膜上方再蒸镀上两个金属电极 [见图 5-5（a）]，则分别称为源电极（S, source）与漏电极（D, drain）。在有机半导体薄膜的另一面为绝缘介电层与半导体基底材料，在该半导体基底下端蒸镀一个金属电极，即为栅电极（G, gate）。

③ 沟道、p 型沟道、n 型沟道　源、漏电极之间作为横向电流（与表面平行）的通道称为（导电）沟道，沟道长度 L 与宽度 W 见图 5-5(c)所示。根据有机半导体种类可分

为 n 型有机场效应管和 p 型有机场效应管两类。前者中的载流子主要是电子,其导电沟道为 n 型沟道;后者中的载流子主要是空穴,其导电沟道为 p 型沟道。

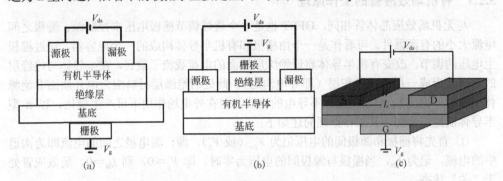

图 5-5　底栅(a)和顶栅(b)器件及其立体图(c)

④ OFET 和 FET 性能比较　有机场效应管(OFET)是在无机场效应管(FET)的基础上发展起来的,前者的潜在优势在于:i 有机物种类多,有机半导体的电性能很容易通过化学修饰得到改善;ii 有机薄膜制作工艺简单、重量轻、可大面积制得、成本低;iii 可用于柔性有机电子器件(OLED 和 LCD)的显示开关,如全部由有机材料制备的“全有机”的场效应管具有很好柔韧性且导电性能不受影响,作为记忆元件用于身份识别器、智能卡等各种微电子产品,携带方便。

5.2.2　有机场效应管(OFET)的结构

根据栅(门)电极的位置,OFET 可分为底栅结构(底接触)和顶栅结构(顶接触)两大类。

① 底栅结构 OFET　底栅结构的 OFET 又称为底接触 OFET [见图 5-5(a)],其基底与栅电极直接接触,而有机半导体薄膜位于绝缘层和源、漏金属电极之间。由于在栅电极基底镀上一层绝缘层后生长的有机薄膜的性能不同,会导致沟道内部和沟道与源、漏电极的性质变化,从而影响到整个晶体管性能;因此,底栅结构的 OFET 性能不够稳定。

② 顶栅结构 OFET　顶栅结构 OFET 又称为顶接触 OFET,基底与栅电极不接触,有机半导体直接生长在栅(门)电极绝缘层下方,然后再进行源、漏电极的淀积,如图 5-5(b)所示。顶栅结构 OFET 的优点在于,有机薄膜的内部晶体结构以及有机薄膜与栅绝缘层的界面性能非常均匀,不会对晶体管的性能产生不良影响,一般认为顶栅 OFET 性能要优于底栅 OFET。对于聚合物来说,采用两种结构均可;而小分子薄膜器件只能采用底栅结构。

③ OFET 和 FET 结构比较　有机场效应晶体管(OFET)与无机场效应晶体管(FET)在结构上不同之处在于:FET 的栅极位于半导体沟道的上面(见图 5-4);OFET 的栅极既可在晶体管的底部,也可在其顶部。由于有机半导体总是位于器件的顶部,栅极即可在半导体沟道的上方,也可在半导体沟道的下方(见图 5-5)。

由于有机半导体活性层热稳定性不及无机半导体活性层,若预先制作有机半导体层再制作栅电极、源电极和漏电极,则有机层的结构与性能可能被破坏;所以,有机活性层的制作工序应放在最后一步。

5.2.3 有机场效应管的工作原理

与无机场效应晶体管相同，OFET 也是一个通过调节栅极电压来控制源、漏极之间电流大小的有源器件。可看作是一个由栅极和有机半导体构成的一个电容器，通过栅极上电压的调节，改变有机半导体靠近绝缘层界面的电荷载流子数目，在半导体与绝缘层的界面上形成一层电荷累积层（即导电沟道）。此处的绝缘层材料应为电介质而非绝缘体（非导体物质），电介质虽为不导电的物质，但在外电场作用下可产生极化。以 n 型半导体活性层为例，其工作原理简述如下：

① 首先将栅极和源极间的电压记为 V_{gs}（或 V_g），源、漏电极之间的电流即为沟道中的电流，记为 I_{ds}。当栅极与源极间的电压为零时，即 $V_g=0$，则 $I_{ds}=0$，场效应管处于"关"状态。

② 当在栅极上施加电压（即 $V_g \neq 0$），此时电介质层发生极化，n 型半导体活性层感应出负载流子，电子进入半导体和绝缘体界面导电沟道；随着电荷载流子浓度的增加，漏、源之间的电流增加，此时 $I_{ds}>0$，这时场效应晶体管处于"开"状态（见图 5-6）。对于 n 型 OFET 来说，在通道形成时，若在栅极上施加正电压，就会使电子流向漏极。

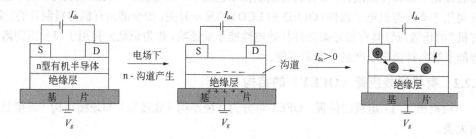

图 5-6 n 型沟道 OFET 器件工作原理

值得注意的是，控制栅电极的电压，可等效地起到控制界面层电子积聚的多少，从而达到控制源极与漏极间的导电特性。在导电沟道形成时，随 V_g 的增大可使通道内诱导更多的电子，故在相同的 V_{ds} 下，通过改变 V_g 的大小，可引起电流 I_{ds} 的增大。因此，这一器件就可等效地用作为一开关或放大器。当外电场超过某极限值时，电介质被击穿即失去介电性能，此时 I_{ds} 电流骤然增大。由于 OFET 的工作电压小，器件击穿的可能性不大。

p 型沟道 OFET 器件工作原理类似，只是施加的电压由正变负，p 型半导体的流动载流子是空穴。

5.3 影响 OFET 性能的关键因素

5.3.1 迁移率

迁移率（mobility，μ）是反映有机半导体传输电荷能力的重要参数（见 4.3.5 节）。有机半导体材料的迁移率不仅与有机材料的分子结构有关，还与该材料形成的薄膜结构、制作的 OFET 管形状有关，可通过式(5-1)计算得到。其中，L、W 分别为晶体管沟道的长度与宽度；C_i 为绝缘介电层单位面积的电容量。计算过程如下：

将待测的半导体材料作为活性层材料制作成 OFET 器件，测得沟道的长度（L）与宽度（W）。控制源、漏电极间的电压（V_{ds}）非常小的情况下，再测得源、漏电极间的电压（V_{ds}）的变化引起源、漏电极间的电流（I_{ds}）的变化值，最后通过式(5-1)计算得到待测材料的迁移率数值。

$$\mu = \left(\frac{L}{WC_iV_{ds}}\right)\frac{\partial I_{ds}}{\partial V_{ds}}\Big|_{V_d \to 0} \tag{5-1}$$

有机材料的迁移率大多在 $1 \sim 10^{-6}$ cm^2·V^{-1}·s^{-1} 范围（见表 5-2）。影响有机场效应管性能的重要因素在于活性层的迁移率，迁移率越大，有机场效应管的运行速度快。因此，开发大的迁移率的有机半导体材料具有极其重要的价值。

表 5-2　室温下几种有机半导体迁移率　　　　　单位：cm^2·V^{-1}·s^{-1}

名　称	迁移率	名　称	迁移率
并五苯	2.7	二烷氨基苯衍生物	5×10^{-6}
六聚噻吩	0.1	三苯胺衍生物	3×10^{-6}
噁二唑衍生物	7×10^{-7}	苯乙烯基三苯胺衍生物	2×10^{-5}

5.3.2　开/关比

OFET 器件的开/关比（on/off ratio）定义为，在"开"和"关"状态下漏、源电极之间的电流比值（I_{on}/I_{off}）。通常设定栅电压为 0 V，为器件"关"态，栅电压为 100 V，为器件"开"态，数学表达式如下：

$$\left(I_{on}/I_{off}\right) = \frac{I_{ds}(V_g = 100\text{V})}{I_{ds}(V_g = 0)} \tag{5-2}$$

器件的开/关比通过测试器件的电流-电压曲线来确定（见图 5-7），在"关"态下漏、源电极之间的电流（I_{off}）越小，表示器件的暗电流小；开关比（I_{on}/I_{off}）越大，表示器件的分辨率越好，效率亦越高。实用性的有机场效应晶体管的 I_{on}/I_{off} 比值应为 $10^6 \sim 10^8$，如液晶显示驱动电路需要的场效应迁移率应高于 0.1 cm^2·V^{-1}·s^{-1}，开/关比$>10^6$；以并五苯为活性层的场效应迁移率为 $0.1 \sim 1$ cm^2·V^{-1}·s^{-1}，器件 I_{on}/I_{off} 值为 10^7。

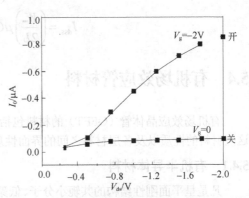

图 5-7　有机场效应晶体管的电流-电压曲线

5.3.3　阈值电压

有机晶体管器件开始工作时的电压，称为阈值电压 (threshold voltage)，用 V_T 表示。常见的 OFET 器件的阈值电压在几个伏特之间，阈值电压（V_T）与器件结构包括沟道长度、薄膜层厚度及器件尺寸有关，器件尺寸变小，V_T越低，功耗越小。

5.3.4 不饱和区和饱和区

（1）不饱和区和饱和区

在用栅电压 V_g 控制漏、源电极之间电流（I_{ds}）的过程中，增加漏、源极间的电压 V_{ds}，漏电流（即由漏极流向源极的电流）I_{ds} 也随之增大，并与 V_{ds} 呈比例地增加，这一变化区域称为不饱和区，又称为线性区。

当 V_{ds} 增加到某一特定值后，漏电流 I_{ds} 亦达到一定值后，变化渐趋平稳，这一区域称为饱和区（见图 5-8）。

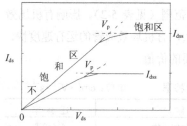

图 5-8 场效应器件的 I-V 工作曲线

（2）饱和电流（I_{dss}）和饱和电压（V_p）

在 OFET 的电流-电压曲线中，饱和区中对应的漏电流称为饱和电流（I_{dss}）；与 I_{dss} 对应的最小电压称为饱和电压 V_p，又称为夹断电压。在饱和区内，因通道的电子被漏极的正（或负）电压大量吸引，所以在靠近漏极处的导电通道消失，称为通道截止。饱和电压 V_p 越大，表示线性区所对应的电压越大，即器件的工作电压范围就大；反之，表示器件的工作电压范围小。饱和电流 I_{dss} 越大，有可能提高器件的开关比率；但电流过大，有可能导致器件开关功能失效。

不饱和区与饱和区的源、漏电极间的电流 I_{ds} 和 I_{dss} 可分别用式 (5-3) 和式（5-4）计算。其中，μ 为迁移率；L 和 W 分别表示沟道的长度与宽度；C_i 表示介电层单位面积的电容量；V_T 为阈值电压；V_{ds} 表示源、漏电极间的电压差；V_{gs} 表示栅、源极之间的电压差。

$$I_{ds} = \frac{W}{L} \mu C_i \left(\frac{V_{gs} - V_T - V_{ds}}{2} \right) V_{ds} \tag{5-3}$$

$$I_{dss} = \left(\frac{W}{2L} \right) \mu C_i (V_{gs} - V_T)^2 \tag{5-4}$$

5.4 有机场效应管材料

有机场效应晶体管（OFET）的材料包括有机半导体材料、绝缘材料和电极材料等，这些材料的性质以及各层材料之间的界面性质对器件性能具有重要的影响。

5.4.1 有机半导体材料

凡是呈平面刚性结构的共轭小分子、低聚物和高聚物，均表现出一定的半导体性质。有机半导体包括 p 型（沟道）半导体和 n 型（沟道）半导体，常见的有机半导体材料列于图 5-9，其中聚酰亚胺衍生物与金属酞菁和 C_{60} 为 n 型半导体材料，其余均为 p 沟道半导体材料。有机半导体材料中以 p 型（沟道）有机半导体材料居多，n 型（沟道）有机半导体相对较少，n 型半导体对空气（氧气）和水分很敏感，暴露于空气中的 n 型半导体易于被降解。

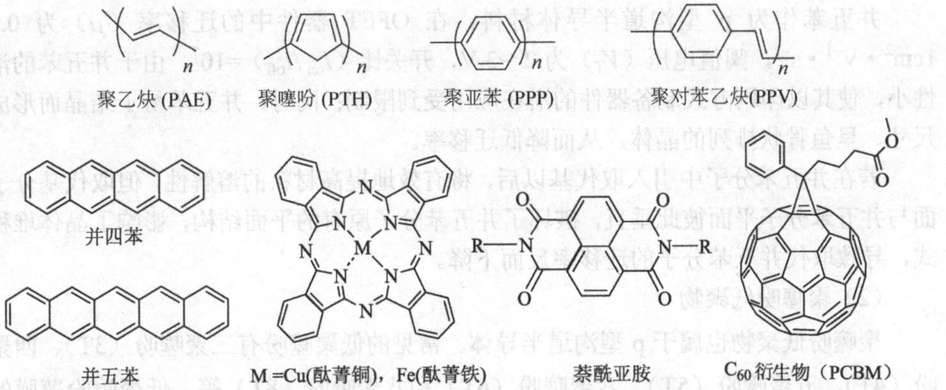

聚乙炔 (PAE)　　聚噻吩 (PTH)　　聚亚苯 (PPP)　　聚对苯乙炔(PPV)

并四苯

并五苯　　　　　M =Cu(酞菁铜)，Fe(酞菁铁)　　萘酰亚胺　　C_{60} 衍生物（PCBM）

图 5-9　有机小分子与高分子半导体材料

有机半导体材料作为有机场效应管中的活性层材料，其分子结构对器件性能有着至关重要的影响。特别强调一点，有机半导体薄膜的形貌结构和表面结晶质量对器件的性能更有着决定性的影响。图 5-10 给出并五苯薄膜的三种形貌图，其中，(a) 显示并五苯分子分散在衬底上，分子之间的间隙大、不致密，迁移率将会很低；(b) 中的并五苯分子像米粒一样均匀地分布在衬底表面，尚未形成连续薄膜，迁移率也不会高；(c) 中的并五苯薄膜致密性有了很大提高，分子间的间隙相对减小，致密的有机薄膜有利于提高载流子的迁移率，薄膜(c)的迁移率最大。

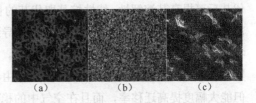

（a）　　　　　（b）　　　　　（c）

图 5-10　并五苯薄膜的 SEM 电镜照片

此外，分子的取向排列和分子的堆积形式对迁移率及其器件性能也有着决定性的影响。图 5-11 给出 3-取代低聚噻吩的两种堆积形式：(a) 为 81%聚噻吩呈规整排列且分子直立于基底膜片，(b) 为 95%聚噻吩呈规整排列且分子平行于基体膜。聚噻吩的这两种堆积方式得到的薄膜形貌不同，因而薄膜的迁移率差别很大，后者(b)薄膜的迁移率要比前者(a)的迁移率大 100 倍。

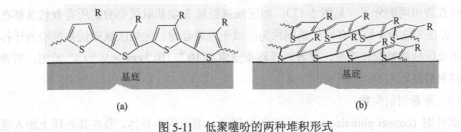

(a)　　　　　　　　　　　　　　(b)

图 5-11　低聚噻吩的两种堆积形式

（1）并多苯

并多苯化合物包括并五苯、并四苯和并三苯（蒽），三者均呈线性结构，具有交替的单、双键组成的共轭体系，这类分子可使载流子在轴线上做自由运动，因而具有较大的载流子迁移率。并四苯和并五苯是最受青睐的有机半导体材料，多用于 OFET 器件活性层材料。

　　并五苯作为 p 型沟道半导体材料，在 OFET 器件中的迁移率（μ）为 0.1～1cm$^2 \cdot$ V$^{-1} \cdot$ s^{-1}，阈值电压（V_{T}）为 2～3 V，开关比（$I_{\mathrm{on}}/I_{\mathrm{off}}$）=10^7。由于并五苯的溶解性小，使其以印刷方式制备器件的潜在应用受到限制；同时，并五苯易于结晶而形成大尺寸、呈鱼骨状排列的晶体，从而降低迁移率。

　　若在并五苯分子中引入取代基以后，将有效地提高材料的溶解性，但取代基分子平面与并五苯分子平面彼此垂直，破坏了并五苯分子原有的平面结构，影响了晶体堆积方式，导致取代并五苯分子的迁移率反而下降。

　　（2）聚噻吩低聚物

　　聚噻吩低聚物也属于 p 型沟道半导体。常见的低聚噻吩有三聚噻吩（3T）、四聚噻吩（4T）、五聚噻吩（5T）、六聚噻吩（6T）和八聚噻吩（8T）等。低聚噻吩薄膜的迁移率大于 0.01 cm$^2 \cdot$ V$^{-1} \cdot$ s^{-1}，其中六聚噻吩的场效应管的迁移率最高可达 0.1～0.46 cm$^2 \cdot$ V$^{-1} \cdot$ s^{-1}，以六聚噻吩为活性层的 OFET 器件已显示出应用价值。

　　低聚噻吩具有高度刚性结构，溶解性不好，不易加工成膜，常在 3-位上修饰取代基来增加溶解性（见图 5-12），在噻吩低聚物 3-位上连接长链取代基或者具有高度支化取代基后可提高其溶解性，线性烷基取代基的长度一般在 3～12 个碳之间。若烷基链过长，薄膜基体会被绝缘的烷基取代基控制，而导致薄膜的迁移率降低；若烷基链过短，聚合物的溶解性低，很难形成均一光滑的薄膜。如果在低聚噻吩上取代上全氟化的烷基链，则可使聚噻吩低聚物的半导体特性转型，由典型的 p 型沟道转变成 n 型沟道半导体，不但能大幅度提高迁移率，而且在空气中的稳定性得到提高。

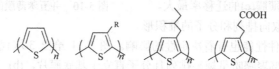

图 5-12　噻吩低聚物和区域规整取代噻吩（n = 3, 4, 5, 6, 8）

　　噻吩低聚物取代基的区域规整性对迁移率有着重要的影响，区域规整分子是指取代基的位置皆相同的分子（见图 5-12），如区域规整聚 3-烷基取代噻吩的所有取代基都在 3 位，若在 3 位和 4 位都有取代基则称为区域无规聚合物。无规区域聚烷基噻吩的迁移率远不及区域规整取代噻吩，前者的迁移率通常在 10^{-6}～10^{-4} cm$^2 \cdot$ V$^{-1} \cdot$ s^{-1} 范围，后者的迁移率最高可达 10^{-2} cm$^2 \cdot$ V$^{-1} \cdot$ s^{-1}。

　　（3）酞菁铜衍生物

　　酞菁铜（copper phthalocyanine，CuPc）属于 n 型沟道半导体，若在其外环上加入强吸电子基团，如 CN、F 原子和 Cl 原子，可使分子的 LUMO（最低未占分子轨道）能级与母体金属酞菁相比大大降低，可明显提高电子的注入和传输能力，使得迁移率增大，如十六氟取代酞菁铜场效应迁移率，可达 0.03 cm$^2 \cdot$ V$^{-1} \cdot$ s^{-1}。此外，这些化合物的高迁移率还归功于其真空沉积形成的高有序薄膜。

（4）萘酰亚胺和二萘嵌苯衍生物

萘酰亚胺的衍生物和二萘嵌苯衍生物均为高性能的 n 型沟道半导体，分子结构如图 5-13 所示，前者在空气中测得其迁移率可高达 $0.06\ cm^2 \cdot V^{-1} \cdot s^{-1}$，后者薄膜的迁移率比前者提高了一个量级。

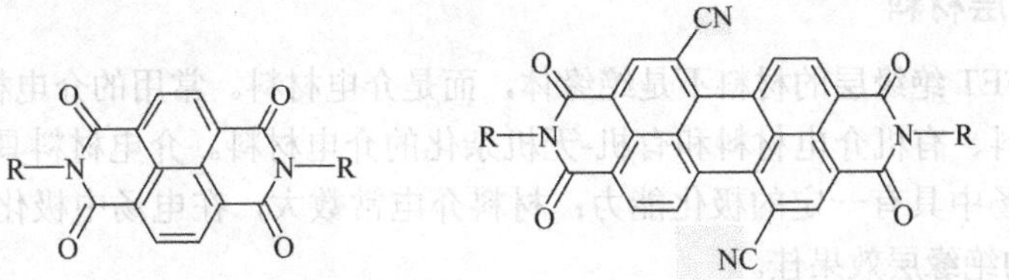

$\mu_e = 0.06\ cm^2 \cdot V^{-1} \cdot s^{-1}$ 　　　　　　　　$\mu_e = 0.6\ cm^2 \cdot V^{-1} \cdot s^{-1}$

图 5-13　萘酰亚胺和二萘嵌苯衍生物结构

5.4.2　电极材料

有机场效应晶体管的电极包括栅极、源极和漏极；这些电极材料对 OFET 性能的影响也不可忽视。适合于用作 OFET 电极的材料主要有金属、导电玻璃（ITO）和导电聚合物材料。

（1）金属电极材料

OFET 器件的电极大多选用金属材料，常用的金属电极材料有 Al、Ag、Cu 和 Ca 等（见表 5-3）；其中，由于金电极能够和大多数 p 型有机半导体形成良好的接触，被广泛用作 p 型有机场效应晶体管的源、漏电极。

选择电极材料时，需考虑金属与半导体材料之间接触面的电阻率要尽可能地低，以减少电极上的欧姆降压；此外，需要选择低功函数的电极，以降低接触势垒，利于载流子的注入。要注意的是，为了防止金属离子渗透进有机半导体活性层改变后者性能，一些易于在半导体中扩散的金属材料不适宜作电极材料。

通过在有机层上采用热沉积或等离子溅射沉积等工艺，可形成几百纳米厚度的金箔，即为 OFET 器件的源、漏电极。

表 5-3　常用金属电极的真空功函数

金　属	功函数/ev	金　属	功函数/eV
银	4.3	钙	2.87
铜	4.25	镁	3.7
金	4.8	Mg:Ag (10:1)	3.7
铟	4.15	铝	4.25
镍	4.5	Al:Li (1:0.006)	3.2

（2）聚合物电极材料

采用柔性导电聚合物作为电极材料以取代传统的金属电极材料，有望实现 OFET 全有机化，获得柔性微型器件，尤其是能获通过大面积印刷获得电极材料，以降低成本，具有诱人的应用前景。

常用的聚合物电极材料有聚乙炔（PAE）、聚对苯乙炔（PPV）、聚噻吩（PTH）、聚对亚苯（PPP）、聚吡咯（PPR）和聚苯胺（PAN）等。

（3）ITO 导电玻璃

通常用 ITO 导电玻璃和硅单晶作为 OFET 器件的栅电极。

5.4.3　绝缘层材料

用于 OFET 绝缘层的材料不是绝缘体，而是介电材料。常用的介电材料分为三类：无机介电材料、有机介电材料和有机-无机杂化的介电材料。介电材料具有较大的介电常数，在电场中具有一定的极化能力；材料介电常数大，在电场中极化感应大，用作 OFET 器件的绝缘层效果佳。

通常二氧化硅被广泛用作 OFET 绝缘层材料，因为刚性 OFET 器件通常选用单晶硅片作衬底材料，可直接通过氧化生成 SiO_2 薄膜作为绝缘层，简化制作工艺。但 SiO_2 薄膜较薄时隧穿电流较大，导致以 SiO_2 作为介电层的 OFET 工作电压偏高。此外，SiO_2 介电常数偏低（$\varepsilon = 3.9\ L \cdot mol^{-1} \cdot cm^{-1}$）。OFET 的介电材料还可选用介电常数较大的 TiO_2（$\varepsilon = 41\ L \cdot mol^{-1} \cdot cm^{-1}$）和 Al_2O_3（$\varepsilon = 9.0\ L \cdot mol^{-1} \cdot cm^{-1}$）介电材料。有机介电材料通常选用聚苯乙烯 (PS)、聚甲基丙烯酸甲酯 (PMMA)和聚乙烯醇 (PVA)。

5.4.4　衬底材料

衬底的材料一般通常选用 ITO 玻璃和单晶硅片。其作用有三点，一可支撑着器件，二可兼作 OFET 器件的栅电极，此外，单晶硅片还可方便地通过氧化单晶硅衬底得到的二氧化硅薄膜作为电介质层（绝缘层），简化了制作工艺。

柔性 OFET 器件选用柔性的聚合物材料作为衬底，如聚乙烯基对苯二酸酯 (PET)和聚酰亚胺 (PI)，这些材料可满足柔性形变的要求，也可与其他功能材料有很好的相容性（见图 5-14）。

图 5-14　柔性 OFET 示意图

5.5　有机场效应管件的制作

5.5.1　一般方法

OFET 器件制作远比 FET 器件的制作工艺简单，这也是 OFET 近年来得到快速发展的原因之一。制作工艺中，通常选择单晶硅作为衬底（兼作栅电极），通过氧化制得绝缘层，然后在介电二氧化硅薄膜上旋涂一层有机活性材料，再分别镀上金箔作为源、漏电极。

有机半导体薄膜的制作方法通常有真空热蒸镀法（vacuum evaporation）、旋涂法（spin-coating）和溶液涂布法 (solution casting)。有机小分子的成膜方法主要以真空蒸镀为主，有机小分子材料容易纯化，也容易形成高度有序的薄膜，这都有利于提高有机晶体管器件的性能。

　　有机高分子的成膜方法主要以旋涂为主，其成本低、适合大面积制作工艺。在溶液成膜中，需要考虑的方面有：溶剂的选择（溶剂的挥发速度、溶解度）、溶液的浓度以及基底的表面性质等，这些因素都对有机半导体薄膜质量有着决定性的影响。

　　为了增加聚合物的溶解性，以便于丝网印刷、喷墨打印等低成本制备工艺，常在高分子主链上加上取代基；但由于聚合物的分子量过大，易于引入杂质并难于纯化。

5.5.2　丝网印刷

　　丝网印刷（silk-screen printing）基本过程：利用感光材料通过照相制版的方法制作丝网印版。印刷时，通过一定的压力使油墨通过该印版的孔眼转移到承印材料上，形成与原稿一样的图文。根据承印材料的不同可以分为：织物印刷、塑料印刷、金属印刷和玻璃印刷等。丝网印刷设备简单、操作方便，印刷、制版简易且成本低廉，因而应用范围很广。

　　ITO 玻璃的丝网印刷过程（如图 5-15 所示）：① 选取聚合物薄膜（如聚对苯二甲酸乙二醇酯，PET）作为塑性衬底 A，并在该薄膜衬底上涂 ITO（氧化铟锡）层作为栅电极 G；② 通过丝网掩膜将另一种聚合物材料（如聚酰亚胺，PI）打印到 PET 表面形成介电层 B；③ 配制有机半导体溶液[如配制聚噻吩低聚物（P3HT）的氯仿溶液]，通过丝网印刷的方法将该溶液打印在 PI 薄膜上形成有机活性层 C；④ 最后再用另一个丝网模板打印漏极 D 和源极 S，完成柔性 OFET 器件制作。

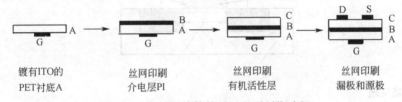

| 镀有ITO的
PET衬底A | 丝网印刷
介电层PI | 丝网印刷
有机活性层 | 丝网印刷
漏极和源极 |

图 5-15　塑料晶体管的丝网印刷制作过程

5.5.3　喷墨打印

　　喷墨打印是固化油墨与数码喷印结合的一种新兴印刷技术，喷墨打印工作效率和印刷质量高，可在多种材料表面进行彩色印刷，可印刷软衬底材料，也可在 ITO 玻璃和单晶硅、陶瓷等硬质材料上印刷，且印刷速度快、精度高、成本低等优势。

　　液体喷墨打印可分为气泡式与液体压电式两种，气泡技术是通过加热喷嘴，使墨水产生气泡，喷到打印介质上。液体压电式技术是将带静电荷导电墨水从一个热感应式喷嘴喷出，直接沉积到衬底上而成。

参 考 文 献

[1] 周淑琴，刘云圻，胡文平，徐逾，朱道本. 分子整流器的共振隧道效应. 物理，1999, 27: 760.

[2] 胡文平，刘云圻，朱道本. 有机功能材料薄膜与器件. 世界科技研究与发展，2004, 6: 477.

[3] 吴世康. 高分子光化学导论——基础和应用. 北京：科学出版社，2003.

[4] 刘云圻等. 有机纳米与分子器件. 北京：科学出版社，2010.

[5] 贺国庆，胡文平，白凤莲. 分子材料与薄膜器件. 北京：化学工业出版社，2011.

[6] K. Yamada, T. Okamoto, K. Kudoh, et al. Appl. Phys. Lett.,2007, 90: 072102.

[7] J. Veres, S. Ogier, G. Lloyd, D. DeLeecuw. Chem. Mater., 2004, 16: 4543.

[8] F. Garnier, R. Hajlaoui, A. Yassar, P. Srivastava. Science, 1994, 265: 1684.

[9] M. Mas-Torrent, M. Durkut, P. Hadley, X. Ribas, C. Rovira. J. Am. Chem. Soc., 2004, 126: 984.

[10] R. Zeis, T. Siegrist, C. Kloc. Appl. Phys. Lett., 2005, 86: 22103.

思 考 题

1. 解释下列名词：

p-n 结、半导体二极管、半导体三极管、场效应晶体管（FET）、有机场效应晶体管（OFET）、栅电极、漏电极、源电极、沟道、p 型沟道、n 型沟道

2. 简述 p-n 型半导体二极管发光与光生伏特效应的工作原理。

3. 填空题

（1）有机场效应晶体管的工作原理为：（　　）电极的电压的变化会引起（　　）导电性能的变化，因而控制了（　　）之间电流的变化，从而在负载上获得放大的电信号。

（2）下图为顶接触式有机场效应晶体管结构示意图，标出相应括号中的名称和材料组成。

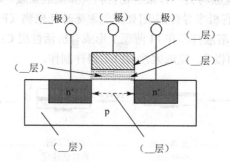

4. 填空题

（1）对 n 型半导体，当通道形成时，若由（　　）极流向源极电流(I_{ds})大小与漏源极的（　　）成比例时，此区域称为（　　）区；对 p 型半导体，当通道形成时，若由（　　）极流向源极电流(I_{ds})大小与漏源极的（　　）成比例时，此区域称为（　　）区。

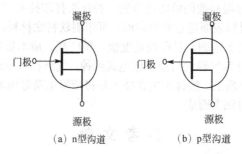

（a）n型沟道　　　　　（b）p型沟道

（2）通过调节栅极电压使电流在（　　）电极之间流动，当栅极和源极间的电压为零时，场效应管处于（　　）状态。当栅极上加电压时，电荷会进入半导体和绝缘体之间的半导体界面，随着电荷载流子的增加，（　　）之间的电流增加，这时场效应晶体管处于（　　）状态。通过栅极上电压的调节，改变半导体靠近绝缘层界面的电荷载流子数目，在半导体/绝缘层的界面上形成一层电荷累积层（　　），诱导吸引足够的载流子而形成通道，从而使源极与漏极导通。

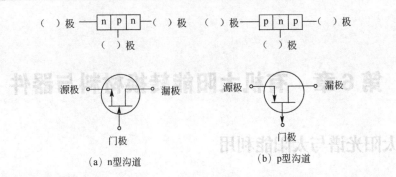

（a）n 型沟道　　　　　　　　　（b）p 型沟道

场效应晶体管示意简图（门极箭头指向：内向为 n 型沟道，外向为 p 型沟道）

5．简述有机场效应晶体管（OFET）与无机场效应晶体管（FET）在结构上的不同之处，用图示的方法表达。

6．简述 p 型沟道 OFET 器件工作原理。

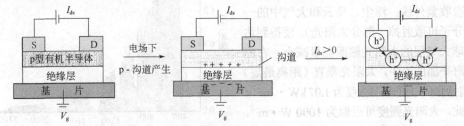

7．试讨论影响场效应晶体管迁移率的诸多因素。

8．试列举几种常见的 OFET 活性层材料和电极材料。

9．有机半导体薄膜的制备方法有哪些？用单晶硅片作为 OFET 的衬底兼栅极材料的好处是什么？

第6章 有机太阳能转换材料与器件

6.1 太阳光谱与太阳能利用

6.1.1 太阳光谱

太阳相当于一个温度为 6000 ℃ 的黑体，源源不断地向外辐射能量。太阳光在穿过大气层的过程中，一部分光被吸收和散射掉（如水和二氧化碳可吸收红外线，臭氧可吸收紫外线；浮尘、乌云和大气中的一些分子可散射掉一部分太阳光），使得到达地球大气层的太阳光辐照能量减小。在赤道海平面的中午，太阳光垂直（距离最短）照射到海平面的辐照强度为 $1.07\,kW \cdot m^{-2}$，因此，太阳光强度可近似为 $1000\,W \cdot m^{-2}$，即 $100\,mW \cdot cm^{-2}$。

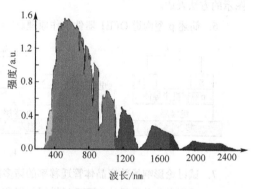

图 6-1 太阳光光谱分布

太阳光谱覆盖的波段很广（见图 6-1），涉及无线电波、红外线、可见光、紫外线等几个波谱范围，其电磁辐射中 99.9%的能量都集中在红外区、可见光区和紫外区。在全部辐射能中，波长为 150~4000 nm 的占 99%以上，且主要分布在可见光区和红外区；前者占太阳辐射总能量的约 50%，后者占约 43%，紫外区的太阳辐射能很少，只占总量的约 7%。

6.1.2 太阳能源利用

通常，按照能源消耗后是否产生污染，将能源分为污染型能源与清洁型能源。如化石燃料属于污染型能源，太阳能、风能、水能则属于清洁型能源。太阳能是大自然给予人类的自然能源，取之不尽、用之不竭，与水能、风能相比，太阳能具有覆盖面广、环境限制低、无需运输等优点。

煤油和天然气均占23%
石油39%
核能8%
可再生能源7%

图 6-2 全球的能源分布

自 20 世纪 70 年代以来，世界经济快速发展，全球出现石油短缺，能源枯竭业已引起关注。如图 6-2 所示，石油占全球能源的 39%，煤油和天然气各占 23%，可再生能源只占 7%。伴随着能源危机与环境恶化，太阳能源的开发备受世界青睐。我国政府在《国家中长期科学和技术发展规划纲要》中，将太阳能转换技术列为国家今后重点发展方向之一。

太阳能转换技术是将太阳能转换为其他能量（如电能、化学能、热能、机械能等）的一种方法。在太阳能转换技术中，涉及各种新型有机半导体材料及其器件。

6.2　全固态太阳能电池

太阳能电池是一种将太阳光能转换为电能的半导体器件，类似于光伏电池原理，光伏电池是将两个金属电极放在电解液里，光照其中一个电极就可在电路中产生电压的现象。根据电解液的状态，可将太阳能电池分为全固态太阳能电池和染料敏化太阳能电池。根据太阳能中活性层材料种类，可将太阳能电池分为无机太阳能电池和有机太阳能电池，无机活性材料主要有单晶硅和多晶硅材料，有机活性材料是一些含共轭结构的有机半导体化合物。

6.2.1　无机太阳能电池工作原理

无机太阳能电池是由 p-n 结半导体融合而成（见图 6-3），其中电子从 n 型半导体扩散到 p 型半导体，空穴从 p 型半导体扩散到 n 型半导体，在 n 型半导体内形成正的空间电荷层，在 p 型半导体内形成负的空间电荷层，在 p-n 结上形成的自建场，即 p-n 结电荷层（其中，E_c、E_v 分别为本征半导体的导带和价带，E_n 和 E_p 分别为 n 型和 p 型半导体的导带）。该自建场可驱动着载流子向与其扩散方向的反方向迁移，在光照下，p-n 半导体在自建场内形成电子-空穴对，然后光生电子向 n 型半导体中迁移、光生空穴向 p 型半导体迁移，电子和空穴发生分离，从而形成光电流。

目前，硅太阳能电池发展最成熟，在应用中居主导地位。单晶硅太阳能电池转换效率高，在实验室里的转换效率大于 30%，规模生产时的效率低于实验室值。由于单晶硅成本价格高，大幅度降

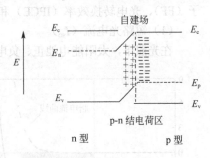

图 6-3　无机 p-n 结太阳能电池工作原理

低其成本很困难，为了节省硅材料，降低成本，现已发展了多晶硅薄膜和非晶硅薄膜，有望替代单晶硅太阳能电池。但受制于其材料的光电效率低，稳定性不高，影响其实际应用。

化合物薄膜太阳能电池材料为无机盐类，其主要包括Ⅲ～Ⅴ族（GaAs、InP 等）和Ⅱ～Ⅵ族半导体化合物（CdS、TeCd 等），其中硫化镉、碲化镉多晶薄膜电池的效率较非晶硅薄膜太阳能电池效率高，成本较单晶硅电池低，且易于大规模生产，但由于镉有剧毒，会对环境造成严重的污染，因此，并不是晶体硅太阳能电池最理想的替代产品。

6.2.2　有机太阳能电池工作原理

有机太阳能电池的活性层为有机小分子和聚合物薄膜，其分子结构应是含有给体（D）和受体（A）的共轭体系，具有电子转移特性。工作原理可简述如下：

在太阳光辐照下，有机活性层吸收太阳光，给体（D）首先被激发，电子从 HOMO

轨道跃迁至 LUMO 轨道,生成束缚的电子-空穴对(又称激子);然后激子在给-受体(D-A)界面上分离成游离的电子和空穴(载流子);空穴从给体的 HOMO 轨道向正极迁移,电子从受体的 LUMO 轨道向负极迁移,形成光电流储存于蓄电池中,如图 6-4 所示。

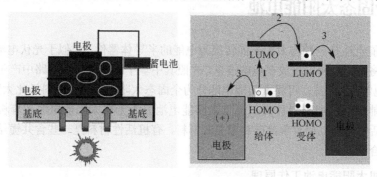

图 6-4　有机太阳能电池工作原理示意

6.2.3　有机太阳能电池性能参数

衡量太阳能电池性能的参数主要有:短路光电流(I_{sc})、开路光电压(V_{oc})、填充因子(FF)、光电转换效率(IPCE)和器件外量子效率(η)。

(1)短路光电流(I_{sc})

在光照下,太阳能电池正、负电极短路(即电池输出的电压为零)时的电流称为短路光电流(I_{sc},short circuit)。如图 6-5 所示,虚线为器件的暗电流曲线,实线为光电流曲线,短路光电流(I_{sc})则对应着器件光电流曲线与纵坐标的交点处。

短路电流是太阳能电池的最大输出电流,是光子转换成的电子-空穴对的绝对数量;I_{sc} 数值越大,表示光电转换效率越大。

短路电流受入射光强度、内转换效率的影响,提高激子的有效分离和载流子的迁移率是提高短路电流的有效办法。通常用光电流密度 J_{sc} 代替短路光电流 I_{sc},光电流密度的单位为安培/平方厘米(A·cm^{-2})。

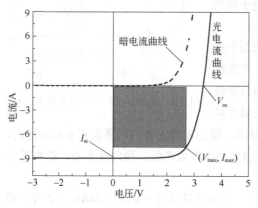

图 6-5　有机太阳能电池的电流-电压曲线

(2)开路光电压(V_{oc})

在光照下,太阳能电池处于断路状态(即电池的输出电流为零)时的电压称为开路光电压(V_{oc},open circuit)。当电路处于断路状态时,n 型半导体内积累电子,p 型半导体内积累空穴,当光生电荷的产生与复合达到平衡时,电池产生的光电压成为开路光电压。

V_{oc} 为太阳能电池的最大输出电压,对应着器件光电流曲线与纵横坐标的交点处(见图 6-5)。V_{oc} 越大,表示光电转换效率越大。

对于单层器件，V_{oc} 由正负电极的功函数差值决定；对于 D-A 异质结太阳能电池，V_{oc} 则由给体的 HOMO 和受体的 LUMO 之间的能级差来决定。

（3）填充因子（FF，fill factor）

电池的填充因子定义为，在一定负载下电池最大输出功率值（P_{max}）与短路光电流（I_{sc}）和开路光电压（V_{oc}）乘积的比值。最大输出功率值（P_{max}）为最大工作电流（I_{max}）与最大工作电压（V_{max}）乘积（见图 5-4 中深色阴影面积）。

填充因子是考量电池输出性能的一个最重要参数，具有实用价值的太阳能电池的填充因子为 0.6～0.75。填充因子（FF）表达式为：

$$FF = \frac{P_{max}}{I_{sc}V_{oc}} \tag{6-1}$$

（4）光电转换效率（IPCE）

光电转换效率是描述入射单色光子-电子转化效率，定义为单位时间内外电路中产生的电子数与入射单色光子数之比，缩写为 IPCE（monochromatic incident photon to current conversion efficiency）。数学表达式为：

$$IPCE = \frac{1240 J_{sc}}{\lambda \cdot P_{光}} \tag{6-2}$$

从式(6-2)可看出，IPCE 为短路条件下收集的电子数除以入射的光子数，即入射光子转化成电流的效率。式中，J_{sc} 为短路光电流密度，$\mu A \cdot cm^{-2}$；λ 为入射单色光的波长，nm；$P_{光}$ 为入射单色光的功率，$W \cdot m^{-2}$。由于太阳能电池的光谱响应范围较窄，一般在太阳光（白光）下的能量转化效率要低于其吸收峰的单色光照射（实验室条件）下的能量转化效率。

（5）外量子效率（EQE，η）

太阳能电池的光伏功率转化效率称为外量子效率，缩写为 EQE（external quantum efficiency），也可用 η 表示，数学表达式为：

$$\eta = \frac{FF}{P_{光}} \times 100\% = \frac{P_{max}}{(V_{oc} \cdot I_{sc}) \cdot P_{光}} \times 100\% \tag{6-3}$$

改善材料对光的吸收效率、提高载流子的收集效率、增强激子的扩散效率均有利于提高 EQE 值。如以多吡啶钌敏化 TiO_2 电极的器件经 480～600 nm 波长照射下，其 IPCE 可达 80%；在 87 mW $\cdot$ cm^{-2} 的模拟太阳光照射下，短路光电流为 17 mA $\cdot$ cm^{-2}，开路光电压为 0.72 V，在 0.5 cm^2 的电池板上测得 EQE 值高达 10%。

6.2.4　全固态太阳能电池结构

全固态太阳能电池结构较为简单，可分为单层、双层和体相结构三种类型。

（1）单层（肖特基）器件

单层器件又称为肖特基器件，为三明治结构。将有机活性层材料薄膜置于两个电极之间，其中一个电极为低功函数的金属，如铝或钙，另一个电极或为金属电极或为透明的导电玻璃（ITO），后者便于吸收太阳光。单层器件由于两个电极功函数不同，传输空穴的轨道能级（HOMO）与具有较低功函数的电极之间将形成内建电场（即肖特基势垒），见图 6-6 所示，这是有机单层光伏器件电荷分离的驱动力。

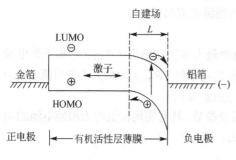

图 6-6　肖特基器件自建场能级示意

当有机活性材料吸光后产生激子（束缚电子-空穴对），激子迁移至自建场界面上实现电荷分离，进而分离为游离的电子和空穴，电荷迁移到电极、产生电流、经电极导出，储存在蓄电池之中。

需注意的是，单层器件产生的电流是受激子扩散限制的，只有扩散到肖特基势垒（自建场）附近的激子，才有机会被解离。由于有机材料中激子的扩散长度一般不大于 20 nm，且肖特基势范围在电极与材料接触界面处仅为几个纳米厚度，因此，只有极少一部分激子能够到达电极附近被解离，所以，单层器件的光电转换效率极低。

（2）双层（异质结）器件

双层异质结器件中，给体（D）和受体（A）化合物分层排列于两个电极之间，形成平面型 D-A 界面（见图 6-7）。其中正极功函数需要与给体的 HOMO 能级匹配，负极功函数需要与受体的 LUMO 能级匹配，因此，双层异质结器件中电荷分离的驱动力来自于给体 HOMO 和受体 LUMO 的能极差，即给体和受体界面处电子势垒。在电极与有机活性层界面处，如果势垒较大（大于激子结合能），激子的解离就较为有利，电子将会转移到较大电子亲和能材料的 LUMO 能级。

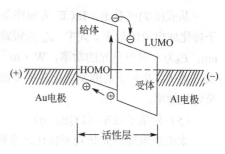

图 6-7　双层异质结器件能级示意

在双层异质结器件中，光子转换为电子包括以下几个步骤：

① 有机活性层吸收光子产生激子，当入射光的能量大于活性物质的能隙（E_g）时，活性物质吸收光子而产生激子；

② 激子扩散至异质结处；

③ 电荷分离，激子在异质结附近形成载流子，在给体上被分成了自由的空穴，在受体上被分成了自由的电子；

④ 电荷传输与电荷引出，分离出来的载流子经过传输到达相应的电极，之后不断地被电极富集形成光电流。

双层器件与单层器件相比，其最大优点是同时提供了电子和空穴传输的材料；当激子在 D-A 界面产生电荷后，电子在 n 型受体材料中传输，而空穴则在 p 型给体材料中传输，防止了空穴和电子被复合，提高了器件的光电转换效率。

表 6-1 列出三种双层异质结器件的性能参数。活性层材料的分子结构见图 6-8~图 6-10 所示。

表 6-1 含三苯胺-二噻吩并茚衍生物双层异质结器件性质

器件	活性层组成	$J_{sc}/mA \cdot cm^{-2}$	V_{oc}/V	$FF/\%$	$\eta/\%$
1	(+)/TP-G1: P3HT/(−)	1.18	0.74	25.2	0.22
2	(+)/TPB-G1: PCBM/(−)	0.51	0.80	25.3	0.10
3	(+)/TPB-G2: PCBM/(−)	0.94	0.64	30.4	0.18

注：阳极为 PEDOT/POSS 修饰的 ITO，阴极为 LiF/Al (1/1，质量比)，测试面积为 $0.1\ cm^2$，太阳光强度为 $100\ mW \cdot cm^{-2}$。

（3）体相异质结器件

首先将给体化合物和受体化合物配成一定浓度的混合溶液，然后用旋涂法甩膜，也可通过共同蒸镀法制备成膜。这样制得的薄膜 D-A 界面分布于整个活性层中，即称为体相异质结活性层，构成的器件为体相异质结器件。

体相异质结器件与双层异质结器件的相同点在于：两者均利用 D-A 界面效应来转移电荷。不同点如下：

① 体相异质结中的电荷分离产生于整个活性层，双层异质结中电荷分离只发生在界面处的空间电荷区域（几个纳米范围），由于减少和避免了由于有机物激子扩散长度小而导致的能量损失，体相异质结器件中激子解离效率更高，激子复合概率降低，光电转换效率有效提高。

② 由于界面存在于整个活性层，体相异质结器件中载流子向电极传输主要是通过粒子之间的渗透作用；不像在双层异质结器件中载流子传输介质是连续空间分布的，故在体相异质结器件中载流子的传输是受限的，对材料的形貌、颗粒的大小较为敏感，且填充因子相应减小。

6.2.5 有机活性层材料

有机太阳能活性层材料为有机小分子、配合物或聚合物等，由于有机材料制作成本低，分子结构可裁剪、柔性好，材料来源广泛，可大面积地应用于如屋顶以及建筑物的外墙等处，对大规模利用太阳能具有重要意义。虽然有机太阳能电池使用寿命短，电池效率远不如硅太阳能电池；但有机材料上述诸多优势足可对其低的效率予以补偿。

有机活性层材料在分子设计上需考虑以下几点：

① 具有给电子、吸电子基团的刚性共轭体系，通过引入合适的给体电子和吸电子基团，调控分子的 HOMO 和 LUMO 能级。一般是，给电子取代基可提升 HOMO 能级，吸电子基团可降低 LUMO 能级，因此引入给、受体可有效降低分子的带隙；

② 具有宽波段强吸收光谱，以利于尽可能多地吸收太阳光能；

③ 对环境和光化学的稳定性；

④ 具有强的分子间相互作用，这将倾向于形成致密的堆积结构；紧密排列的薄膜有利于提高载流子的迁移率，同时有利于提高器件在空气中的抗氧化能力。因为氧气很难渗透进致密结构，这使得即使是在氧存在及重复还原循环的条件下，致密薄膜也会表

现出很好的稳定性。一般是，引入柔性长链取代基可抑制分子之间紧密的π堆积相互作用，然而，溶解性增加有可能导致分子还原态的稳定性大幅度降低。

常见的活性层材料见图6-8（其中，第1行分子呈p-型半导体性质，第2行分子为n-型半导体，第3行分子同时含有给体和受体基团）。

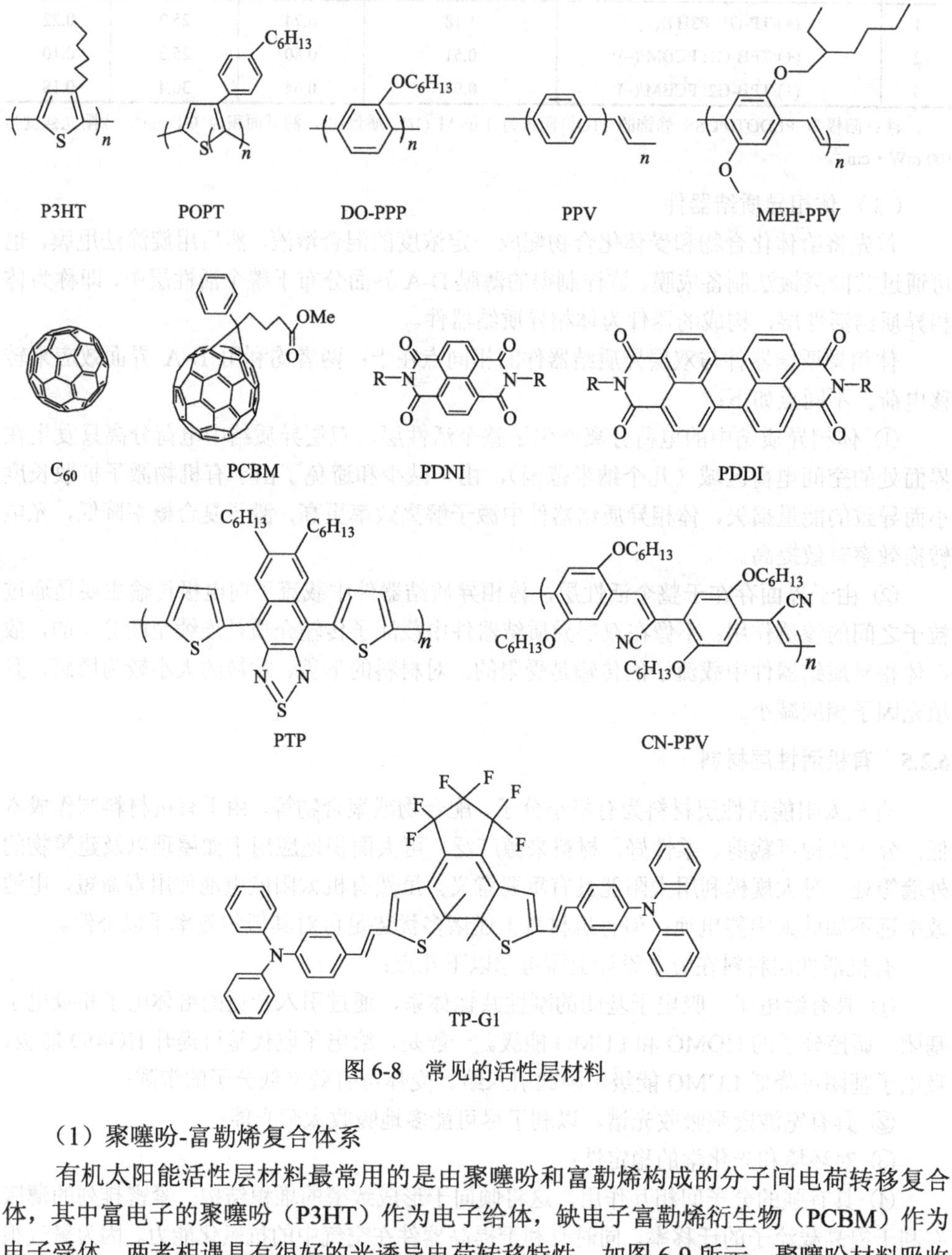

P3HT　　　POPT　　　DO-PPP　　　PPV　　　MEH-PPV

C$_{60}$　　　PCBM　　　PDNI　　　PDDI

PTP　　　CN-PPV

TP-G1

图6-8　常见的活性层材料

（1）聚噻吩-富勒烯复合体系

有机太阳能活性层材料最常用的是由聚噻吩和富勒烯构成的分子间电荷转移复合体，其中富电子的聚噻吩（P3HT）作为电子给体，缺电子富勒烯衍生物（PCBM）作为电子受体，两者相遇具有很好的光诱导电荷转移特性。如图6-9所示，聚噻吩材料吸收光子产生激子，激子扩散至P3HT-PCBM异质结附近，并在给受体界面上发生分离；分离的自由电子导入受体（PCBM）的 LUMO 能级，空穴导入给体（P3HT）的 HOMO 能级，游离出来的载流子经过传输到达相应的电极，尔后不断地被电极富集形成光电流。

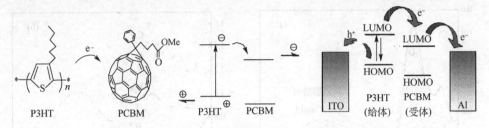

图 6-9　P3HT 与 PCBM 之间光诱导电荷转移示意图

提高聚噻吩的聚合度，可提高吸收太阳光的效率；在噻吩环 3-位引入烷基可提高聚噻吩的溶解性，同时提高 HOMO 能级，但也会降低器件的开路电压，导致器件的效率降低。因此，在分子设计中应综合考虑各种因素对器件性质的影响。

（2）三苯胺-全氟二噻吩并茚化合物

有机太阳能电池光电效率低的原因之一在于有机半导体材料吸收波段不够宽，如大多数有机材料吸收波段分布在 350～600 nm 之间，这一吸收光谱带与太阳发射光谱不能完全匹配，造成了对太阳光能量的利用率偏低。

本课题组曾合成一组三苯胺-全氟二噻吩并茚衍生物（见图 6-10），其中三苯胺具有较强的推电子能力，促进了全氟二噻吩并茚的形成，使分子的带隙降低。从图 6-11 吸收光谱图看出，三苯胺-全氟二噻吩并茚衍生物具有宽波段强吸收光谱带，其化合物固态膜的吸收从 200 nm 延续到 900 nm，与太阳全光谱有着较好的重叠。含三苯胺-全氟二噻吩

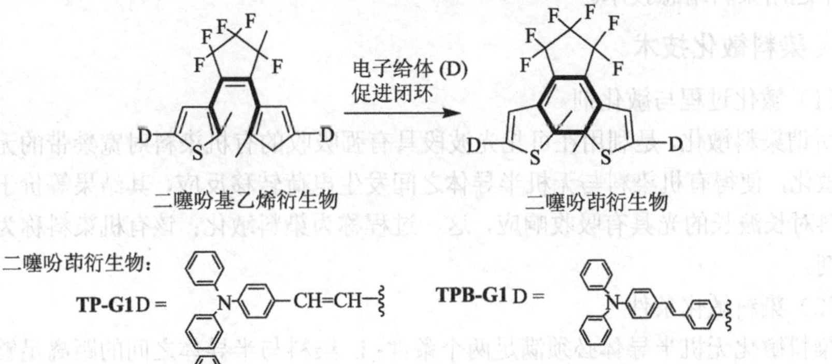

电子给体 (D) 促进闭环

二噻吩基乙烯衍生物　　　　二噻吩茚衍生物

二噻吩茚衍生物：

TP-G1 D ＝

TPB-G1 D ＝

TP-G2 D ＝　　**TPB-G2** D ＝

图 6-10　三苯胺-全氟二噻吩并茚衍生物的结构式(其中三苯胺基团的给电子能力促进了茚环形成)

并茚衍生物的异质结器件，开路电压(V_{oc})最大为 800 mV，短路光电流密度(J_{sc})最大为 1.18 mA·cm^{-2}（见表 6-1）。

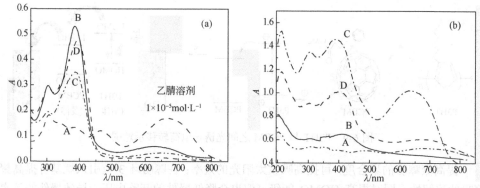

图 6-11　三苯胺-全氟二噻吩并茚衍生物在溶剂(a)和 PMMA 膜(b)中的吸收光谱

A——TP-G1,　B——TP-G2,　C——TPB-G1,　D——TPB-G2

6.3　染料敏化太阳能电池（DSSC）

染料敏化太阳能电池（dye sensitized solar cell, DSSC）活性材料为有机染料与无机半导体（如 TiO$_2$）复合体系，是利用氧化还原反应实现光生电流的。

染料敏化的研究最早追溯到照相技术，早期发现涂覆染料的卤化银对可见光有较好的吸收，致使在卤化银电极涂覆染料中可观察到光电流现象，这一发现促进在光电池的研究中运用染料增感技术。

6.3.1　染料敏化技术

（1）敏化过程与敏化剂

所谓染料敏化，是利用在可见光波段具有强吸收的有机染料对宽禁带的无机半导体进行敏化，使得有机染料与无机半导体之间发生电荷转移反应，其结果等价于无机半导体材料对长波长的光具有吸收响应，这一过程称为染料敏化；该有机染料称为敏化剂或光敏剂。

（2）染料敏化条件

染料敏化无机半导体必须满足两个条件：i. 染料与半导体之间的距离足够近；ii. 染料的基态和激发态的能级差应小于无机半导体的禁带宽度，即 $\Delta E_{染料} < \Delta E_{半导体}$。这里，存在三种情况（见图 6-12）。

① 染料的 LUMO 能级高于无机半导体的导带（CB）：当染料受光激发后，电子从其 HOMO 跃迁至 LUMO，继而从 LUMO 注入到无机半导体的导带上。此种情况下，染料能够敏化无机半导体。

② 染料的 HOMO 能级低于无机半导体的价带（VB）：当染料受光激发后，电子从其 HOMO 跃迁至 LUMO，这时在 HOMO 能级上缺少的电子可从半导体的价带（VB）中得到，等效于向半导体的价带注入一个空穴；此时染料也能够敏化无机半导体。

③ 染料的 LUMO 能级低于半导体的导带（CB），且 HOMO 能级高于半导体的价带（VB），此时，染料既不能向导带注入电子，也不能向价带注入空穴。此种情况下，染料不能敏化无机半导体。

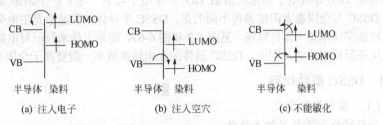

(a) 注入电子　　　　(b) 注入空穴　　　　(c) 不能敏化

图 6-12　染料、半导体界面能级结构

6.3.2　DSSC 器件结构

染料敏化太阳能电池（DSSC）主要由负极、正极和电解质三部分组成。

① 负极　DSSC 器件的负极为染料敏化的多孔纳米晶氧化物构成；半导体薄膜电极是器件的核心部分，又称为工作电极。

② 正极　一般选用沉积铂的导电玻璃作为正电极（为电池的参比电极），沉积金属铂是为了催化电解质中的氧化还原反应。

③ 电解质　电解质填充于正、负极之间，构成电池的对电极。电解质有液态、准固态和固态三种。根据电解质的状态 DSSC 器件也有液态、固态和半固态之分；最常用的氧化还原电对是 I_3^-/I^-，所以通常 DSSC 器件属于液态太阳能电池，器件结构如图 6-13 所示。

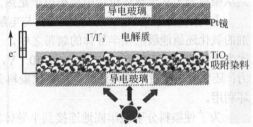

图 6-13　染料敏化太阳能电池的结构

6.3.3　DSSC 器件工作原理

DSSC 器件工作原理分步叙述如下。

① 无机半导体纳米晶多孔薄膜吸附单层有机染料分子，该染料在入射光的照射下，从基态跃迁到激发态。可表示为：$Dye + h\nu \longrightarrow Dye^*$；

② 光生电子从激发态的染料分子转移到无机半导体（如 TiO_2）的导带上，表示为：$Dye^* \longrightarrow Dye^+ + e^-$；

③ 光生载流子穿过半导体电极通过外电路。当染料吸收入射光后，在半导体纳晶粒子和电解质的界面上发生电荷分离——将电子注入半导体粒子的导带，而染料自身带正电荷。这一步最为重要，可表示为：

$$e^-(TiO_2) \longrightarrow 负极（外电路）；Dye^+ \longrightarrow 正极（外电路）$$

④ 半导体导带上的一部分光生电子将被氧化的染料分子还原：表示为：

$e^-(TiO_2) + Dye^+ \longrightarrow Dye + TiO_2$；

⑤ 半导体导带上的光生电子可被电解质中的 I_3^- 俘获，在对电极上将 I_3^- 还原成 I^-，发生下列氧化还原反应：$e^-(TiO_2) + I_3^- \longrightarrow 3I^- + TiO_2$；

⑥ 溶液中的 I⁻ 将被氧化的染料分子还原：$I^- + Dye^+ \longrightarrow Dye + I_3^-$。

上述 6 步可总结为：有机染料吸收光能生成激发态；接着染料激发态向半导体（如 TiO_2）导带注入电子生成染料正离子；然后染料正离子通过两种途径复原再生——被 I⁻ 还原与被 TiO_2 导带电子还原，最后 TiO_2 导带电子与 I_3^-（I_2）产生暗态复合反应。

DSSC 与全固态太阳能器件不同的是，DSSC 半导体纳米晶中光生电荷的分离不依赖于内建的空间电场（即自建场，见图 6-3 和图 6-6），而是由纳米粒子与电解质界面处发生的氧化还原反应决定，因此，DSSC 器件的光电转换效率一般要高于全固态太阳能电池。

6.3.4　DSSC 器件材料

（1）染料敏化剂

染料敏化剂需具备如下条件。

① 具有宽波段强吸收特性，即在整个可见区范围内尽可能多地捕获可见光，染料的摩尔吸光系数越大越好，激发态寿命越长越好（电子注入越有效），且具有非常高的光稳定性。

② 染料分子的激发态能级与半导体的导带能级必须匹配。如染料的 LUMO 能级高于无机半导体的导带（CB），或者是染料的 HOMO 能级低于无机半导体的价带（VB）。使得电子从染料分子 LUMO 能级向半导体导带中的注入是热力学允许的[见图 6-12(a)]，或者是从染料分子从半导体价带中获得电子是热力学允许的 [见图 6-12 (b)]。

③ 染料分子的氧化还原电位还要与电解液中氧化还原电对的电极电位匹配。敏化剂的氧化还原能级应在半导体的禁带之中，一般说染料分子激发态（LUMO）的电位要比半导体的导带电位（CB）偏负至少 0.1 V，以便为光生电子向半导体的注入提供驱动力；还要求电解质中氧化还原电位要比染料分子基态的电位偏负，以保证染料分子的循环利用。

为了使染料分子能牢固地连接到半导体氧化物的表面，通常染料分子应带有羧基、磷酸基等官能团，图 6-14 给出有机染料羧基与半导体 TiO_2 表面吸附的几种模型。如 N_3 染料为联吡啶钌配合物，是目前 DSSC 中研究最透彻的染料（见图 6-15），其分子中含有 4 个羧基有利于染料分子牢固地连接到氧化物半导体的表面，增强了联吡啶配位体与 TiO_2 导带的电子耦合，可大大加速染料激发态向 TiO_2 导带注入电子的速度。

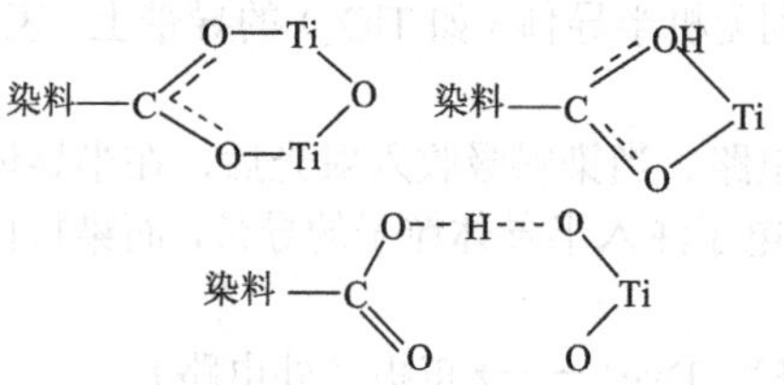

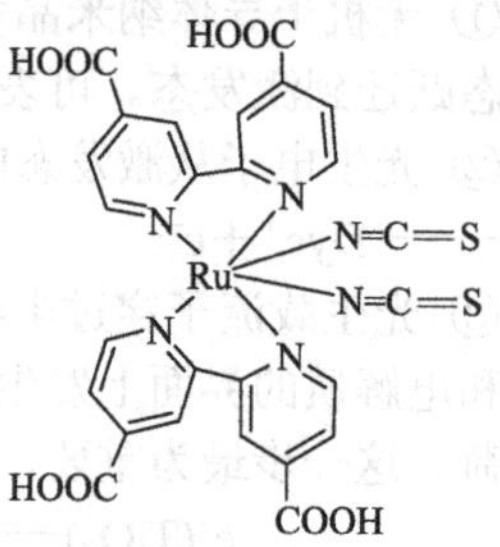

图 6-14　有机染料羧基与半导体 TiO_2 表面吸附示意　图 6-15　用于 DSSC 器件的著名 N_3 染料结构

（2）无机半导体

DSSC 器件中的半导体大多使用二氧化钛纳米晶膜（也可用其他半导体，如 ZnO、

SnO_2 等），由于器件中的电子转移总是发生在表面或界面上，将半导体制成纳米晶可增加半导体与染料之间的连接牢固程度，使得电子注入变得更加容易；纳米晶膜表面修饰是提高器件光电转换效率的行之有效的方法。

用 $TiCl_4$ 溶液预处理二氧化钛纳米晶膜，可显著改善短路光电流，由于用 $TiCl_4$ 溶液处理纳米晶膜后，钛络合物聚集到二氧化钛纳米粒子之间的连接处，烧结后纳米晶膜的表面积、平均孔径以及孔度都有所降低，可改善器件性能。用 ZnO、Al_2O_3、SnO_2 等对二氧化钛纳米晶进行表面修饰，能够提高纳晶二氧化钛的电位，可有效提高器件的光电压。

纳晶二氧化钛吸收光能后产生的空穴是一种强氧化剂，对染料有破坏和降低的作用，利用导电玻璃或聚碳酸酯等吸收紫外线，并使用禁带宽度的锐钛矿型二氧化钛（吸收带边 410 nm），能有效地减少二氧化钛中空穴的浓度，降低对染料的降解。

（3）电解质

DSSC 器件的电解质通常分为液体电解质、离子液体电解质和固态电解质。液体电解质挥发性强，器件组装难度大；采用离子液体电解质可解决电解质的挥发问题，同时还具有化学稳定性好、电导率高等优点，但仍不如固态电解质使用方便；固态电解质既无离子液体电解质的流动性，也无液体电解质的挥发性，稳定性得到进一步改善，但固态电解质的导电率远不如前两者，器件的光电转换效率大大降低。

① 液体电解质　通常是由含有氧化还原对（如 I_3^-/I^-）的有机溶剂组成。在电解液中发生如下氧化还原反应：

a. $Dye^{\oplus} + 3I^{\ominus} \rightarrow Dye + I_3^{\ominus}$

b. $I_3^{\ominus} + e^{\ominus}(TiO_2) \rightarrow 3I^{\ominus} + TiO_2$

即失去电子后的光敏剂被电解质中的还原剂（I^-）还原成 I_3^-；I_3^- 在对电极上得到电子再生成 I^-，该反应越快，光电响应越好；由于 I_3^- 在对电极上还原反应缓慢，通常是在电导玻璃上镀上一层铂镜，降低 I_3^- 还原的过电压，催化电解质中的氧化还原反应。

② 离子电解质　离子液体电解质应具有对水和空气稳定、黏度低、熔点低、电导率高和热稳定性好的特性。通常咪唑型离子液体被选作 DSSC 的离子电解质，如 1-甲基-3-环氧乙烷咪唑与 1-甲基-3-环氧咪唑碘混合制得的离子电解质，其 DSSC 光电转换效率为 6.8%。

③ 固体电解质　有机空穴传输材料和聚合物电解质通常都可用作 DSSC 固体电解质。有机空穴传输材料包括聚 3-己基噻吩（P3HT）、聚三辛噻吩（P3OT）、聚吡咯取代的三苯胺类衍生物等，聚合物电解质包括聚氧化乙烯（PEO）、聚丙烯腈（PAN）和聚甲基丙烯酸甲酯（PMMA）等。

对于固态电解质来说，高电阻会严重影响到器件性能，以至于大多数固态 DSSC 光电转换效率比较低，因此，改善固体电解质和纳米多孔膜的紧密接触，提高空穴传输的速度、降低固体电解质自身的电阻，将有利于提高器件转换效率。如将聚氟乙烯引入 PEO 与 TiO_2 混合电解质体系，由于聚氟乙烯中的氟离子半径小，电负性大，有利于离子的传输，有效降低了固态电解质与半导体界面的复合反应速率，可使 DSSC 器件转换效率提高到约 5%。

6.3.5　提高 DSSC 器件效率的因素

（1）提高光电流

提高器件对太阳光的吸光效率将有助于提高器件的光电流。因为光电流的产生包括染料吸光、电子注入、电子传输等多个串联过程。为了提高器件对太阳光的吸收效率，需要染料具有宽波段强吸收性质，半导体纳晶薄膜电极具有高比表面积，以吸附更多的染料，有利于提高染料的吸收效率和电荷注入效率。

在纳晶膜内引入一些散射中心，散射中心是尺寸与光波长相当（200～400 nm）的颗粒，以等效增大光学路径长度，也即相当于增大了纳晶膜的厚度。由 200 nm 的大颗粒 TiO_2 与其表面上 10 nm 左右的小颗粒 TiO_2 组成微纳米复合微球，既有强的光散射效应，又可增大比表面积；重要的是，含规则的散射纳晶膜能提供良好的离子传输通道，并改善电解质的渗透性能，这有助于改善离子液体电解质和固态电解质的传输能力。最终达到提高器件光电流的效果。

（2）提高光电压

光电压定义为半导体费米能级与对电极（即电解质溶液中的氧化电位）的电势差。当负极受到光照时，染料向半导体导带注入电子，电子在半导体导带中的积累将导致半导体的费米能级上升，此时光电压也随之增大。

半导体中电子在传输过程中将会与染料正离子、电解质正离子发生复合反应，从而抑制了器件光电压的增长。由于这些复合均是在界面上发生的，因此对半导体的表面修饰、优化半导体纳晶微结构、优化电解质组分等方法可有效地抑制复合反应，提高光电压。

如在 ITO 玻璃电极上制备一层致密的二氧化钛层，可阻隔电解液与 ITO 的接触，有利于纳晶中的电子传递到 ITO 上；若在纳米晶表面吸附染料，也可阻隔电解液与纳晶二氧化钛的直接接触，从而可降低复合概率，提高光电压；另外，在染料分子上引入大的具有空间位阻的基团在一定程度上也可抑制复合，使得光电压提高。

（3）提高收集效率

收集效率定义为注入到电极上的电子数目与流向外电路电子数的比值。降低器件中界面势垒、消除电子在传输过程中的各种陷阱、较小电荷复合概率，将会有利于提高器件的收集效率。在 DSSC 器件中，若纳米颗粒的比表面积过大，将会增加电子传输路途中的陷阱数目，且纳晶与纳晶之间存在的势垒也会阻碍电子的输运；若在纳晶颗粒中引入纳米管或纳米线将会促进电子输运，有助于提高收集效率。

（4）提高填充因子

在 DSSC 器件中存在着很多电阻，包括电极电阻、界面电荷转移电阻、电解质电阻，降低半导体导带的电子与染料正离子之间的复合反应，降低电解液在对电极上发生氧化还原反应的电阻，都将有利于降低电阻、提高 FF 值的目的。

6.4　太阳能转换化学能

6.4.1　自然界光合作用

将太阳光能转化为化学能的一个典型例子是具有光合作用的多组分系统。自然界中植物通过吸收太阳光、水和二氧化碳，产生碳水化合物供其生长，如天然蓝细菌可以通过吸收太阳光固定 CO_2 作为养料，供自身繁殖与生长，这一过程称为光合作用。

　　自然界光合作用首先需要高效率地收集太阳光能，通常是借助天线系统实现的，该天线系统又称为太阳光收集器（light-harvesting）。如图 6-16 所示，这种超分子在能量和空间上具有合适的排列，具有天线系统（分子）的功能。分子每个端基连着发色团 D，可吸收太阳能并被激发，所获得的激发态在其辐射与非辐射失活之前，将激发能量快速地一级一级地传递至下一个吸收单元 D，直至将激发能迅速地传递给受体组分 A，受体 A 通常为反应中心。

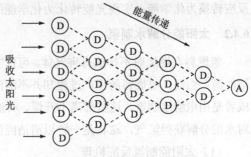

图 6-16　光收集天线系统示意图

　　自然界在进化过程中已成功构建出许多天然天线系统，如绿色植物的光合作用依靠叶绿素作为天线系统，该天线系统中有效成分为一种卟啉衍生物（见图 6-17）。通过天

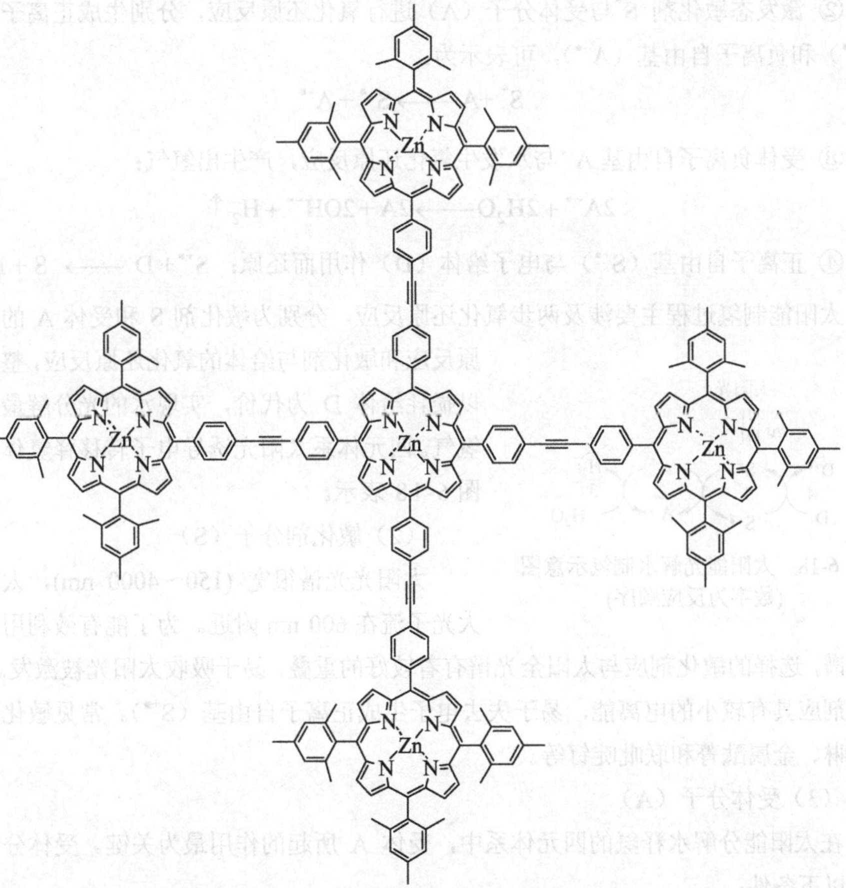

图 6-17　星形五聚体卟啉类光收集系统

线系统高效率地收集大量太阳能，并把激发能传送到反应中心 A，在那里通过氧化还原反应转换为化学能，实现光能转化为化学能的光合作用。

6.4.2　太阳能分解水制氢

氢燃料在燃烧时不排放有害气体，可以实现二氧化碳的零排放，一直被视为终极清洁能源。然而，氢燃料的生产过程却并不清洁。目前制氢工艺都是用化石燃料为原料，或者是由电解水制氢，这些都离不开煤、石油或天然气等化石燃料。如果用太阳光实现对水的分解获得氢气，这将是一种以清洁能源来生产清洁能源燃料的最佳绿色工艺。

（1）太阳能制氢反应机理

利用太阳能制氢的反应需要四个组分参与，分别为敏化剂（S）、电子受体（A）、电子给体（D）和催化剂（Cat）。由这四种组分构成的混合体系称为四元体系，反应机理分为如下四步：

① 敏化剂（S）首先吸收太阳光能跃迁至激发态：$S+h\nu \longrightarrow S^*$；

② 激发态敏化剂 S^* 与受体分子（A）进行氧化还原反应，分别生成正离子自由基（$S^{+\bullet}$）和负离子自由基（$A^{-\bullet}$），可表示为：

$$S^* + A \longrightarrow S^{+\bullet} + A^{-\bullet}$$

③ 受体负离子自由基 $A^{-\bullet}$ 与水发生氧化还原反应，产生出氢气：

$$2A^{-\bullet} + 2H_2O \longrightarrow 2A + 2OH^{-\bullet} + H_2 \uparrow$$

④ 正离子自由基（$S^{+\bullet}$）与电子给体（D）作用而还原：$S^{+\bullet} + D \longrightarrow S + D^{+\bullet}$。

太阳能制氢过程主要涉及两步氧化还原反应，分别为敏化剂 S 和受体 A 的氧化还原反应和敏化剂与给体的氧化还原反应，整个过程以损耗给体 D 为代价，实现水的光分解最终获得氢气。四元体系太阳光诱导电子转移释氢体系可用图 6-18 表示。

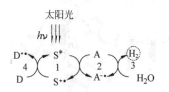

图 6-18　太阳能光解水制氢示意图
(数字为反应顺序)

（2）敏化剂分子（S）

太阳光光谱很宽（150～4000 nm），太阳光最大光子流在 600 nm 附近。为了能有效利用太阳能全光谱，选择的敏化剂应与太阳全光谱有着较好的重叠，易于吸收太阳光被激发。此外，敏化剂应具有较小的电离能，易于失去电子生成正离子自由基（$S^{+\bullet}$）。常见敏化剂有金属卟啉、金属酞菁和联吡啶钌等。

（3）受体分子（A）

在太阳能分解水释氢的四元体系中，受体 A 所起的作用最为关键。受体分子需要满足以下条件：

① 受体 A 基态能级（E_0）与敏化剂 S 的激发态能级（E_1）应位于能量重叠区域，

敏化剂 S 的激发态能级与受体 A 的基态能级重叠越多，其电子交换能量转移速率越大。

② 受体 A 与敏化剂 S 是通过电子交换即 Dexter 短程能量转移进行氧化还原反应的，所以，A 分子和 S 分子间距要尽可能地小，确保在空间发生碰撞，敏化剂 S 与受体 A 之间的电子交换能量转移见图 6-19 所示。

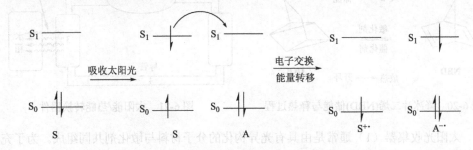

图 6-19　敏化剂与受体电子交换能量转移

③ 水被还原放出氢气的半反应为：$2H_2O+2e \longrightarrow 2OH^- +H_2 \uparrow$，其电极电势 $E=$ -0.8277 V。因此，为了能使受体负离子自由基（$A^{-\bullet}$）与水发生作用释放出氢气，应选择受体分子 A 的氧化半反应的电极电位数值小于-0.8277 V，根据这一原则可为受体分子 A 的分子设计与制备提供参考依据。通常选择 n 型半导体作为电子受体，如 C_{60}、PCBM、PDNI 和 PDDI（见图 6-8）。

（4）给体分子（D）

当敏化剂 S 生成正离子自由基 $S^{+\bullet}$后，需要给体（D）分子作为电子源，将正离子自由基 $S^{+\bullet}$复原。为了使敏化剂正离子自由基 $S^{+\bullet}$有效地被复原，通常选择给体（D）的氧化半反应的电势值要小于敏化剂（S）的氧化半反应的电势，即 $E_D<E_S$ 时，该反应 $S^{+\bullet}+D \longrightarrow S+D^{+\bullet}$可顺利进行。通常选择 p 型半导体分子为电子源，见图 6-8。

6.5　太阳能-热能转换材料与器件

太阳能热水器是太阳能转变热能的一个典型装置，降冰片二烯（NBD）是太阳能转换热能一个典型的材料。

降冰片二烯（NBD）在光照下，发生分子内[2+2]环化反应生成四环烷（DOC），DOC 含多个张力环，属于含能化合物；因此，通过太阳光将 NBD 光异构化完成了储能过程。通过 DOC 开环反应将能量以热的形成放出，由于将储存的能量以热能的形式释放出来，这一步价键异构化存在较高的垫垒，所以，释热反应需要在催化剂作用才能发生。

由于 NBD 分子不含共轭大π键，对太阳光不能有效吸收，因此，储蓄太阳能这一步需要在敏化剂作用下才能完成，整个体系为三组分混合物，即降冰片二烯、催化剂和敏化剂，如图 6-20 所示。

太阳能热能转换器（见图 6-21）由太阳光收集器（1）、储能器（2）、热能转换器（3）及连接导管（4）四个部分组成。

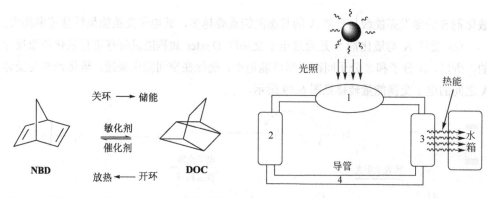

图 6-20　降冰片二烯(NBD)储能与释热过程　　　图 6-21　太阳能/热能转换器件

太阳光收集器（1）通常是由具有光异构化的分子材料与敏化剂共同组成。为了充分利用太阳光，敏化剂的吸收光谱应具有宽波段强吸收特性，且对光、热具有很好的稳定性。在太阳光作用下，具有光异构化有机分子不断地发生光异构化（如关环），得到的含能异构体化合物并通过导管转移至储存器（2）中。

随着储存器（2）中的含能化合物浓度提高，被输运至热能转换器（3）中，在催化剂的作用下，含能化合物通过逆向异构化（如开环），将热量集中释放出来。当热能转换器中的开环化合物浓度提高，又被输运至太阳光收集器中，往复循环使用。

6.6　太阳能荧光器(SFD)

太阳能荧光器（solar fluorescence device, SFD）是借助染料分子吸收太阳光并发出荧光的一种装置。如利用染料分子的亚稳（三线）态吸收太阳光并获得上转换荧光，这一技术具有潜在实用价值。

（1）SFD 工作原理

将高荧光量子产率的染料分子掺和在高透明的聚合物基体（如 PMMA）中，通过

图 6-22　SFD 发光级示意图

自由基聚合制成透明薄膜或板材，经过抛光以确保吸收的光能无损耗地输出。该抛光薄膜或板材在太阳光照射下，染料分子吸收光能后将向同一方向发出荧光（见图 6-22）。

（2）SFD 效率的影响因素

① SFD 荧光染料　对于 SFD 来说，选择高发光效率的荧光分子最为关键，具体要求如下：

i. 具有高的荧光量子产率，即染料分子在吸收光能激发到单重激发态后的衰变过程，应主要通过荧光发射的途径；

ii. 染料分子与透明高分子介质（如 PMMA）之间具有很好的相溶性；

iii. 染料发射波长（或能量）要能与其受光器件如光电池材料的禁带宽度相符。如

对硅光电池而言，它所要求的光子能量应大于 1.1 eV，才能满足硅电池激发所需要的能量要求。如加入的染料发光和受光器并不相匹配，体系将不能工作；

iv. 荧光分子具有较大的斯托克位移，这是作为 SFD 荧光分子最重要的条件。荧光分子具有大的斯托克位移，可避免染料分子再吸收引起的能量损耗，这就要求染料分子的吸收光谱和荧光发射光谱之间尽可能地避免互相重叠。

表 6-2 列出三种荧光分子的光物理性质，罗丹明 6G 染料的摩尔吸收系数和荧光量子产率最高，但由于其斯托克位移值仅为 27 nm，表明其吸收光谱和荧光发射光谱间有着很大的重叠，作为 SFD 染料的效果不会很好；对于香豆素和 DCM 染料来说，两者的摩尔吸光系数和荧光量子产率并不算最大，但香豆素和 DCM 各自的斯托克位移很大，分别为 105 nm 和 171 nm；所以，香豆素和 DCM 染料比罗丹明 6G 更适合作为 SFD 染料。

表 6-2　常用太阳能荧光聚光器的荧光分子光物理性质

染料	λ_{max}^{ad} /nm	ε/L · mol^{-1} · cm^{-1}	λ_{max}^{fluo} /nm	Φ_f/%	斯托克位移
罗丹明 6G	528	107100	555	98	27
香豆素	380	19900	495	53	105
DCM	465	28900	636	71	171

注：DCM 染料为 4-二氰基亚甲基-2-甲基-6-对二甲氨基苯乙烯-4H-芘。

② 器件制作　由于体系中所用染料的吸收波段有一定的局限性，而太阳光的辐射波长范围较宽，为了充分利用阳光中不同波段，在器件结构上制作多层、多联式的太阳能聚光器，可提高阳光的利用效率。

对器件表面进行抛光，同时注意太阳能入射角度，提高对光的收集效率，均可有效地提高器件的"光-光"转换效率。

参 考 文 献

[1] 吴世康. 超分子光化学导论. 北京：科学出版社，2005.

[2] 吴世康. 高分子光化学导论. 北京：科学出版社，2003.

[3] V. Balzani, A. Credi, M. Venturi. 分子器件与分子机器. 田禾，王利民译. 北京：化学工业出版社，2005.

[4] 刘云圻等编著. 有机纳米与分子器件. 北京：科学出版社，2010.

[5] 贺国庆，胡文平，白凤莲等编著. 分子材料与薄膜器件. 北京：化学工业出版社，2011.

[6] R. H. Friend, et al. Nature, 1995, 376: 498.

[7] A. J. Heeger, et al. Science, 1995, 270: 1789.

[8] 范丛斌. 含三苯胺拓扑结构材料制备与光电响应特性研究.苏州:苏州大学博士学位论文，2010.

[9] C. B. Fan, P. Yang, X. M. Wang, et al. Sol. Energy Mater. Sol. Cells, 2011, 95: 992.

[10] M.Wang, X. R.Xiao，X. W. Zhou, et al. Sol. Energy Mater. Sol. Cells, 2007, 91: 785.

[11] A. G Agrios, I, Cesar, P. Comte, et al. Chem. Mater.，2006, 18: 5395.

[12] L.Yang，Y. Lin,J. Jia, et al. J. Power Sources, 2008, 182: 370.

思 考 题

1. 解释下列名词：

短路电流、开路电压、填充因子、光电转换效率、体相异质结、DSSC、SFD

2. 讨论并描述太阳光谱性质。

3. 太阳能转换的科技领域中，通常包括哪些技术，简述之。

4. 全固态太阳能电池的单层肖特基器件与双层异质结器件工作的驱动力分别是什么？

5. 双层异质结和体相异质结太阳能电池的异同点有哪些？

6. 简述全固态太阳能电池三种结构光电转换效率的大小与原因。

7. 在查阅文献的基础上，列举若干个可用于有机全固态太阳能电池的活性层材料的分子结构，讨论其光致生电的机理。

8. DSSC 器件的光电转换过程分为五步，试用文字叙述其工作原理。

(1) $Dye + h\nu \longrightarrow Dye *$

(2) $Dye * \longrightarrow Dye^+ + e^-$（无机半导体如$TiO_2$）

(3) $Dye^+ + 3 I^- \longrightarrow Dye + I_3^-$

(4) $Dye^+ + e^- (TiO_2) \longrightarrow Dye + TiO_2$

(5) $I_3^- + e^- (TiO_2) \longrightarrow 3I^- + TiO_2$

9. 浅谈提高 DSSC 器件效率的因素和措施，分析其原因。

10. 太阳能光解水借助四组分氧化还原体系，其反应机理如下列反应式所述，请用文字描述之。

$$S + h\nu \longrightarrow S *$$

$$S* + A \longrightarrow S^{+\bullet} + A^{-\bullet}$$

$$2A^{-\bullet} + 2H_2O \longrightarrow 2A + 2OH^{-\bullet} + H_2 \uparrow$$

$$S^{+\bullet} + D \longrightarrow S + D^{+\bullet}$$

11. 列举出利用太阳能实现能量转换的几种形式。

12. 下图为 OLED 和 OPV 两种器件的结构，试比较两者工作原理的异同点。

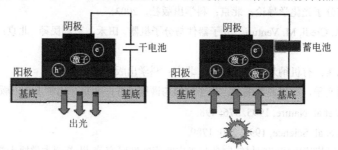

13. 试比较香豆素和罗丹明 6G 作为太阳能聚光器中的荧光染料，哪一个更合适？为什么？

14. 硅光电池要求与之配套的 SFD 器件发射光子的能量大于 1.1 eV，选择染料发光分子，其最大发射波长应为多少？

第7章 有机光导体材料与器件

7.1 有机光导体原理

7.1.1 有机光导体概念

有机光导体（organic photoconductor，OPC）又称为有机光电导，属于有机半导体材料。这类材料在没有光照时表现为绝缘体的性质，当有光照时，材料吸收光能后发生极化，在其表面产生明显的束缚的荷电量；在外场作用下则会引起载流子运动而产生电流。

光导体材料分为无机光导体和有机光导体两类。无机光导体主要包括硒、硒合金、硫化镉和氧化锌等；有机光导体均为大共轭结构的有机小分子、配合物或聚合物。由于有机材料易于加工成型、品种多、透光性好、开发周期短等，目前，有机光导体已逐渐成为光导体的主流，并已获得应用。

7.1.2 有机光导体导电原理

有机分子吸收光被激发至上能级后，激发态有多种失活途径（见图7-1），如：① 以非辐射形式回落至基态；② 以辐射形式回落至基态，并伴随着荧光或磷光（详细过程见图2-3）；③ 激子发生电离生成电子-空穴(e/h)对。只有上述第3种途径可生成光生载流子，对材料的光电导才有贡献。

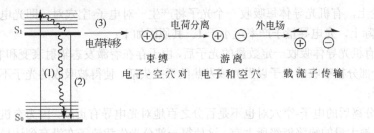

图 7-1 有机光导体激发态导电过程原理

有机光导体的导电过程大致分为三步：

① 光生载流子 有机光导体在光激发下产生束缚电子-空穴对，电子-空穴对再解离为游离的电子和空穴，进而产生载流子，这一过程称为光生载流子。

② 载流子迁移 有机半导体中的载流子是定域的，其迁移方式主要为跳跃式位移，即伴随着热活化的跳跃机制而迁移。

③ 载流子有序输运　载流子进入导带并在电场牵引下完成导电过程。

光生载流子产生后，必须在电场作用下进入导带（LUMO）或价带（HOMO）中传输，才能对光电导有贡献。可见，只有那些到达导带（LUMO）或价带（HOMO）的光生载流子才对光电导有贡献。

有机光导体载流子的迁移率远不及无机光导体；无机半导体中载流子可在导带（或价带）中自由运动，而有机半导体中的载流子是随着热活化跳跃式位移实现载流子迁移的，迁移率很小。有机、无机半导体载流子传输机制见表 7-1 所示。

表 7-1　有机、无机半导体载流子迁移模型

项　　目	无机半导体	有机半导体
传输机制	能带机制	跳跃机制
迁移率 /cm² · V⁻¹ · s⁻¹	$10^2 \sim 10^3$	$10^{-6} \sim 1$（典型为 10^{-3}）
载流子浓度	$10^{15} \sim 10^{18}$（掺杂控制）	$10^{10} \sim 10^{16}$（注入控制）
电活性杂质	$\ll 10^{15}$	约 10^{17}

7.2　有机光导体性能参数

有机光导体材料必须满足下列条件：① 具有高的摩尔吸光系数（ε），即光吸收能力高，以实现高的光谱响应；② 在暗场下导电率要尽可能低，光场下导电要尽可能高；③ 具有光化学稳定性和热稳定性好。

7.2.1　光电导量子产率 (Φ)

光生载流子数量占吸收光子数量的比值称为光电导量子产率（Φ），用式(7-1)表示。

$$光电导量子产率 = \frac{光生载流子}{吸收光子数} \tag{7-1}$$

理论上，有机光导体每吸收一个光子将产生一对电子-空穴对，即光电导转化效率为 1。实际上，光电导量子产率远小于 1。其原因如下：

① 有机光导体吸收一定数量的光子后，由于存在着激发态辐射衰变和非辐射衰变，有相当一部分被吸收的光子以发光或发热的形式失活，使得被吸收的光子不可能全部产生载流子；

② 分离后的电子-空穴对也不是百分之百地对光电导有贡献，因为有机光导体的禁带中通常被大量的缺陷能级所占有，这使得一部分光生载流子在没有到达导带前就被这些陷阱能级捕获复合掉，因此，光电转化效率降低。

7.2.2　光敏感性

（1）充电电位（V_0）和曝光电位（V_L）

充电电位是指在一定的充电电压下光导体表面带上的静电初始电位，反映了光导体材料的带电能力。

曝光电位是指光导材料表面充上一定的充电电位并经过一定能量的光照射后，材料表面所带上的电位。

（2）饱和电位（V_{max}）和残留电位（V_r）

光导体经光辐照后表面电位上升，当表面电位上升至最大值后不再增加，该电位称为饱和电位。

光导体表面曝光后电位会达到饱和电位。当停止光照后，电位会下降；当降低到某个数值不再下降时的电位，称为残留电位。

（3）暗衰值（DD）

暗衰是指单位时间内未曝光的光导体表面电压的减少值。暗衰值是指光导体经辐照后，表面电位上升至饱和电位（V_{max}）；当停止光照后（置于暗处），其表面电位下降至某个定值后便不再下降，该下降的数值称为暗衰值（dark decay，DD）。可用式(7-2)计算：

$$DD = \frac{V_{max} - V_r}{T_d} \qquad (7-2)$$

式中，V_r 为残留电位；T_d 为光导体置于暗处的时间，称为暗衰时间。

DD 值大表示光敏性好，也反映光导体在光照时表面电位下降的速度快；DD 值小表示材料的光敏性差，也反映光导体对电荷保持力较好。

（4）半衰减曝光量（$E_{1/2}$）

半衰减曝光量（half-decay exposure，$E_{1/2}$）定义为光导体表面曝光后电位降低到某个数值不再下降时的电位。用式(7-3)表示：

$$E_{1/2} = \frac{1}{2} B \times (V_L - V_r) \qquad (7-3)$$

式中，B 表示曝光量；V_L 为曝光电位；V_r 表示残留电位。$E_{1/2}$ 越大，表示材料的光敏性越好，即光导性越好。

7.2.3　光电导性能

（1）暗电流（I_{dark}）与光电流（I_{ill}）

光导体在暗处产生的电流为暗电流（I_{dark}），在光照时产生的电流则为光电流（I_{ill}）。好的光导材料应在暗处时有一定的绝缘性能，即暗电流很小；经光照时具有高的光电流；光电流与暗电流比值越大，光导体材料性能越好。

（2）暗导（σ_d）与光导（σ_i）

光导体在黑暗中的电导率为暗电导率，简称暗导（σ_d）。经过光激发（曝光）而产生的导电率则称为光电导率，简称光导（σ_i）。光导与暗导之比（$\sigma_{ill}/\sigma_{dark}$）越大或差值（$\Delta\sigma = \sigma_i - \sigma_d$）越大，光导体性能就越好。

有机光导体有 n 型与 p 型光导体之分，n 型光导体的载流子主要为电子，p 型光导体的载流子主要为空穴，n 型和 p 型光导体的光电导率分别用式(7-4)和式(7-5)计算：

$$\sigma_i = e\Delta n_e \mu_e \qquad (7-4)$$

$$\sigma_i = e\Delta n_h \mu_h \qquad (7-5)$$

式中，e 为电子电荷；Δn_e、Δn_h 分别为光照时电子与空穴浓度的增值；μ_e、μ_h 分别为电子和空穴迁移率。可见，光电导率随载流子浓度（Δn）与迁移率（μ）的增加而增加。

7.3　有机光导体材料

当无机光导体（如硒鼓光导体）应用于打印机和复印机中并取得商业成功以后，相关的有机光导体材料的研究亦活跃地开展起来。研究兴趣主要集中在开发廉价、性能优良的有机光导体以替代无机光导材料。目前，90 %以上的静电感光器件都是由有机光导体制成的。典型的有机光导体主要有酞菁、聚乙烯咔唑、方酸染料和偶氮染料等。

7.3.1　酞菁与金属酞菁

酞菁或金属酞菁的合成一般有两种方法，分别为邻苯二甲腈合成法和邻苯二甲酸酐和尿素合成法。反应式如下：

（1）以邻苯二甲腈为原料

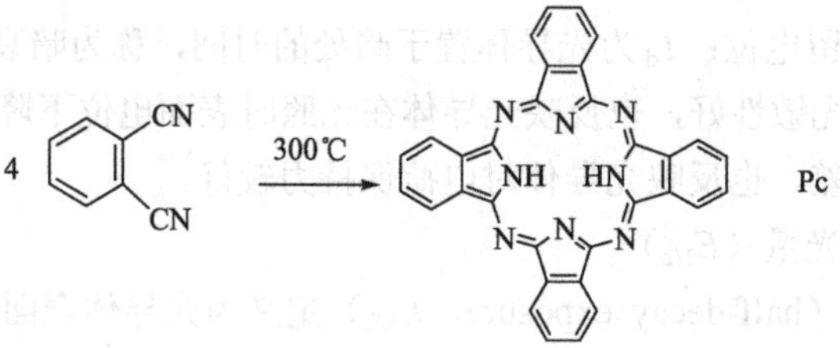

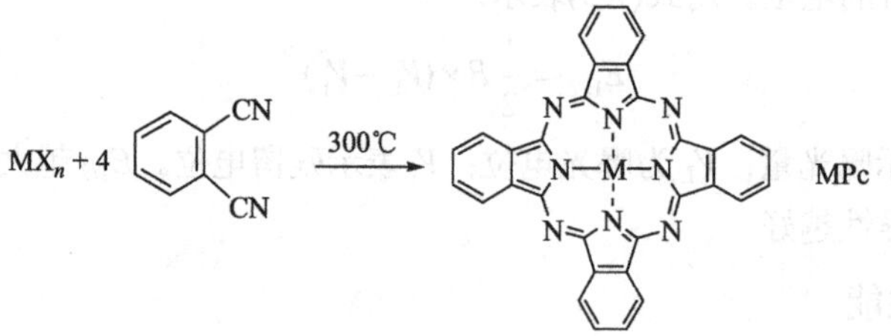

（2）以邻苯二甲酸酐和尿素为原料

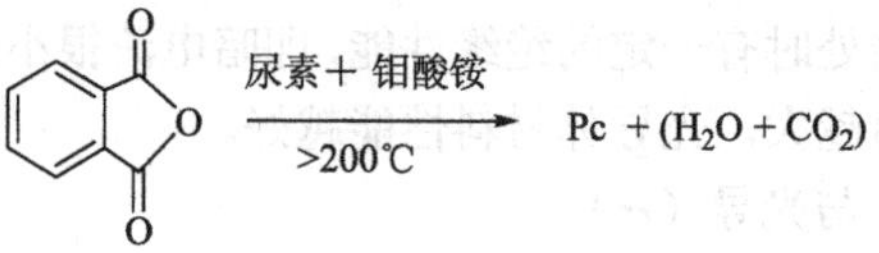

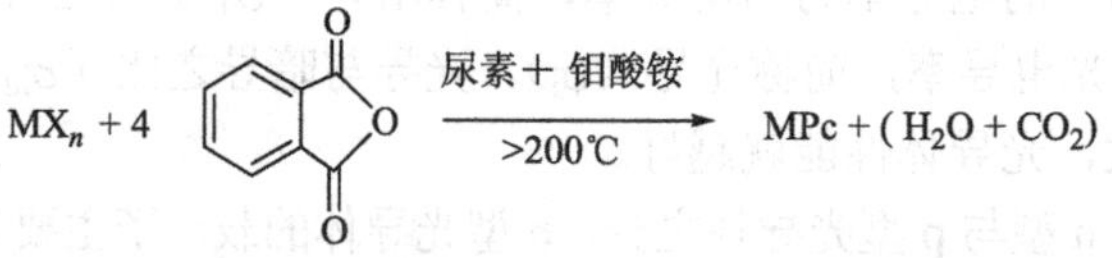

酞菁（H_2Pc）可看成是由四个异吲哚单元构成的具有环状结构的电子给体，是一个高度共轭体系。酞菁环内有空穴，直径约为 270 nm，可以容纳几乎所有金属离子；酞菁中心的氮原子具有碱性、N-H 键具有酸性，氮上的两个氢原子可被金属原子取代形成金属配合物，称为金属酞菁(MPc)、见 1.5.4 节和 3.4.2 节。

H₂Pc 和 MPc 的吸收光谱有两个吸收带(见第 1 章图 1-33)，一个在可见光范围内 (600～700 nm)，称作 Q 吸收带，能量约在 1.8 eV（688 nm）；另一个在紫外光谱区附近 (300～400 nm)，称作 B 吸收带，B 带又称为 Soret 谱带，能量约 3.8 eV（326 nm）。这两个吸收峰均来自于离域的酞菁环体系中π-π*电子跃迁，即电荷从外层苯环转移到内层的大环上酞菁环上的π电子跃迁引起的，B 带被指定为 $4a_{2u} \rightarrow 6e_g$ 的跃迁，Q 带则被指定为 $2a_{1u} \rightarrow 6e_g$ 的跃迁（见图 7-2）。

酞菁和金属酞菁作为理想的光导体材料具有如下优势：① 在暗电场下电导率低；② 对红外线具有强烈的吸收能力；③ 化学稳定性、光化学以及热稳定性能好。

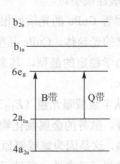

图 7-2　酞菁或金属酞菁的能级示意

MPc 的热稳定性与金属离子的电荷及半径比有关，由电荷半径比较大的金属，如 Al(III)、Cu(II) 等形成的金属酞菁较难被质子酸取代并具有较大的热稳定性，这些配合物可通过真空升华或先溶于浓硫酸并在水中沉淀等方法进行纯化。稀土金属易形成夹心型金属酞菁，如在 250 ℃ 时，AnI₄（An=Th、Pa、U）与邻苯二甲腈反应可制得夹心型锕类酞菁配合物，这类配合物中两个酞菁环互相错开一定角度，其中八个 N 原子与中心金属形成六齿或八齿配合物。

金属离子价态不同，形成的酞菁配合物组成亦不同（见表 7-2）。通常是，化合价为一价、二价的金属原子与酞菁可形成 1:1 的配合物，如锂酞菁（LiPc）、铜酞菁（CuPc）、锌酞菁（ZnPc）和镁酞菁（MgPc）等；化合价为三价的金属原子与酞菁形成金属氯化物或金属氢氧化物，如氯镓酞菁（AlClPc）、氯铝酞菁（AlClPc）、氯铟酞菁（InClPc）和氢氧化铝酞菁（AlOHPc）等。化合价为四价的金属原子与酞菁形成金属氧化物、金属二氯化物或金属二氢氧化物等，如酞菁氧钛（TiOPc）、酞菁氧钒（VOPc）、二氯酞菁硅（SiCl₂Pc）和二羟基酞菁硅 [Si(OH)₂Pc] 等。

表 7-2　金属酞菁化合物的光导性能 (辐照波长 780 nm)

金属酞菁	V_{max}/V	DD/V·s^{-1}	$E_{1/2}$/lx·s	V_r/V_0
CuPc	320	5	–	280
ZnPc	424	7	–	384
MgPc	410	16	3.8	10
GaClPc	400	24	5.4	170
AlClPc	400	30	10	150
InClPc	410	34	0.8	20
TiOPc	435	30	0.6	15
VOPc	416	67	1.5	24

注：测试条件：充电电压 6000 V；光源 780 nm；曝光量 5 lx。

表 7-2 给出一些金属酞菁光导性能参数。可见，金属酞菁的饱和电位（V_{max}）为 320～435 V。分析暗衰值（DD 值）可以看出，TiOPc ≈ InClPc > VOPc > MgPc > GaClPc >

AlClPc > ZnPc > CuPc。InClPc、VOPc 和 TiOPc 的 *DD* 值为 30~67，光敏性最好；GaClPc、AlClPc 和 MgPc 的 *DD* 值为 16~30，光敏性适中；CuPc 和 ZnPc 的 *DD* 值很小，为 5~7，光敏性很小。

　　尽管 CuPc 的光敏性很小，由于 CuPc 很稳定、制备成本低，在众多酞菁之中是最受青睐的光导体。CuPc 晶型呈 5 种多态性，分别为 α、β、γ、δ、ε 型结构。其中 β-CuPc 是热力学稳定的晶型，其余 CuPc 是不稳定的，在受热或溶解再结晶情况下会转化为 β-CuPc。

　　从半衰减曝光量（$E_{1/2}$）来看，GaClPc 和 AlClPc 数值大于其他酞菁衍生物，光敏性最好。酞菁的金属氯化物和金属氧化物比金属酞菁化合物（如 CuPc、ZnPc）暗衰要大一些，这是因为氯或氧原子在酞菁分子之间起了桥连的作用，增强了 π 电子的流动性，从而增强了导电性，导致了暗衰速度变大。

7.3.2　聚乙烯基咔唑（PVK）

　　聚乙烯基咔唑由 9-乙烯基通过自由基引发聚合或通过离子型催化聚合而得（见图 7-3），结构上为侧链共轭型高分子光导体，通过咔唑环上取代基效应可改性材料的性质，可成膜可扰曲，有利于柔性器件制作。聚乙烯基咔唑的比电阻大，绝缘性很好，暗电流（I_{dark}）小；用 360 nm 的光照射时，具有大的光电流（I_{ill}），且在正电场中光电流较大，表明以空穴导电为主（见表 7-3）。

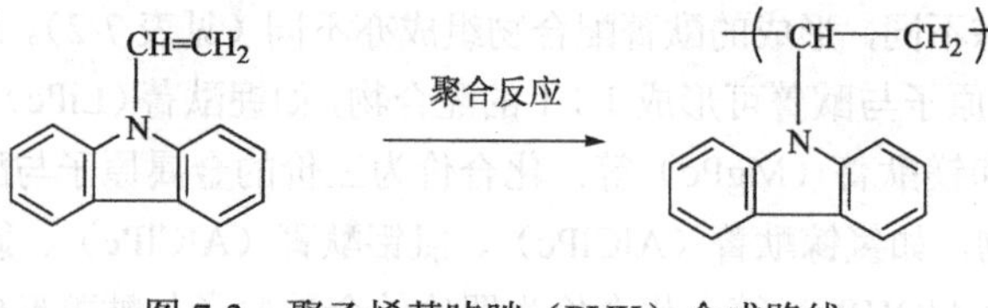

图 7-3　聚乙烯基咔唑（PVK）合成路线

表 7-3　聚乙烯基咔唑的光电流(I_{ill})

辐照波长/nm	300	360	400
负电场/10^{-13}A·cm^{-2}	120	900	35
正电场/10^{-13}A·cm^{-2}	300	2000	80

7.3.3　含聚乙烯基咔唑的复合物

　　第一代有机光电导体是由聚乙烯基咔唑（PVK）与三硝基芴酮（TNF）组成的具有分子间电荷转移特性的复合体系，其中 PVK 为电子给体（D），TNF 为电子受体（A）。电子给体具有较高 HOMO 能级（最高占有轨道）轨道和低的电离能，电子受体具有低的 LUMO 能级（最低空轨道）和高的电子亲和能，两者相遇时，由于 D 向 A 进行部分电荷转移，形成给体-受体键，并出现各种相互作用力，如极化力、偶极矩-偶极矩力、范德华力等，把 D 和 A 结合在一起，形成电荷转移复合物（charge transfer complex, CTC）。光导机理可表示为：

$$D + A \underset{\text{复合}}{\rightleftharpoons} CTC \xrightarrow{h\nu} CTC^{\cdot} \xrightarrow{\text{离解}} D^{+\cdot} + A^{-\cdot}$$
导电载流子

此电荷转移复合物（CTC）经光照后，受激并离解成正离子自由基和负离子自由基，生成导电载流子。如图 7-4 所示，在光照下 PVK 首先被激发，通过光诱导发生电荷转移、进而电子转移生成正离子自由基与负离子自由基，在外电场作用下实现载流子迁移、有序输运。由于聚乙烯醇（PVK）在正电场中光电流相比在负电场中来说更大一些，表现出对正电的光敏性更高一些，表明是以空穴导电为主，起着输送空穴载流子的作用。三硝基芴酮（TNF）在负电场中光电流大一些，表明 TNF 以电子导电为主，起着输送电子载流子的作用。图 7-5 为 PVK/TNF 复合物在不同波长光源照射下产生光电流效率曲线。

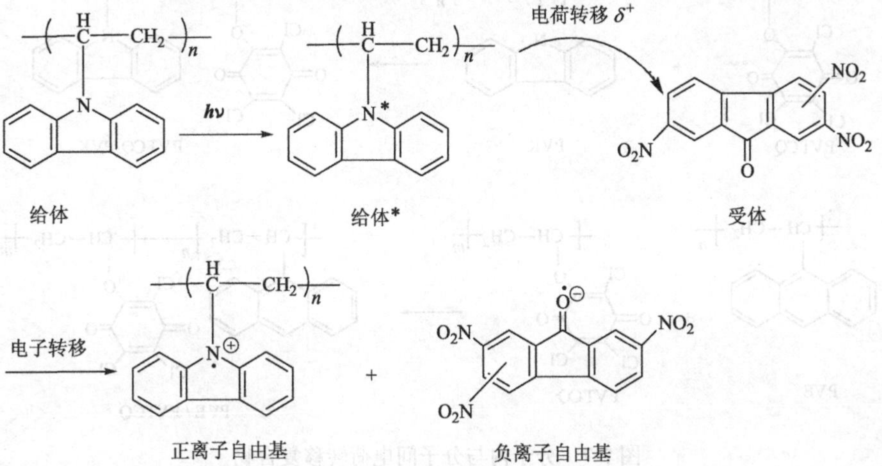

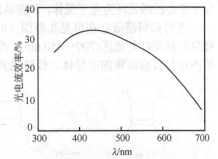

图 7-4　PVK/TNF 单层装置光电导电荷传递机理

给体（D）的电离势降低、受体（A）的电子亲和势增大，形成的电荷转移复合物更有利于产生载流子，使得光导性能提高。分子的共轭度大、平面性好，都将有利于光电导率提高。如主链共轭型高分子的反式聚苯乙炔的光导与暗导之比（$\sigma_{ill}/\sigma_{dark}$）高于顺式聚苯乙炔 2 个量级，其原因是反式异构体平面性比顺式异构体要好（见图 7-6）。再如将三硝基芴酮改为四硝基芴酮时，与 PVK 构成复合物的光导性反而下降。其原因是由于四个硝基的位阻效应，破坏了分子的平面性，降低了共轭性，导致电荷转移复合物的光导性降低。因此，设计高光导性的 CTC 材料时，既要考虑电子给体的电离势、电子受体的电子亲和势，同时还要考虑分子的平面性和共轭性。

图 7-5　PVK/TNF 复合物光电转化效率与光谱响应曲线

PVK/TNF 分子间复合物曾经作为有机光导体中的主要品牌应用于静电复印和全息照相技术中，但由于 TNF 具有毒性和力学强度低，如今 PVK/TNF 光电导体已退出市场。聚乙烯咔唑（PVK）作为电子给体，还可和其他电子受体如三氯对醌乙烯基醚（PVTCQ）组成分子间或分子内的电荷转移复合物；同时，PVTCQ 也可和其他电子给体聚合物如聚乙烯蒽（PVE）组成分子间或分子内的电荷转移复合物，如图 7-7 所示。

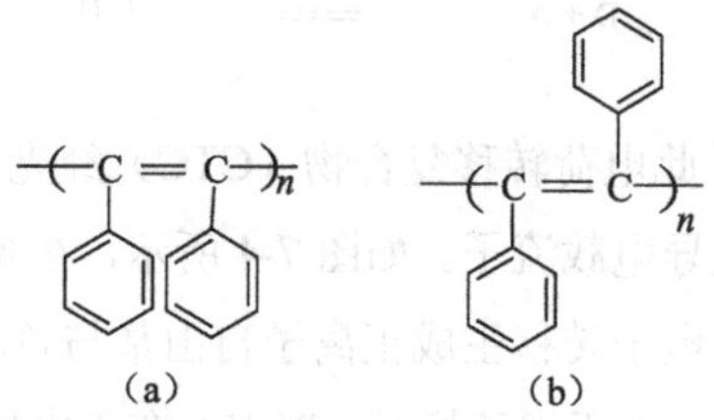

图 7-6 顺式（a）和反式（b）聚苯乙炔结构

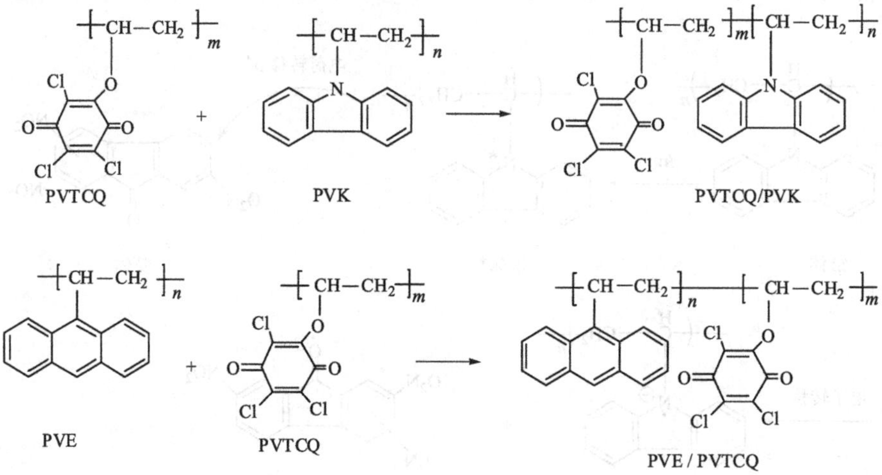

图 7-7 分子内与分子间电荷转移复合物

7.3.4 方菁染料

方菁是由方酸与N, N-二甲基苯胺的衍生物在恒沸溶剂中反应制得（见图 7-8）。方菁分子中心的四元环为电子受体，苯胺基团与氧负离子为电子给体，构成"D-A-D"型分子。

方菁染料溶液态在可见光范围（620～670 nm）处呈强烈的吸收，固态方菁的吸收峰位红移至红外光区（700～850 nm），摩尔吸光系数也很高。重要的是，固态方菁的吸收范围可与目前市售的半导体二极管激光范围相吻合。

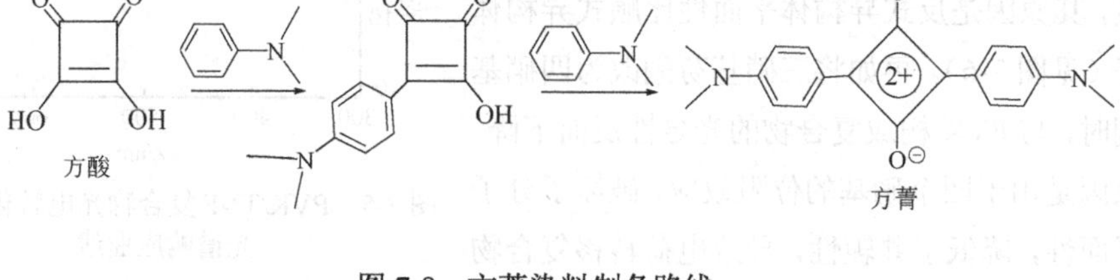

图 7-8 方菁染料制备路线

方菁染料受光辐照由基态向单线态跃迁时会发生电荷转移，可感生出电子-空穴对，具有光导体性质；由于光生电荷传输受到方菁分子中心的四元环的限制，尽管其吸收带很强，但是，电子转移的限制导致了其吸收带很窄。

7.4　有机光导器件（OPCD）

世界上第一个光导器件是在铝板表面覆盖有一层微米厚的硒层，光照下硒层表面产生电子-空穴对，当光生电子在其表面被中和，光生空穴则沿着器件迁移，就形成了原文件的原始图像。

7.4.1　OPC 器件组成

有机光导体（OPC）经光照后导电性能显著变化，将这种材料涂覆在导电铝箔表面形成的器件称作有机光导器件；若卷成管状器件则称为光导管（或光导鼓）。OPC 器件组成主要有三部分：

① 铝鼓基　由铝合金制成薄壁铝管，再经镜面加工、表面处理，最后清洗制得。

② 电荷发生材料（charge generation material，CGM）　具有光生电子-空穴对的特性的有机半导体材料，可作为电荷发生材料。

③ 电荷传输材料（charge transport material，CTM）　具有电子或空穴传输特性的有机半导体材料，可作为电荷传输材料，见 4.3.5（2）。

7.4.2　OPC 器件结构

有机光电导器件结构有单层与双层两种器件。单层光导器件是将电荷产生材料和电荷传输材料混合在一起在铝鼓基表面涂层；双层光导器件是将电荷产生材料与电荷传输材料分别在铝鼓基表面涂层，形成电荷产生层、电荷传输层的功能分离型双层结构。

7.4.3　OPC 器件工作原理

OPC 鼓是利用 OPC 材料涂覆在导电铝筒表面而形成的一种光电转换器件，其特点是在黑暗处时绝缘体能维持一定的静电荷；当一定波长的光照射后变成导体，通过铝基释放电荷，形成静电潜像。OPC 鼓是打印机和复印机的核心部件，工作原理可分解如下：

① 带电　在暗处充电后，使光导体表面带上均匀的电荷。

② 曝光　在光照下产生正、负电荷；正电荷进入传输层，通过传输材料传送到感光体表面，与表面负电荷中和。负电荷进入导电基板，与感应的正电荷中和。非光照区表面电位没有变化，这样就在感光体表面上形成静电潜像。

③ 显影　将色粉与感光体接触形成可见图像。色粉为混合物，由黏合剂热固性树脂、着色剂颜料、电荷控制剂以及分散剂等混合而成。

为了使感光鼓上静电潜影（带正电或负电）显像，色粉必须带相反的电荷，这就是电荷控制剂的作用。如用于硒感光体的负电荷控制剂，通常是由金属络合物为主要成分，而用于多数有机光导感光体的正电荷控制剂是由季铵盐为主要成分。

④ 转移　将光导体表面的可见图像转移到纸上。

⑤ 清除　去除光导体表面的残留色剂。

⑥ 定影　通过加热使图像定影。

7.4.4　光导器件光源

　　用于光导器件光源的有卤光灯、钨丝灯和氙灯等白色光源。普通复印机的光源波长在 450～550 nm 范围，使用这一光源要求感光材料必须对可见光源敏感。激光打印机使用的光源波长在 750～850 nm 范围，目前有固态二极管激光器与之匹配，使用这一光源要求感光材料对近红外光源敏感。酞菁 OPC 器件的响应曲线在 600～850 nm，可与二极管激光波长范围相符，因此，酞菁主要应用于二极管激光打印机中的红外光电导体。

7.4.5　光导器件评价指标

　　光导器件的光敏性与黑暗传导性是评定其优劣的首要参数。光导器件具体评价参数如下：光导器件具有大的暗衰值（DD）、高光生量子效率、高电荷迁移率。暗电导率（σ_d）小，光电导率（σ_i）大，两者差值（$\Delta\sigma = \sigma_i - \sigma_d$）越大，表示光敏性越好。高敏感的光导体不仅消耗很少的能量来产生静电图像，而且使感光器能适用于更高的速度。为了获得图像区域与非图像区域高的对比度，感光器件在黑暗中要有高的电荷接受能力和低电导率，而在受光时变得导电。

　　此外，发展成本更低、性能更高、对环境污染小的有机复合光电导材料及器件也是当前光导体研究的方向和趋势。

参 考 文 献

[1] 朱道本．王佛松主编．有机固体．上海：上海科学技术出版社，1999.

[2] 刘云圻．有机纳米与分子器件．北京：科学出版社，2010.

[3] 田禾．有机色素在高新技术中的应用．北京：化学工业出版社，2000.

[4] 吴若薇．制版感光材料．北京：印刷工业出版社，1989.

[5] 沈永嘉．酞菁的合成与应用．北京：化学工业出版社，2000.

[6] 梁晓龙．可溶性酞菁衍生物制备与光谱性能研究．硕士论文，苏州：苏州科技学院，2013.

思 考 题

　1．名词解释：

　　光导体、有机光导体、暗衰值、曝光电位、残留电位、半衰减曝光量、暗导、光导、暗电流、光电流

　2．试简述有机光导体和光导器件的工作原理。

　3．良好的 OPC 器件需要满足哪些条件？器件的光敏性用哪些参数描述？

　4．试分别写出二价、三价和四价金属离子与酞菁形成的配合物分子结构式。

　5．试详细讨论表 7-2 中金属酞菁化合物与光导性的构效关系。

　6．以 PVK/TNF 为例，讨论分子间电荷转移复合物的光电导机理，结合光谱响应曲线（见图 7-6）讨论 PVK 和 TNF 载流子传输特性。

　7．从分子设计的角度，如何提高分子的光电导率？

　8．结合第 1 章 1.5.4 节、1.6.6 节和本章 7.4.1 节关于酞菁的介绍，请详细讨论酞菁的结构、光谱性质与光电性能及其应用领域。

　9．有机光导体器件结构与组成有哪些？

　10．用于光导体器件有哪些光源？波长分别为多少？为什么说酞菁可应用于二极管激光打印机中的红外光电导体。

第8章　光聚合材料及其应用

8.1　光谱敏化原理

8.1.1　光物理与光化学过程

一个被激发到较高能态的分子是不稳定的，存在多种失去激发能的途径（见图 2-3 和图 7-1），如通过非辐射过程放出热能、通过辐射过程放出荧光或磷光，这些过程均为光物理过程。

物质在光诱导下跃迁至激发态，然后通过电子转移过程生成新的物种，这一过程就称为光化学反应。

由于激发态有单线态和三线态之分，两者的光化学反应的概率有很大差别；单线态寿命短，一般在 10^{-9} s 量级，发生光化学反应的概率小；三线态寿命较长，一般在 10^{-3} s 量级甚至更长，发生光化学反应的有效时间长、概率大；所以，三线态光化学反应中显得更为重要。

8.1.2　光化学量子效率（Φ）

在光照下，发生化学反应的分子数占所吸收的光量子数的比值，称为光化学量子效率（Φ），又由于分子在吸收一个光量子形成激发态后，存在着辐射衰变、非辐射衰变以及光化学反应多种竞争过程，所以，并不是每个吸收光量子的分子都能引发化学反应。光化学量子效率（quantum yield，Φ）表示为：

$$\Phi = \frac{\text{反应的分子数}/(\text{单位时间、单位体积})}{\text{吸收光量子数}/(\text{单位时间、单位体积})} \tag{8-1}$$

通常情况下，光化学反应的量子产率 Φ <1，这是由于一部分吸收的光被荧光、磷光或非辐射衰变消耗所致；若每吸收一个光子就能生成一个产物分子，则 Φ=1。某些光引发的自由基连锁反应，其 Φ >1，如乙烯基单体的光聚合，产生一个活性种后可加成多个单体；对于烷烃的光引发卤化反应来说，量子效率可以高达 10^5。

8.1.3　光谱敏化剂（光敏剂）

光化学反应需要特定波长的光子来引发，因此，在进行光化学反应时一定要注意光源波长与反应物质吸收波长相匹配，若使用的光源与反应物质吸收波长不匹配，则反应物质不能被激发至激发态，将不会引起光反应。在这种情况下，需要加入光谱敏化剂（简称光敏剂），光敏剂的作用是使得原本不具备光化学反应能力的化合物进行光化学反应。

光敏剂定义为，当反应物 A 不能吸收某一波长的光子，若在该体系中加入另一化合物 S，S 可吸收该波长的光子并将吸收的光能转移给反应物 A，使后者发生反应，化合物 S 就称为光谱光敏剂（简称光敏剂）；反应物质 A 称为被敏化物，这种现象叫做光谱敏化（或光谱增感）。

8.1.4 光谱敏化原理

以聚乙烯醇-肉桂酸酯作为被敏化物（A）为例，其吸收光谱范围为 230～340 nm，已知电子工业中常见的光源发射峰位在 400～500 nm 范围，可见，用这种光源来激发聚乙烯醇-肉桂酸酯，不会发生光聚合反应；此时需要光谱敏化。

选择的光敏剂（S）的吸收光谱应与激发光源有较好的匹配，即光敏剂的吸收光谱应位于 400～500 nm 区域内。根据能量转移的原则，能量转移必须是从高能量状态转向低能态。这里存在一个矛盾，即具有长波吸收能力的光敏剂 S，其激发单线态的能量低于短波吸收的被敏化物 A 的单线态能量，在这种情况下是不能发生能量转移的，如图 8-1(a)（途径）所示。

这里需要另辟蹊径，利用分子间三线态能量转移途径（b）。如光敏剂 S 具有较高的三线态能量（T_1），而被敏化物 A 又恰具有较低的三线态能量（T_1'），就可实现二者之间的三线态-三线态能量转移，使原来仅能吸收短波的被敏化分子实现对长波的敏感，并能在长波的辐照下发生光聚合反应。

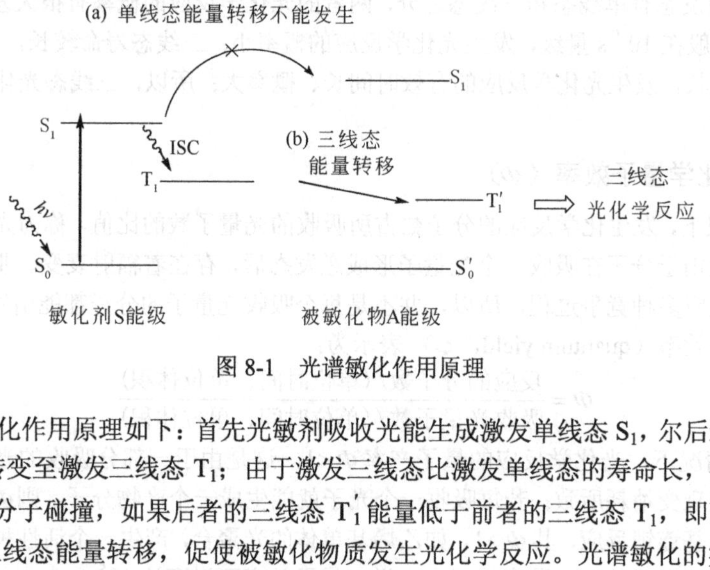

图 8-1 光谱敏化作用原理

光谱敏化作用原理如下：首先光敏剂吸收光能生成激发单线态 S_1，尔后通过系间窜越（ISC）转变至激发三线态 T_1；由于激发三线态比激发单线态的寿命长，有足够的时间与被敏化分子碰撞，如果后者的三线态 T_1' 能量低于前者的三线态 T_1，即可发生分子间三线态-三线态能量转移，促使被敏化物质发生光化学反应。光谱敏化的实质可看作是，光敏剂 S 与被敏化物质 A 之间的三线态能量转移，三线态能量转移属于 Dexter 机制，可通过电子交换实现，表示为：$^1T_S^* + {}^0S_A \longrightarrow {}^0S_S + {}^1T_A^*$。

照相用的感光胶片也是光谱敏化作用所致，未增感的卤化银胶片为色盲片，仅对短波长的紫外线和蓝光敏感，而要拍照出大千世界的万紫千红就必须在 AgBr 乳剂中添加光敏染料才能实现。用曙红敏化重铬酸盐明胶能级示意图见图 8-2，曙红光敏剂在 514.5 nm 处具有强吸收峰，该光敏剂通过吸收可见光生成单线态 S_1，通过系间窜越（ISC）转变至三线态 T_1；由于曙红的三线态高于重铬酸盐明胶的三线态，可发生分子间三线态能量转移，使重铬酸盐明胶变成激发态发生光化学反应；从表观上看好似重铬酸盐明胶在可见光作用下发生感光反应。

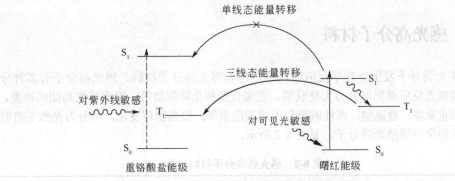

图 8-2 重铬酸盐明胶被光谱敏化能级示意

光谱敏化在光化学研究中占有十分重要的位置,应用光谱敏化的方法可使光化学反应调整到与光源波长相匹配的条件下进行,同时又可大大扩充敏感的波长范围,有利于能源的节约。实现光谱光敏化需满足下列条件:

① 光敏剂必须有较高的系间窜越量子产率,以保证高的敏化效率;

② 光敏剂三线态必须有足够长的寿命,以完成从光敏剂到被敏化物质之间的能量转移;

③ 光敏剂三线态的能级必须高于被敏化物质的三线态能级,至少高出 4 kcal·mol^{-1}(17 kJ·mol^{-1})。

④ 光敏剂单线态与三线态间的能差要小,以确保光敏剂有较高的三线态能级,有利于将能量转移至被敏化物的三线态;许多酮类化合物具有很小的单线态与三线态间的能差,它们都可作为三线态光敏剂,如二苯酮的激发单线态与三线态能量分别为 74 kcal·mol^{-1} 和 68 kcal·mol^{-1},两者相差仅为 5 kcal·mol^{-1};苯甲醛的激发单线态与三线态的能级分别为 76 kcal·mol^{-1} 和 72 kcal·mol^{-1},相差为 4 kcal·mol^{-1}。

⑤ 被敏化分子应有较大的单线态与三线态间的能差,这就可使被敏化物有较低的三线态能级,使之便于接受由光敏剂分子转移来的三线态能量。如已知二苯酮的激发单线态与三线态能量分别为 74 kcal·mol^{-1} 和 68 kcal·mol^{-1},相差 5 kcal·mol^{-1};萘的激发单线态与三线态能量分别为 88 kcal·mol^{-1} 和 61 kcal·mol^{-1},二者之差达 28 kcal·mol^{-1}。可以看出,如果通过单线态间的能量转移,是不可能将二苯酮等的能量转移给萘分子的,若利用三线态能量转移,则就可将二苯酮等的能量转移给萘的三线态,达到敏化的目的。几种常见三线态光敏剂的能量列于表 8-1。

表 8-1 几种常见三线态光敏剂的能量

光敏剂	能量/kcal·mol^{-1}	系间窜越比例/%
苯丙酮	75	80
苯乙酮	74	80
苯甲醛[①]	72	80
二苯酮[①]	68	80
米氏酮	61	80
联苯酰(二苯基乙二酮)	53.7	82
芴酮	53	83

① 苯甲醛和二苯酮的单线态能量分别为 76 kcal·mol^{-1} 和 74 kcal·mol^{-1}。

8.2　感光高分子材料

在光诱导下发生光化学反应的高分子称为感光高分子材料。感光高分子有多种分类，根据光反应类型可分为光交联型、光聚合型和光降解型等；根据感光基团的种类，可分为重氮型、叠氮型、肉桂酰型和丙烯酸酯型等；根据物理变化，可分为光致不溶型和光致溶化型等感光高分子，见表 8-2 所示。

表 8-2　感光性高分子材料分类

光反应类型	感光基团示例	物 性 变 化	光刻胶类型
光聚合型	肉桂酸酯型	光致溶化型	正性
光降解型	丙烯酸酯型	光致溶解型	正性
光交联型	重氮型	光致溶化型	负性
光聚合型	叠氮型	光致不溶型	负性

8.2.1　肉桂酸酯类

肉桂酸酯本身具有光学活性，将其作为光敏基团接枝在聚乙烯醇（PVA）高分子链上生成的高分子具有感光性高分子，如通过肉桂酰氯和 PVA 反应制备得肉桂酸酯-PVA（见图 8-3）。在光照下该聚合物的侧基乙烯键之间发生[2+2]光二聚反应，生成丁烷环得到交联产物（见图 8-4），因此，肉桂酸酯-聚乙烯醇属于光聚合和光交联反应类型；在物性变化上属于光致不溶型高分子。

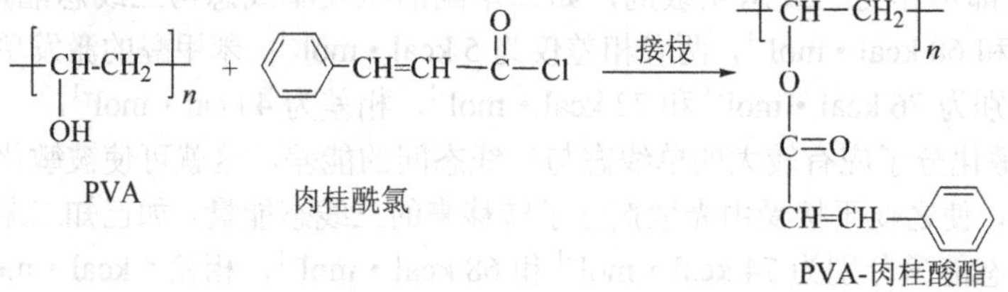

图 8-3　感光高分子 PVA-肉桂酸酯的制备

由于肉桂酸酯-PVA 的吸收范围在 240～350 nm 的紫外线区，该反应的激发波长应该在 240～350 nm 区域内。欲使激发波长红移至可见光区域，使光聚合反应在可见光范围内进行，就需要加入少量光敏剂（增感剂），应用光谱敏化的方法可使此类光聚合物反应调整到与光源波长相匹配的条件下进行，表 8-3 列出一些光敏剂用于聚乙烯醇肉桂酸酯的敏化效果。

表 8-3　聚乙烯醇肉桂酸酯的光敏剂

光敏剂	吸收峰值/nm	感光波长边值/nm
蒽醌	320	420
1,2-苯并蒽酮	420	470
对硝基苯胺	370	400
4,4′-四甲基二氨基苯甲酮	380	420

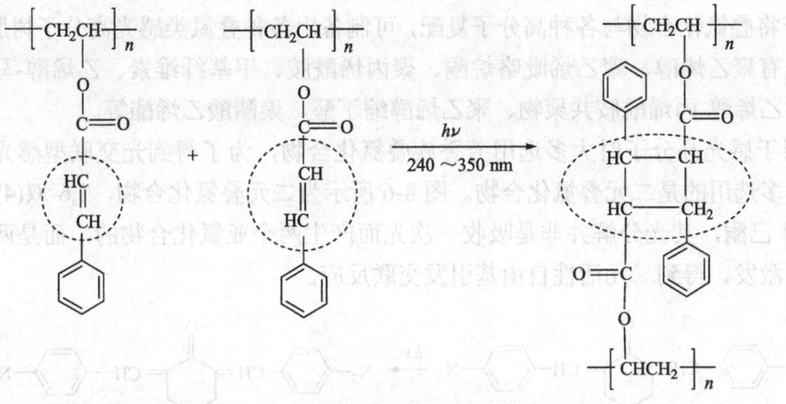

图 8-4　聚乙烯醇肉桂酸酯的光二聚反应

8.2.2　重氮类感光高分子

重氮盐是离子型的感光高分子，具有水溶性。当其受光激发后，重氮盐分解，生成极性较小的共价键相连的基团，从而使这类高分子由水溶性变成水不溶性，表现为光致不溶型感光材料。重氮类感光高分子属于光聚合和光交联反应类型，在物性变化上属于光降解型（见图 8-5）。

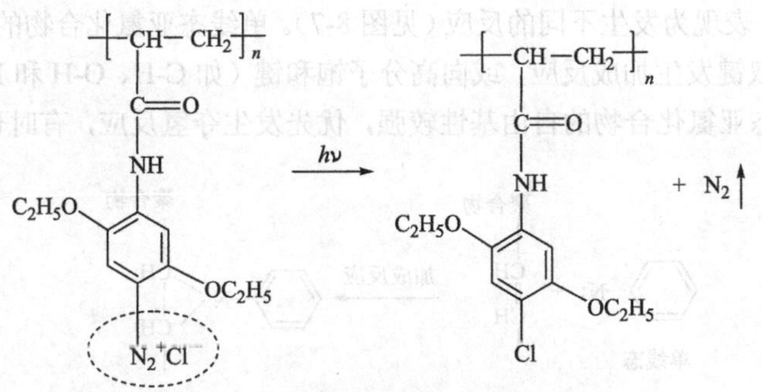

图 8-5　聚丙烯酰胺重氮树脂的光化反应

8.2.3　叠氮类感光高分子

叠氮化合物中的叠氮基团具有很强的光学活性，即使是最简单的叠氮氢也能直接吸收光而分解为亚氮化合物和氮气，如烷基叠氮化合物和芳基叠氮化合物可直接吸收光而分解为中间态的亚氮化合物与氮气：

$$HN_3 \xrightarrow{h\nu} HN: + N_2 \uparrow$$

$$RN_3 \xrightarrow{h\nu} RN: + N_2 \uparrow$$

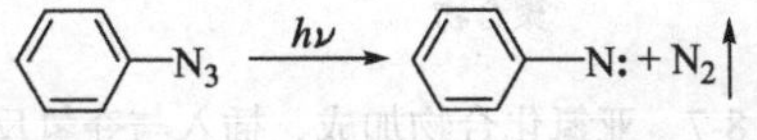

　　若将叠氮化合物与各种高分子复配，可制备出各种叠氮类感光高分子树脂，常用的高分子有聚乙烯醇、聚乙烯吡咯烷酮、聚丙烯酰胺、甲基纤维素、乙烯醇-马来酸酐共聚物、乙烯醇-丙烯酰胺共聚物、聚乙烯醇缩丁醛、聚醋酸乙烯酯等。

　　用于感光高分子时大多选用芳香族叠氮化合物，为了得到光交联型感光高分子材料，大多选用的是二元叠氮化合物。图 8-6 所示为二元叠氮化合物，2,6-双(4′-叠氮苯亚甲基)环己酮，其光分解并非是吸收一次光而产生两个亚氮化合物的，而是两个叠氮基团分步激发，得到二元活性自由基引发交联反应。

活性物种，可引发交联反应

图 8-6　二元叠氮化合物光分解得到活性自由基

　　由叠氮化合物经光分解形成的亚氮化合物有单线态和三线态两种激发态。这两种激发态反应活性，表现为发生不同的反应（见图 8-7）。单线态亚氮化合物的吸电子性较强，易于向高分子双键发生加成反应，或向高分子饱和键（如 C-H、O-H 和 N-H 等）发生插入反应；三线态亚氮化合物的自由基性较强，优先发生夺氢反应，有时也能与双键发生

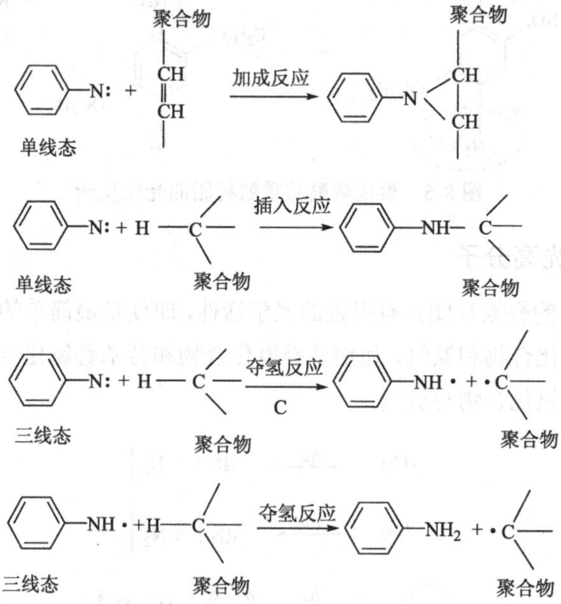

图 8-7　亚氮化合物加成、插入与夺氢反应

加成反应。因此，聚合物中双键并不是必需的。许多饱和高分子（如聚酰胺类聚合物）与叠氮化合物配合后，同样具有很高的感光度，具有极好的光固化性。

含叠氮类化合物的感光高分子在受光后生成亚氮化合物，并能与高分子发生多种反应，如加成、插入和偶合等反应，这些反应都能产生交联结构，通过光交联生成交联产物，因此，叠氮类感光高分子是一类光交联型感光高分子材料。

8.3　光聚合反应

光聚合反应是在光照下，引发具有光化学活性的物质迅速转变为固态的链式反应。与传统的热聚合反应类似，一旦引发开始，反应就以很快的聚合速度进行下去。需要注意的是，光聚合与热聚合反应需要分别在光照和加热的条件下进行，两者都需要在引发剂的引发下才能进行。根据反应机理的不同，光聚合反应可分为自由基光聚合反应和阳离子光聚合反应。

8.3.1　自由基光聚合反应

自由基光聚合反应是指经光照后，引发剂产生自由基并引发聚合的反应。自由基光引发剂根据光引发机理不同，可分为裂解型光引发剂和夺氢型光引发剂。

（1）裂解型光引发剂

裂解型光引发剂经光照产生的自由基具有高度的活性，其吸收光能后跃迁至激发单线态，经系间窜越到激发三线态，在其激发单线态或三线态时分子很不稳定，从而引发聚合反应。裂解型光引发反应，由于引发剂直接裂解产生活性自由基引发聚合反应，在体系中不需加入光敏剂。如安息香类衍生物在受光激发后至 T_1 态，然后发生分子内断链分解成苯甲酰自由基和碳自由基（见图 8-8）。羰基自由基活性较低，其最终去向或是发生自由基歧化反应生成二苯甲酮与二苯甲醇，或是作为聚合终止剂与链自由基结合；其他两种碳自由基引发活性较高些，能通过与单体或树脂发生聚合反应。

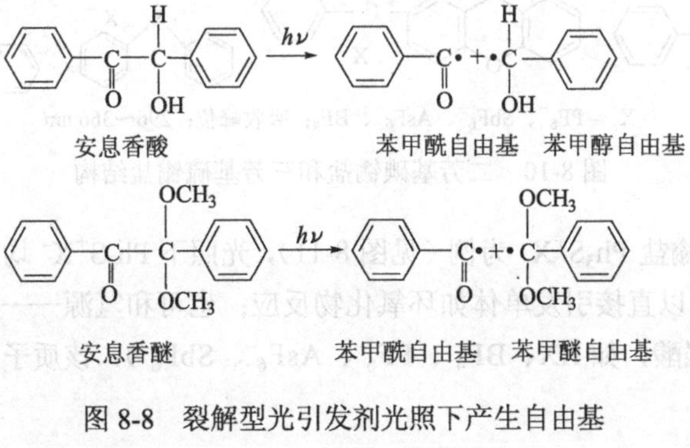

图 8-8　裂解型光引发剂光照下产生自由基

（2）夺氢型光引发剂

夺氢型光引发剂经光照裂解产生自由基，再与助引发剂发生双分子反应生成激基复合物，然后从助引发剂（一般为叔胺或乙醇）中夺取一个氢原子产生活性自由基。以二苯甲酮为例（见图 8-9），经光照产生苯甲酰自由基后，再与助引发剂反应夺取氢生成二苯甲醇自由基，后者并无引发活性，而真正具有引发活性的是助引发剂所产生的初级自由基，能通过与单体或树脂发生聚合反应。

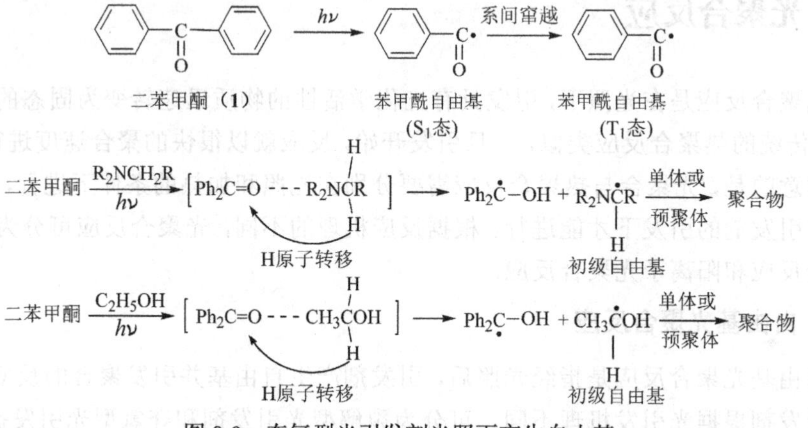

图 8-9　夺氢型光引发剂光照下产生自由基

8.3.2　阳离子光聚合反应

阳离子光聚合反应称为无终止聚合或活性聚合反应，需要在阳离子引发剂引发下发生。其特点是光活化引发剂至激发态，引发剂分子发生系列分解反应，其引发活性碎片含有质子酸和自由基，其中质子酸的亲核性较强，具有很强的引发特性。

阳离子光引发剂包括重氮盐、二芳基碘鎓盐、三芳基硫鎓盐、烷基硫鎓盐等（见图 8-10），其中以三芳基硫鎓盐和二芳基碘鎓盐最具代表性，这两种引发剂具有热稳定性好、引发活性高等优点，已具有应用价值。

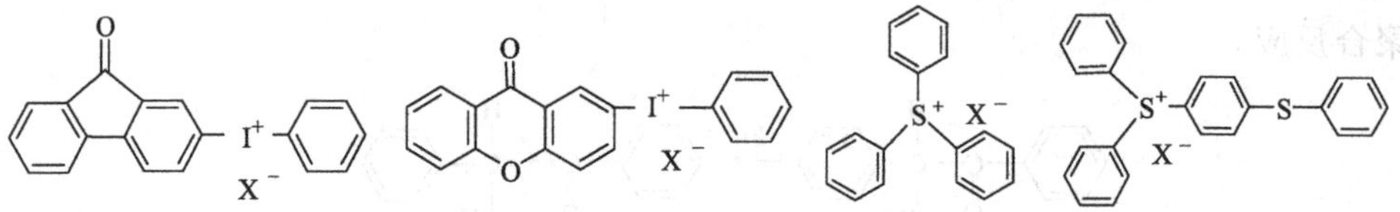

$X^- = PF_6^-$、SbF_6^-、AsF_6^-、BF_4；吸收峰位：296～366 nm

图 8-10　二芳基碘鎓盐和三芳基硫鎓盐结构

以三芳基硫鎓盐 $Ph_3S^+X^-$ 为例（见图 8-11），光照下 $Ph_3S^+X^-$ 均裂释放苯基自由基和 Ph_2S^+，后者可以直接引发单体如环氧化物反应；也可和氢源——氢供体（如乙醇）产生质子酸（超强酸，如 HX、BF_4^-、PF_6^-、AsF_6^-、SbF_6^-），该质子可进一步引发单体进行阳离子聚合。

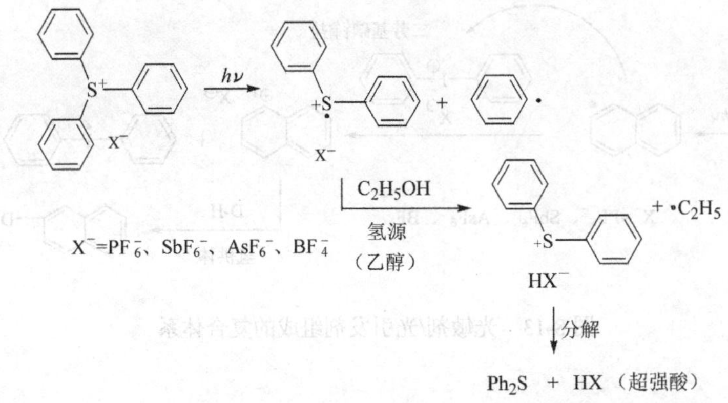

$X^-=PF_6^-$、SbF_6^-、AsF_6^-、BF_4^-

图 8-11　阳离子聚合光引发剂（三芳基硫鎓盐）

　　阳离子光引发剂还包括内光敏引发体系，是由阳离子染料与硼阴离子形成的复合引发体系（见图 8-12），该体系的最大优点是稳定性好，没有暗反应（无光照时不发生反应），且感光波长范围由阳离子染料决定，随着阳离子染料中共轭双键的增加，最大吸收波长（λ_{max}）向长波方向移动。如花菁染料与硼离子组成的引发体系中，当染料的碳碳双键的聚合度 $n=1$ 时，吸收峰位在 550 nm；$n=2$ 时，吸收峰位在 640 nm；$n=3$ 时，吸收峰位在 740 nm，可在红外线范围内产生吸收。据此，可选择光引发的波长范围。

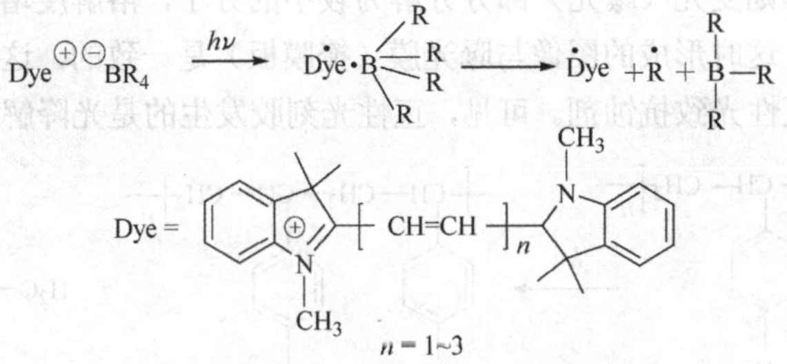

图 8-12　阳离子聚合内光敏引发体系

　　由阳离子光引发剂、聚合单体及其光敏剂共同组成的光聚合体系，其引发剂是决定光聚合反应最主要的因素，它随辐照光源的不同而有很大差异。若以高能量的电子射线辐照，引发体系中不需加入光敏剂；而要以紫外线特别是可见光照射，就需要加入光敏剂。光引发体系通过吸收来自光源或经过光敏剂传递的能量而产生活性中心，进而引发聚合反应，这样的引发体系称为光敏剂/光引发剂复合体系，以二芳基碘鎓盐和萘光敏剂为复合体系为例，其阳离子聚合原理如图 8-13 所示。

　　由三芳基硫鎓盐或二芳基碘鎓盐光引发剂与光敏剂组成的复合体系，可提供一种潜在质子源（可在光照下产生 H^+）。当该体系中有能被酸分解或引起聚合的聚合单体存在时，可构成有较大量子产率的或负性光刻体系，产生的光催化作用不仅只使一个分子催化、分解、聚合，而是连续不断发生，表现出明显的增值或放大作用。目前采用最多的聚合单体为多官能度的丙烯酸酯，它具有活性高、固化速度快、价格适中及挥发性小等优点。

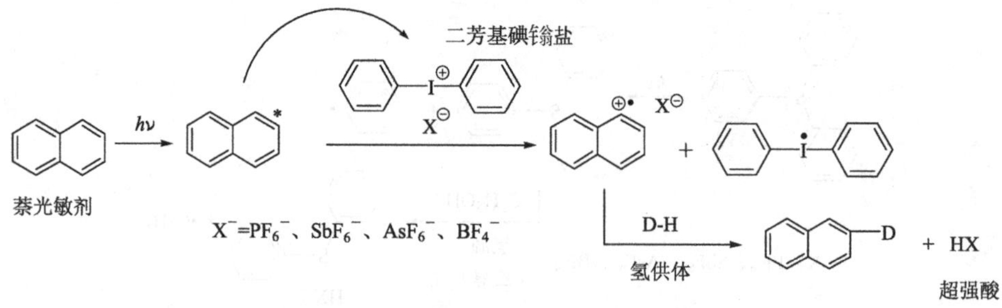

图 8-13　光敏剂/光引发剂组成的复合体系

8.4　光刻与封装

8.4.1　光刻胶

　　光刻胶是一类以感光高分子为主要成分的树脂材料，通常含有引发剂和其他助剂。光聚合体系随辐照光源的不同而有很大差异，如以高能量的电子射线和 X 射线辐照，光聚合体系中不需加入增感剂；而以紫外线和可见光照射，一般需要加入增感剂（光敏剂）。

　　光刻胶在光照下发生的光化学反应主要包括光聚合反应或光降解反应。如果光刻胶发生光降解反应，则受光（曝光）部分分解为较小的分子，溶解度增大，若用适当的溶剂除去曝光部分，这时形成的图像与曝光膜（掩膜板）是一致的，这类光刻胶称为正性光刻胶，又称为正性光致抗蚀剂。可见，正性光刻胶发生的是光降解反应（见图 8-14）。

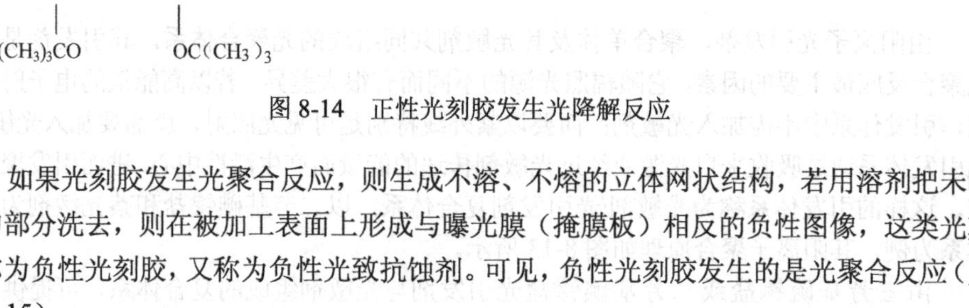

图 8-14　正性光刻胶发生光降解反应

　　如果光刻胶发生光聚合反应，则生成不溶、不熔的立体网状结构，若用溶剂把未曝光的部分洗去，则在被加工表面上形成与曝光膜（掩膜板）相反的负性图像，这类光刻胶称为负性光刻胶，又称为负性光致抗蚀剂。可见，负性光刻胶发生的是光聚合反应（见图 8-15）。

8.4.2　光刻工艺

　　光刻指的是将电路图通过掩膜板转移到基底上，形成功能化图形的一种工艺技术。在该过程中，在基板上沉积一层光刻胶后，覆盖上掩膜板经 UV 照射。光刻胶的曝光部

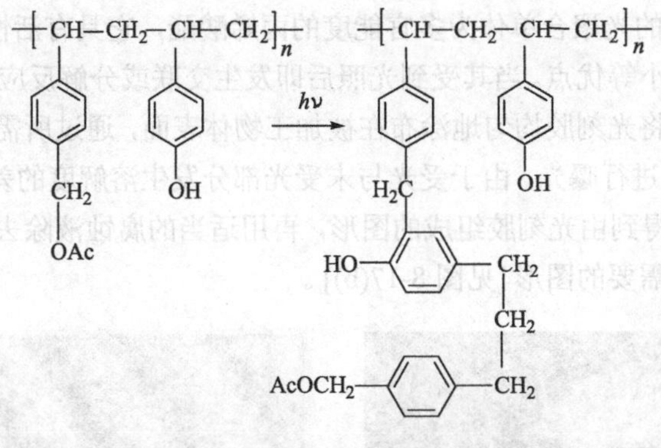

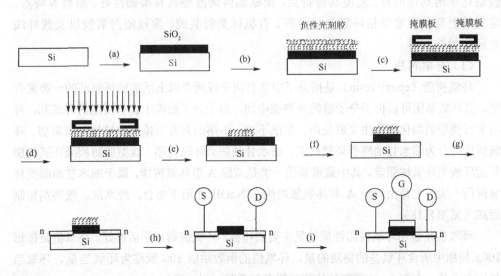

图 8-15　负性光刻胶发生光聚合反应

分会发生化学反应，变得在一定的溶剂中可溶或不可溶。将可溶部分除去后，沉积有机半导体或电极；去除光刻胶及沉积在光刻胶上的有机半导体或电极，就形成了图案化的半导体或电极。

以金属氧化物场效应晶体管（MOSFET）（见图 5-4）为例，光刻工艺过程如图 8-16所示。首先要通过氧化使硅片基体表面氧化生成层 SiO_2 薄膜(a)；然后在其上涂以负性光刻胶(b)；干燥后覆盖适当的掩膜(c)；进行曝光(d)，光刻胶的曝光部分会发生聚合反应，生成不熔的固体。移去掩膜板后，用有机溶剂洗去未曝光的光刻胶(e)；基片上无光刻胶的二氧化硅暴露层可用氢氟酸刻蚀(f)，并在一扩散炉中对刻蚀过的区域进行掺杂，如磷掺杂可制备 n-MOSFET(g)，而用硼元素掺杂则制得 p-MOSFET。接着镀上金属电极，再将面上其余的光刻胶层全部确定了源极和漏极(h)；最后镀上门电极(i)，完成场效应管的制作工艺。

图 8-16　场效应晶体管 MOSFET 光刻过程

目前采用最多的光聚合单体为多官能度的丙烯酸酯，它具有活性高、固化速度快、价格适中及挥发性小等优点。当其受到光照后即发生交联或分解反应，溶解性发生改变。在光刻制作中通常将光刻胶均匀地涂布在被加工物体表面，通过所需加工的图形在光刻机下 [见图 8-17(a)] 进行曝光，由于受光与未受光部分发生溶解度的差别，曝光后用适当的溶剂显影，就可得到由光刻胶组成的图形，再用适当的腐蚀液除去被加工表面的暴露部分，就形成了所需要的图形 [见图 8-17(b)]。

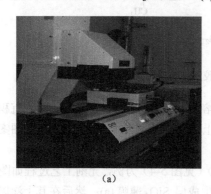

（a）

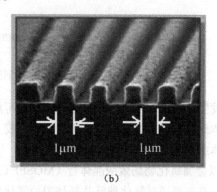

（b）

图 8-17　光刻机(a)与光刻图形(b)

8.4.3　环氧树脂密封胶

光固化树脂由树脂单体（monomer）与预聚体（oligomer）组成，含有光活性官能团，能在紫外线照射下由光敏剂引发聚合反应，生成不溶的涂膜。常用的光固化树脂有双酚 A 型环氧丙烯酸酯、聚氨酯丙烯酸酯等；前者具有固化速度快、涂膜耐化学溶剂性能好、硬度高等特点，聚氨酯丙烯酸酯具有柔韧性好、耐磨等特点。常见的封装胶主要包括环氧类封装胶、有机硅类封装胶、聚氨酯封装胶以及紫外线光固化封装胶等。

（1）环氧树脂

环氧树脂（epoxy resin）是指分子中含有两个或两个以上活泼的环氧基的一类聚合物，其环氧基团可以位于分子链的末端或中间。由于分子结构中含有活泼的环氧基，可与多种类型的固化剂发生交联反应，生成不溶、不熔的具有三维网状结构的高聚物。环氧树脂可分为缩水甘油醚类环氧树脂、缩水甘油胺类环氧树脂、线型脂肪族类环氧树脂和脂环族类环氧树脂等。其中最重要的一类是双酚 A 型环氧树脂，属于缩水甘油醚类环氧树脂一类，它是由双酚 A 和环氧氯丙烷在 NaOH 作用下缩合，经水洗、脱溶剂精制而成（见图 8-18）。

环氧值是鉴别环氧树脂性质的最主要的指标，环氧值高表示活性好。环氧值是指每 100g 树脂中所含环氧基的物质的量，环氧值的倒数乘以 100 就称为环氧当量，环氧当量的含义是：含有 1mol 环氧基的环氧树脂的质量（以 g 计）。

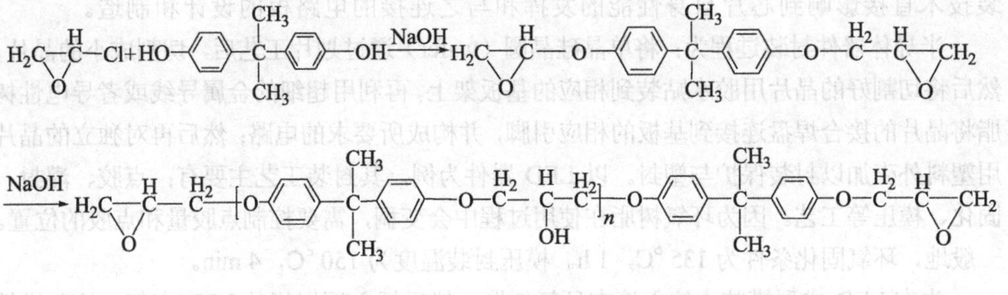

图 8-18　双酚 A 型环氧树脂制备路线

（2）环氧树脂固化

环氧树脂具有很高的黏合力，称作"万能胶"，但环氧树脂在未固化前呈热塑性的线型结构，相对分子质量并不高；使用时必须加入固化剂，只有通过固化才能形成体型高分子。固化剂与环氧树脂的环氧基等反应，变成网状结构的大分子 ，成为不溶且不熔的热固性成品。

环氧树脂的固化剂的种类很多，主要有多元胺和多元酸，它们的分子中都含有活泼氢原子，其中用得最多的是液态多元胺类，如二亚乙基三胺和三乙胺等。常温或低温固化一般选用胺类固化剂，加温固化则常用酸酐、芳香类固化剂。

在光引发剂的作用下紫外线或可见光也能使环氧树脂固化，通常选择阳离子引发剂（如碘鎓盐、硫鎓盐）引发环氧树脂聚合。碘鎓盐与硫鎓盐光引发剂的共同特点是，它们光分解时可同时发生均裂和异裂，既产生超强酸，又产生活性自由基。因此鎓盐阳离子引发剂除可引发阳离子光聚合外，还可同时引发自由基聚合（见图 8-19）。

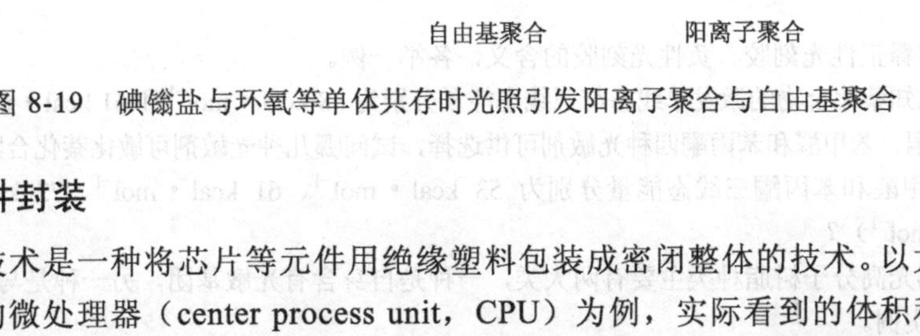

图 8-19　碘鎓盐与环氧等单体共存时光照引发阳离子聚合与自由基聚合

8.4.4　器件封装

封装技术是一种将芯片等元件用绝缘塑料包装成密闭整体的技术。以大规模集成电路中的微处理器（center process unit，CPU）为例，实际看到的体积和外观并不是真正的 CPU 内核的大小和面貌，而是 CPU 内核等元件经过封装后的产品。

封装技术对于芯片来说是至关重要的，因为芯片必须与外界隔离，以防止空气中氧气、水汽以及灰尘等杂质对芯片电路的腐蚀，造成器件性能下降甚至毁坏。封装技术直接影响到芯片自身性能的发挥和与之连接的电路板的设计和制造。

半导体器件封装过程为：将单晶硅晶圆（wafer）通过划片工艺后，切割成小的晶片，然后将切割好的晶片用胶水贴装到相应的基板架上，再利用超细的金属导线或者导电性树脂将晶片的接合焊盘连接到基板的相应引脚，并构成所要求的电路；然后再对独立的晶片用塑料外壳加以封装保护与塑封。以 LED 器件为例，其封装工艺主要有：点胶、灌封、固化、模压等工艺。因为环氧树脂在使用过程中会变稠，需要控制点胶量和点胶的位置。一般地，环氧固化条件为 135 ℃，1 h。模压封装温度为 150 ℃，4 min。

先在 LED 成型模腔内注入液态环氧树脂，然后插入压焊好的 LED 支架，放入烘箱让环氧树脂固化，将压焊好的 LED 支架放入模具中，将上下两副模具用液压机合模并抽真空，将固态环氧树脂放入注胶道的入口加热，用液压顶杆压入模具胶道中，环氧树脂顺着胶道进入各个 LED 成型槽中并固化。

参 考 文 献

[1] V. Balzani, A. Credi, M. Venturi 著. 分子器件与分子机器. 田禾，王利民译. 北京：化学工业出版社，2005.
[2] 吴世康. 超分子光化学导论. 北京：科学出版社，2005.
[3] 吴世康. 高分子光化学导论. 北京：科学出版社，2003.
[4] 马如璋. 蒋民华. 徐祖雄. 功能材料学概论. 北京：冶金工业出版社，1999.
[5] 谢希文. 过梅丽. 材料科学基础. 北京：北京航空航天大学出版社，2005.
[6] 游效曾. 分子材料. 上海：上海科学技术出版社，2001.

思 考 题

1. 试列出激发态失活可能的 5 种途径：3 种光物理过程和 3 种光化学过程。

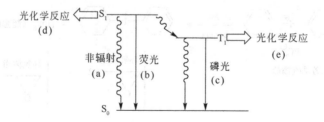

2. 解释正性光刻胶、负性光刻胶的含义，各举一例。

3. 已知萘化合物的激发单线态与三线态能量分别为 88 kcal·mol^{-1}和 61 kcal·mol^{-1}。现有芴酮、米氏酮、苯甲醛和苯丙酮四种光敏剂可供选择，试问哪几种光敏剂可敏化萘化合物（芴酮、米氏酮、苯甲醛和苯丙酮三线态能量分别为 53 kcal·mol^{-1}、61 kcal·mol^{-1}、72 kcal·mol^{-1} 和 75 kcal·mol^{-1}）？

4. 感光高分子树脂种类主要有两大类，一种是自身含有光敏基团，另一种是与光敏剂复配，试各举一实例。

5. 举例说明感光高分子涉及的光化学反应有哪些。

6. 举出两个自由基引发剂与阳离子引发剂分子结构式，这些引发剂引发光聚合反应和传统的热聚合反应异同点是什么？

7. 下图为 AgBr 与光敏剂的能级图，请简述 AgBr 的光增感机理。

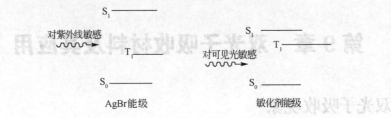

AgBr能级　　　　　敏化剂能级

8. 下图所示光敏剂与反应物的能级图，试描述反应物被敏化的过程。

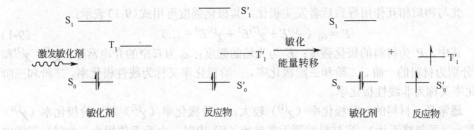

敏化剂　　反应物　　　　　敏化剂　　反应物

9. 图 8-15 是用负性光刻胶制作的光刻图案，画出用正性光刻胶制作的相应光刻图案。
10. 写出环氧树脂被光敏剂敏化发生交联反应的结构式。

第9章 双光子吸收材料及其应用

9.1 双光子吸收现象

9.1.1 非线性光学现象

光与物质相互作用导致后者发生极化，其极化强度可用式(9-1)表示：

$$P = \varepsilon_0 \, (\chi^{(1)}E + \chi^{(2)}E^2 + \chi^{(3)}E^3 + \ldots) \tag{9-1}$$

式中，P 为材料的极化强度；E 为光场的强度；ε_0 为真空的介电常数；$\chi^{(1)}$、$\chi^{(2)}$ 和 $\chi^{(3)}$ 分别为材料的一阶、二阶和三阶极化率。一阶极化率又称为线性极化率，二阶和三阶极化率又称为非线性极化率。

通常是，材料的一阶极化率（$\chi^{(1)}$）较大，二价极化率（$\chi^{(2)}$）和三价极化率（$\chi^{(3)}$）非常小（可忽略不计）。当材料被置于弱光场（E）中时，由于 E 值很小，此时只需考虑式(9-1)中右边的第一项，而略去高阶项，结果是 P 和 E 成线性关系 $[P = \varepsilon_0 \chi^{(1)}E]$，相应的光学现象称为线性光学现象，如吸收、散射、折射等物理现象称为线性光学现象。

当材料被置于强激光场（E）中，由于 E 值很大，此时式(9-1)中高价项不可忽略，在强光场中材料极化强度将呈现非线性的增长，这是由于构成物质的原子核及周围电子在电磁波场的作用下产生非谐振性运动的结果。结果是 P 和 E 成非线性关系：$P = \chi^{(2)}E^2 + \chi^{(3)}E^3 + \cdots$，相应的光学现象称为非线性光学现象，如三波混频的倍频、和频、差频和双光子吸收效应等都属于非线性光学现象。各种非线性光学效应及其应用见表 9-1。

表 9-1　各种非线性光学效应及其应用

次数	光学效应	应用
$\chi^{(1)}$	折射率	光纤、光波导
	吸收	Lamber-Beer 定律
$\chi^{(2)}$	二次谐波发生	倍频器
	光混频	紫外激光器
	参量放大	红外激光器
	Pockls 效应	电光调制器
$\chi^{(3)}$	三次谐波发生	三倍频器
	Kerr 效应	超高速光开关
	光学双稳器	光学存储器、光学运算元件
	双光子吸收	光信息存储、光限幅

9.1.2 双光子吸收现象

（1）双光子吸收概念

Einstein 认为，在普通光场照射下，每个分子只能吸收一个光子跃迁至激发态，如图9-1（a）所示，这一过程称为单光子吸收。物质的单光子吸收现象可用紫外-可见吸收光谱仪测得，换言之，凡是用紫外-可见吸收光谱仪测得的吸收均表示为单光子吸收光谱，简称为吸收光谱。

20世纪30年代，Copper-Mayer 曾预言：在强光激发下，每个分子可以吸收两个光子而跃迁至激发态，这两个光子可以是同时吸收的，也可能是分步完成的；所吸收的两个光子的频率可以相同，也可以不相同，如图9-1（b），（c）所示，这个吸收过程属于双光子吸收（two-photon absorption, TPA）。

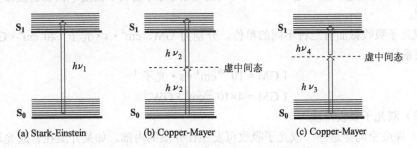

(a) Stark-Einstein (b) Copper-Mayer (c) Copper-Mayer

图 9-1 单光子吸收与双光子吸收能级图

双光子吸收可以这样来理解，如某有机分子的单光子吸收最大峰位在 400 nm 处，那么，理论上该物质在强激光场下发生双光子吸收峰位应在 800 nm 处；实际上，对于同一化合物，其双光子的吸收波长峰位要略小于单光子的吸收波长峰位两倍（见图9-2）。

双光子吸收是指介质在激光场下，通过虚中间态（virtue state）同时吸收两个光子达到高能态的过程。发生双光子吸收时，由于光子能量仅为单光子吸收激发能的一半，无法使基态电子激发到激发态，因此，只有在光子密度极高的情况下，才能使电子从基态跃迁至激发态。这种现象就好比在基态与激发态之间存在一个虚能态（即虚中间态），通过两个光子的能量进行叠加而使处于基态的电子达到激发态。

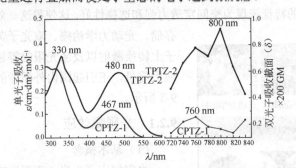

图 9-2 苯并噻二唑衍生物单光子吸收(左侧)与双光子吸收(右侧)光谱

（2）双光子吸收截面

评价材料的双光子吸收性能的指标为双光子吸收截面（δ_{TPA}）。这是将物质对光子的吸收能力等价于一个光截面，光截面越大，双光子吸收能力就越强。

双光子吸收截面（δ_{TPA}）可用下式计算得到：

$$\delta = \sigma^{(2)} \frac{I_o^2}{h\nu} \tag{9-2}$$

式中，$\sigma^{(2)}$ 为材料的双光子吸收系数，与物质结构有关；I_o 为入射光强；h 为普朗克常数；ν 为入射光频率。由式(9-2)可知，双光子吸收截面（δ_{TPA}）正比于光强（I）的平方，为了获得大的双光子吸收截面，通常使用高脉冲能量的飞秒激光作为激发光源，这是由于飞秒脉冲可以在极短的时间范围内积聚高密度的光子。例如当使用平均功率 1 W、重复频率 90 MHz、脉冲宽度 90 fs 的飞秒激光，可将其通过显微物镜聚焦为直径 1 μm 时得到的能量密度可达 TW·cm^{-2}，在如此高的峰值功率密度下极易诱发双光子吸收过程。

双光子吸收截面有三种不同的单位，分别为 GM、cm^4·s·光子$^{-1}$ 和 cm^4·GW^{-1}，换算关系为：

$$1\ GM = 10^{-50}\ cm^4 \cdot s \cdot 光子^{-1} \tag{9-3}$$

$$1\ GM = 4 \times 10^{-23} cm^4 \cdot GW^{-1} \tag{9-4}$$

（3）双光子吸收特性

① 深度空间穿透性　双光子吸收可发生在介质的内部。如某介质在普通光场（弱光场）下吸收 400 nm 波长的光，那么在激光光场（强光场）下则可吸收 800 nm 波长的光，由于介质对较长波长的光色散小，因此较长光波在介质中的穿透能力就得到加强。

② 高度空间选择性　由于双光子吸收概率是与入射光强的平方 I_o^2 成正比的，在激光束紧聚焦条件下，样品的双光子激发范围仅限制在焦点附近的很小的空间区域内，通常为 λ^3 数量级（λ 是激发波长），因而使得介质的激发具有高度的空间选择性。如某样品吸收 800 nm 强激光，其激发的空间在 0.5 μm^3 范围内。

9.2　双光子吸收效应的应用

双光子吸收的特征表现为空间穿透力强和选择性好，这使得这一效应在三维光信息存储、光动力学治癌、双光子荧光显微术、双光子上转换激射以及激光限幅等领域显示出诱人的应用前景，正引起国内外学者的广泛重视，如图 9-3 所示。

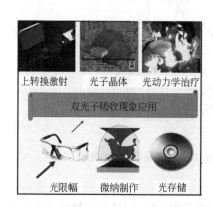

图 9-3　双光子吸收效应的应用领域

9.2.1　光限幅效应

（1）基本概念

光限幅定义为当一束强度较弱的光线入射到某介质（材料）时，其输出（透射）光的强度与输入光的强度呈线性关系；当入射光的强度很强时，其输出光的强度与输入光的强度不再呈线性关系，而是近似为一恒定值，这种现象称为光限幅。

理想的光限幅输入-输出曲线如图 9-4 所示，其中横坐标（I_{in}）表示输入光的强度，纵坐标（I_{out}）表示输出光（即透过光）的强度；当入射光强度较弱时，则透射光强与输入光强呈线性关系，可用直线 OA 表示，此时的材料对光是透明的；当入射光强度增大到某一定阈值（I_{inth}）后，此时透射光强不再随入射光强变化而改变，而是维持在一个定值（I_{outh}），可用曲线 AB 表示。I_{inth} 为开始限幅时的输入阈值，称为限幅阈值，对应的输出 I_{outh} 为箝位输出值，I_{dth} 为限幅器破坏阈值，Δ 和 Δ' 值分别称作限幅材料的输入和输出动态范围，I_{dth} 与 I_{inth} 之间差值称为光限幅的工作范围。

（2）应用实例

激光技术的发展促进了各类激光武器在军事上的应用，同时这些激光武器对军事人员的眼睛和光电装置（如光电侦察、导航和制导等系统）又构成了极大的威胁，如士兵和飞行员被激光致盲或烧伤眼角膜的事件时有报道。针对这种日趋严重的激光致盲威胁，西方军事强国曾提出"二十一世纪抗激光致盲的士兵系统"

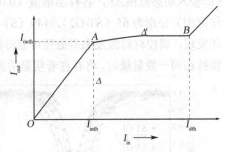

图 9-4　理想的光限幅曲线(输入-输出曲线)

研究课题，资助各类抗强光科研项目，采取相应的激光干扰与防护措施以保护和减轻士兵、汽车驾驶员以及空中飞行员免遭激光致盲的伤害。

实用化的抗激光致盲防护材料要求在低于材料限幅阈值时呈高透射率，而在强激光下其输出箝位值应低于人眼和传感器的承受能力。此外，还需要材料具有响应速度（开关速度）快、限幅阈值低、损伤阈值高、限幅波段宽（从紫外线～可见光～近红外线）、不影响系统本身视觉等特性。尽管目前的抗激光致盲能力还无力对抗激光武器的致盲破坏，可喜的是，抗激光致盲的研究近年来已取得长足的进步；如以卟啉衍生物为主要成分的聚碳酸酯复合基片显示出良好的激光防护作用，C_{60} 与酞菁等衍生物的抗激光致盲材料也显示出对 532 nm 的纳秒脉冲具有明显的限幅作用，且对 N_d:YAG 纳秒脉冲激光器（1064 nm）限制有望降低到人眼的损伤阈值以下。1999 年，美国 Prasad 等人报道了一组具有激光限幅能力的化合物材料（见图 9-5），其中 AF-50 分子溶液对 910 nm，7 ns 的激光具有 10^3 的衰减。

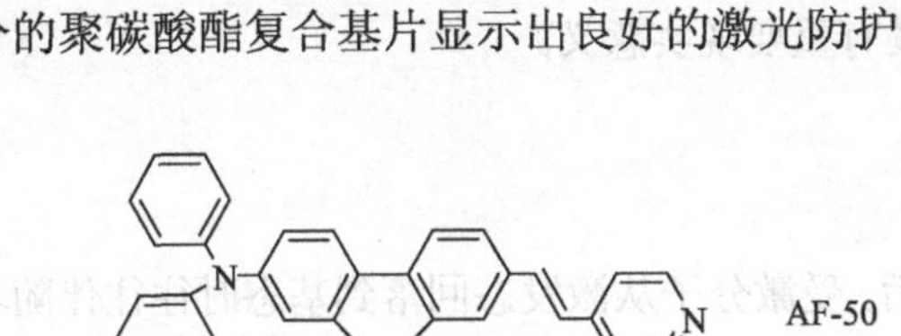

（3）双光子吸收机制的光限幅

具有强双光子吸收特性的有机材料显示出良好的光限幅性能，其原因是这类材料在可见与近红外波段对弱辐射的线性透射率高，从而保证了人眼对周围环境有足够的可见度。这种基于双光子吸收机制的光限幅材料，其光限幅能力与双光子吸收能力呈正相关性。这为材料的分子设计提供

图 9-5　一组具有激光限幅能力的化合物

了清晰的思路，只要提高材料的双光子吸收截面，便可获得好的光限幅性能。

本课题组对自制的三苯胺-硫芴衍生物进行了非线性光学特性的测试，结果如图 9-6 (a) 所示。纵坐标为非线性透过率（$\Delta T/T$），其数值反比于双光子吸收能力。可以看出，化合物的非线性透过率（$\Delta T/T$）顺序为：ST-G2 < ST-G1' < ST-G1.5 < ST-G1，则双光子吸收能力顺序为：ST-G2 > ST-G1' > ST-G1.5 > ST-G1。比较图 9-6 (b)，发现该类材料光限幅能力与双光子吸收能力呈正相关性。如输入光强变化在 30～450 MW·cm^{-2} 范围内（即输入动态范围Δ），各样品溶液（0.02 mol·L^{-1}）的透过光强Δ'（可看作光限幅的工作范围）分别为 65（ST-G2）、149（ST-G1'）、169（ST-G1.5）和 265（ST-G1）。研究中还发现：调控材料激发态寿命便可获得好的光限幅效应，如分子激发态寿命与激光脉宽保持在同一数量级时，将存在着明显的激发态再吸收，有利于提高分子的激光限幅效率。

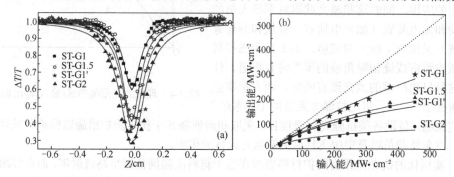

图 9-6　三苯胺硫芴衍生物双光子吸收(a)和光限幅曲线(b)

目前，光限幅材料的研究仍处于实验室阶段，如何将其转变为实用化材料，道路依然漫长。随着激光武器的进一步发展，相应的对抗措施将是战略性的研究课题，开展强双光子吸收的光限幅材料的研究及应用具有重要现实意义。

9.2.2　双光子激射与双光子荧光

（1）频率上转换

当分子吸收两个光子跃迁至上能级后，受激分子从激发态回落到基态时往往伴随着接近于原吸收光子频率的两倍的上转换辐射（或以无辐射形式从上能级回落到基态），由于辐射光的频率大于激发光的频率，这一过程称为频率上转换荧光（简称为上转换），又称作反斯托克位移荧光（见 2.2.2 节）。

（2）自发辐射和受激辐射

物质发生双光子吸收跃迁至上能级（S_1 态），处于高能级（激发态）的分子是不稳定的，总是力图向低能级跃迁，并伴随着发射一个能量为 $h\nu = E(S_1) - E(S_0)$ 的光子，该过程不受外界的作用而是完全自发进行的，称为自发辐射 [见图 9-7 (a)]。自发辐射即为荧光发射（见 2.1.3 节）。

受激辐射（简称激射）是指在双光子激发下产生的腔激射，是处于高能级的分子受到能量满足 $E(S_1 - S_0) = h\nu$ 光子的刺激（激励）跃迁至低能级，同时辐射出一个 $E(S_1) - E(S_0)$

$=h\nu$ 光子的过程 [见图9-7（b）]。

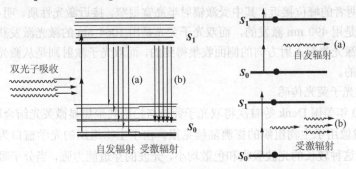

图 9-7　双光子自发辐射(a)和受激辐射(b)能级示意图

受激辐射对外来光子有严格的要求，即必须满足 $h\nu = E(S_1) - E(S_0)$ 的光子才能激发受激辐射。受激辐射光子的频率、位相和偏振状态都与引起受激辐射的光子相同。此时若有大量的激发态分子在同一个外来光辐射场作用下产生受激辐射，能使同一模式的光子数大量增加，形成光的放大过程，从而产生激光。

双光子激射的发光峰的半高宽（full width at half maximum，FWHM）远比双光子自发辐射要窄，如图 9-8 为化合物 HEASPI 溶液在 1064 nm 激光泵浦下获得的自发辐射与受激辐射光谱。两者的发射峰位分别在 640 nm 和 630 nm，受激辐射峰位蓝移 10 nm。明显不同的是，自发辐射光谱的半高宽 133nm，受激辐射光谱半高宽 29 nm。半高宽变窄其激光性能亦越好，因此，双光子激射可提供新的激光光源，实际上苯乙烯吡啶盐类化合物作为稳定性较好的激光染料已得到应用。

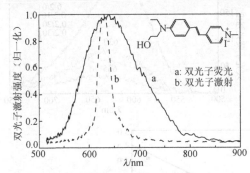

图 9-8　HEASPI 的自发辐射与受激辐射光谱
　　　　（DMF，0.05 mol·L^{-1}）

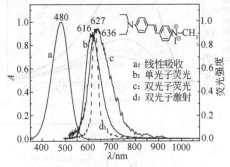

图 9-9　DEASPI 单光子荧光和双光子荧光
　　　　比较（DMF，0.05 mol·L^{-1}）

（3）双光子荧光与单光子荧光

双光子自发辐射本质上属于荧光，由于是通过双光子吸收实现的，故又称为双光子荧光。双光子荧光与通常的荧光（单光子荧光）在激发模式上不同：前者为强光激发，后者为普通光场激发；尽管如此，两者的发光大致相同，均来自第一激发单重态的辐射；所以双光子荧光和单光子荧光的发光峰位也大致相近。

图 9-9 给出苯乙烯吡啶盐 DEASPI 的吸收光谱、单光子荧光、双光子荧光和受激辐

射光谱图。可以理解为单光子荧光和双光子荧光及其激射均为 S_1 至 S_0 电子能级之间的跃迁，所以两者的峰位接近，其中受激辐射半高宽很窄，接近激光性质。明显区别在于，单光子荧光是用 490 nm 激发的，而双光子荧光是用 1064 nm 的激光激发获得的。双光子荧光是从激光光源入射方向的侧面收集得到的，而双光子激射则是从激光光源入射方向收集得到的。

（4）双光子荧光传感

　　自 1990 年美国 Denk 等首次将双光子荧光与扫描共聚焦显微荧光结合以后，双光子荧光显微/成像用于生物组织的探测陆续见报。由于生物组织的光学窗口为 900～1100 nm，介质对这种较长的光波吸收和色散均小，光波的穿透能力强，当分子吸收两个光子跃迁至高能态，其跃迁概率与入射光强度的平方成正比，在激光紧聚焦条件下，受激范围限制在很小的体积内（如 λ^3 以内），因此，双光子激发具有高灵敏度和选择性。双光子荧光在显微成像和传感领域具有潜在的应用价值。

　　如图 9-10（a），（b）所示，以自制的咔唑-苯并噻二唑衍生物（CPTZ2）为荧光传感分子，分别测试了单光子荧光与双光子荧光被质子猝灭的情况，并通过 Stern-Volmer 猝灭方程（$F_0/F_q = k_{sv}[Q]+1$）作图（见第 2 章 2.5.3 节），比较单光子荧光和双光子荧光对质子的传感灵敏性，结果见图 9-10（c）所示。可见，CPTZ2 的单光子荧光猝灭常数（k_{sv}^{1p}）和双光子荧光猝灭常数（k_{sv}^{2p}）分别为 0.10 L·mol^{-1} 和 0.22 L·mol^{-1}，后者猝灭能力是前者的 2 倍，表明后者灵敏性高于前者，即双光子荧光对质子的敏感度明显大于单光子荧光。

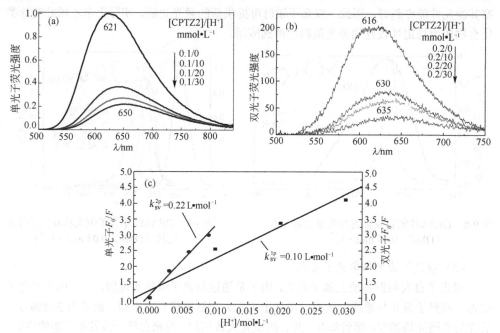

图 9-10　化合物 CPTZ2 的单光子荧光(a)和双光子荧光(b)光谱及荧光猝灭曲线（c）

　　图 9-11 比较了化合物 CPTZ1 和 CPTZ2 单光子荧光和双光子荧光对 Ni²⁺ 和 Cu²⁺ 的
猝灭效率；可以看出，这两种分子双光子荧光对金属离子敏感度总是明显大于单光子荧
光。另外，化合物对 Cu²⁺ 的猝灭效率又都是大于 Ni²⁺ 的。

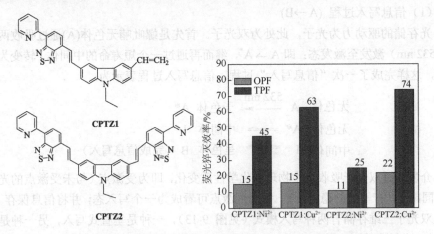

图 9-11　单/双光子荧光对金属离子猝灭效率比较（图中数字为猝灭效率）

9.2.3　双光子信息存储

　　物质在光诱导下发生双稳态结构可逆转换，这一特性可用于光信息存储。因为物质
在光化学反应前后分子结构将发生改变，相应地，光物理性质也随之改变，这种变化对
应着二进制"0，1"形式，可用作二进制信息存储。在第 3 章中，曾详细介绍了通过单
光子吸收实现信息存储的原理。

　　类似地，通过物质的双光子吸收也可实现信息存储的原理，基于双光子诱导的光化
学反应的信息存储称为双光子信息存储。双光子信息存储是通过双光子吸收过程实现写
入、读出和擦除三个过程，其基本原理与单光子信息存储的原理基本相似，仅在于光驱
动下前者发生的双光子吸收，而后者发生的是单光子吸收。

　　理论上，可用于单光子信息存储的有机光致变色化合物包括有螺吡喃、偶氮、俘精
酸酐、螺噁嗪、二芳基乙烯等，都可以用于双光子信心存储。第一个用于双光子存储介
质的是螺吡喃化合物。现以螺吡喃为例描述双光子信息存储过程。

　　设定螺吡喃的螺环结构为无色体，用 A 表示；其开环结构为呈色体（红色），用 B
表示。在双光子驱动下 A 结构发生光异构化生成 B 结构；相应地，颜色由无色转变为
红色（见图 9-12）。在另一束光（可以是双光子）的照射下，B 结构又可回复到 A 结构，

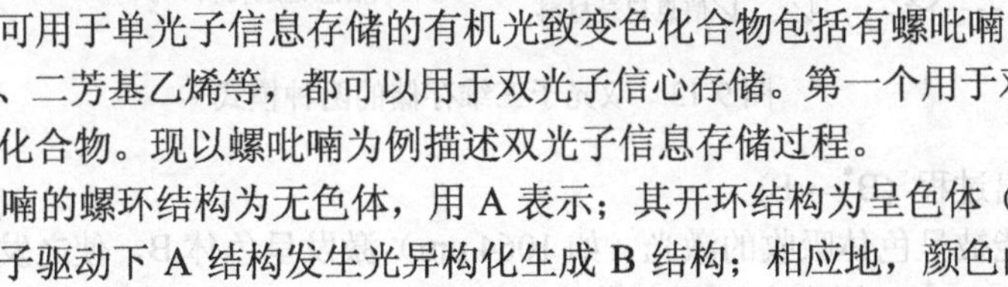

$$H_3C \quad CH_3 \qquad\qquad\qquad 双光子吸收 \qquad\qquad H_3C \quad CH_3 \qquad NO_2$$

$$\underset{1064\ nm}{\overset{532\ nm}{\rightleftharpoons}}$$

双光子吸收

(A) 无色体　　　　　　　　　　　　　　　　(B) 呈色体

图 9-12　螺吡喃无色体(A)与呈色体(B)分子结构

颜色由红色又回复至无色，这种颜色的可逆变化对应着二进制中的"0"和"1"状态，可以用于双光子信息存储。

双光子信息存储的"写、读、擦"三过程可描述如下。

（1）信息写入过程（A→B）

光存储的驱动力为光子，此处为双光子。首先是螺吡喃无色体(A)通过吸收两个光子（532 nm）激发至激发态：即 A → A*，继而再通过一个短寿命的中间体 I 转变为呈色体 B，这样完成了一次"信息写入"过程。信息写入过程表示为：

$$无色体 \ A \xrightarrow{\text{532 nm}} 无色体 \ A^*$$

$$无色体 \ A^* \rightleftharpoons 中间体 \ I$$

$$中间体 \ I \rightleftharpoons 呈色体 \ B （完成信息写入）$$

介质通过双光子吸收发生物理或化学性质变化，即为受激点（与未受激点的光学性质不同，且具有一定的稳定性），每个受激点可看成为一个写入态，并将信息保存下来。

双光子三维存储有两种写入模式（见图 9-13），一种是垂直式写入，另一种是平行式写入；写入波长可以相同，也可以不相同。由于双光子吸收概率与光强的平方 I^2 成正比，这样双光子激发过程被紧紧地局域在焦点附近的很小区域内（体积数量级为 λ^3），如此小的体积使双光子吸收具有极其优越的空间分辨率。由于这个特点，在多层存储中可以消除相邻数据层之间的相互干扰，以及在记录和读出过程中的擦除现象，极大地提高了数据存储密度。

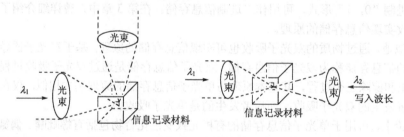

图 9-13　双光子三维存储的两种模式

（2）读出过程（B*→ B）

用一束能被呈色体吸收的激光（如 1064 nm）激发呈色体 B，使之发生双光子吸收跃迁至激发态（B*），激发态 B* 发射荧光（如在 600 nm 附近）返回到基态 B，用该红色荧光作为读取信号，从而实现非破坏性读出（见 10.2.2 节）。

$$呈色体 B \xrightarrow{\text{1064 nm}} 呈色体 B^*$$

$$呈色体 B^* \longrightarrow 呈色体 B + 发出荧光 （完成信息读出）$$

记录材料通过双光子吸收获得的受激点，这个写入态在受到恰当波长的读出光束的激发时会发出一个宽带荧光。此时可以通过检测荧光光谱或其他物理化学性质（如折射率和吸收光谱）的变化而达到信息的读出。

（3）擦除过程 (B→A)

用一束光源（对应着呈色体的线性最大吸收波长，如 490 nm）照射呈色体，使 B 结构回复到 A 结构，此即完成一次擦除过程。

$$呈色体\ B \xrightarrow{480\ nm} 呈色体\ B^*$$
$$呈色体\ B^* \rightleftharpoons 中间体\ I$$
$$中间体\ I \rightleftharpoons 无色体\ A\ （完成信息擦除）$$

双光子信息存储涉及的"写、读、擦"三过程对应的能级变化见图 9-14。

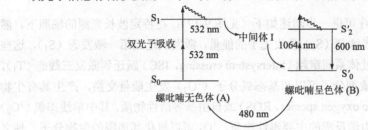

图 9-14 双光子信息存储涉及的"写、读、擦"三过程能级图

以二芳基乙烯为例，开环结构为无色，通过双光子吸收（532 nm）发生顺旋闭环反应生成闭环体，闭环体再通过双光子吸收（1064 nm）又恢复到开环体；其中闭环态（呈色体）在约 600 nm 处具有强的吸收峰而呈现鲜艳的蓝色（见图 9-15）。上述双光子光致变色对应的存储过程为：受激点闭环体为写入态；由于此闭环异构体不发荧光，可通过吸收光谱变化达到信息读出；擦除则用 1064 nm 使之恢复到开环态。二芳基乙

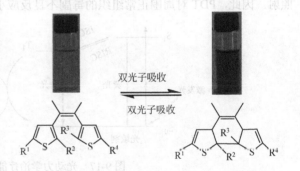

图 9-15 二芳烯衍生物光致变色对应的结构与颜色变化

烯类衍生物在固相中具有好的光致变色性能、耐疲劳性和热稳定性，因此被认为是最可能接近实际应用的超高密度光信息记忆材料。

9.2.4 双光子动力疗法

（1）PDT 基本原理

光动力学疗法（photodynamic therapy，PDT）是一种利用光、光敏剂和氧分子等，通过光动力学反应选择性地治疗病变和局部感染的一种新型疗法。该疗法对肿瘤的选择性高，在杀死肿瘤的同时不危及正常组织，毒性小、收效快，重复应用不会产生耐药性。

PDT 可简单描述为，预先给患者注射或局部涂抹含有光敏剂的药物，再用特定波长的光源直接辐照病灶进行治疗。其机理是：含有光敏剂的药物被注射（或浸透）进生物活体中供癌细胞组织选择性吸收，然后用光源（一般是激光）照射恶变组织（癌细胞）

区域，光敏剂帮助药物吸收光子（此为双光子吸收过程），产生高活性的氧原子杀死癌细胞（见图 9-16）。

生物活体　　癌细胞　　　生物活体　　　　　　　　生物活体　　　生物活体

注射（药剂＋光敏剂）　选择性吸收药物　　光源照射　　癌细胞变小

双光子照射

图 9-16　光动力学治疗示意图

PDT 光动力学治疗可进一步阐述如下（见图 9-17）：在特定波长光源的辐照下，潜留在靶组织中的基态光敏剂（S_0）吸收光子的能量，激发跃迁到第一激发态（S_1），这些激发态光敏剂分子通过体系间窜越（intersystem crossing，ISC）跃迁到激发三线态（T_1），处在激发三线态的光敏剂分子可以和基态氧分子（$^3O_2$）发生能量交换，产生具有生物毒性的活性氧（reactive oxygen species，ROS）或自由基等活性物质，其中单线态氧（$^1O_2$）已被广泛认为是光动力学反应的主要毒性物质。$^1O_2$ 可以氧化其周围的生物分子，使之造成不可逆的损伤，从而达到治疗的目的。PDT 的最大优点在于它具有双重选择性，首先是光敏剂可以选择性地潜留在病灶组织上；接着，根据病灶的位置实施光源的选择性照射。因此，PDT 对周围正常组织的毒副不良反应小，同时还可以重复治疗。

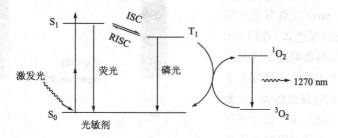

图 9-17　光动力学治疗能级图

（2）PDT 三要素

由光动力学疗法（PDT）原理可以看出，光敏剂、光和氧分子是 PDT 的三个基本要素。

① 光敏剂　光动力学疗法光敏剂需满足以下条件：i. 光热稳定性好，易于被肿瘤细胞选择性吸收，即肿瘤对光敏剂的吸收能力比其周围的正常组织要大得多；ii. 具有高的三线态的量子产率和三线态的寿命。如果光敏剂的三线态寿命较短，则其与基态氧（三线态）作用时间亦较短，产生的激发单线态氧的浓度不够大，将达不到治疗效果。

常见光敏剂为金属酞菁化合物，酞菁分子在激光照射下由基态 S_0 跃迁到单线激发态 S_1，之后通过系间窜跃生成三线态（T_1），T_1 态的金属酞菁容易与基态的三线态氧作用生成激发的原子氧（单线态），后者具有很强的氧化性，可与肿瘤作用使其细胞坏死，达到治疗效果。

表 9-2 列出三种金属酞菁磺酸对纤维肉瘤（UV2237 细胞）的光动力学治疗效果。

中心金属原子的种类不同及周边环上磺酸基的数目不同，对光动力学治疗的疗效有明显的影响。氯铝酞菁磺酸具有优良的光动力学疗法效果，红外线照射下能有效地杀死癌细胞，而铜酞菁和镍酞菁则无明显的效果。这可能与铜酞菁和镍酞菁磺酸在水中易形成聚集体有关。聚集体对光的吸收能力大大低于单分子。氯铝酞菁磺酸的中心金属—铝能形成轴向配体，这种构造能有效地阻止酞菁的聚集，因而增加了光动力学疗法效果。

表 9-2　三种金属酞菁磺酸对纤维肉瘤的光动力学治疗效果

酞菁类型	日光照射下的 φ	红外线照射下的 φ
氯铝酞菁一磺酸（AlClSPc）	1.0	0.03
铜酞菁二磺酸（CuS$_2$Pc）	0.91	0.96
镍酞菁四磺酸（NiS$_4$Pc）	0.92	0.99

注：φ 为纤维肉瘤细胞存活概率。

② 激发光源　采用传统紫外光源作为光动力学疗法的激发光源，将存在严重的细胞自体荧光的干扰。所谓自体荧光是当细胞组分直接受紫外线激发时产生的荧光，自体荧光来自于存在于细胞内部组成和细胞间基质的内源荧光团，如蛋白质中的芳香族氨基酸（如色氨酸、酪氨酸、苯基丙氨酸）以及油脂新陈代谢的最终产物等。

由于用紫外光源激发下存在细胞自体荧光的干扰，其治疗位置仅局限在体表下的几微米深度，这严重影响了治疗效果。若使用近红外光或红外光激发，其优势在于它能影响组织内部更深的部位；而且近红外光或红外光的能量较低，如用锁模钛蓝宝石激光器（脉宽为 70 fs，能量为 4 nJ 的脉冲）作为激光光源，其能量相当于一束直径 2 mm，峰值能量为 5 MW·cm^{-2}，可减轻对人体伤害。

③ 双光子 PDT 的特点　双光子 PDT 与单光子 PDT 相比具有许多突出的优点：i. 双光子 PDT 可以采用波长比较长的、在生物组织中穿透能力比较强的红外激光作为激发光源，可以解决生物组织中深层物质的治疗问题；ii. 双光子跃迁具有很强的选择激发性，双光子 PDT 具有更高的横向分辨率和纵向分辨率。另外，由于材料的双光子吸收强烈地与激发光强的平方相关，因而在紧聚焦的条件下，双光子吸收仅局域于物镜焦点处的空间体积约 λ^3 的小范围内，甚至不使用共焦小孔，就能得到高清晰的三维图像，使共焦显微镜的设计大为简化，易于治疗操作。

在双光子 PDT 治疗中，光敏剂分子同时吸收两个低能量光子跃迁到第一激发态，进而产生激发三重态的光敏剂分子，并与基态氧发生能量转移产生 $^1O_2$。这种方法的最大优点在于能够利用近红外光源作为治疗光源，从而可以有效提高 PDT 在组织中的治疗深度；其次，由于双光子吸收具有高度的空间选择性，易于实现对治疗靶位的精确定位，减少对病灶周围正常组织的损伤。尽管双光子 PDT 已在血管性疾病的治疗中获得了成功的初步应用，但研发具有较高双光子吸收截面的新型光敏剂和高功率的飞秒光源仍是重要的研究课题。

9.2.5　双光子微纳制作

（1）基本概念

传统的光刻（见第 8 章 8.5 节）即为单光子平面曝光技术，要想获得三维结构，需要将三维结构分割成许多二维结构，将光束按照二维图形进行扫描，光束焦点经过的地方产生作用，可形成相应的二维结构，再用相同方法制备第二层结构，依次重复，最终得到所需的三维结构。这种传统的光刻技术加工分辨率受到经典光学衍射极限的限制。

与普通的光刻技术不同，双光子微纳制作具有高度选择性和良好穿透性，通过控制激光光强可以调节双光子吸收的产生范围，突破光学衍射极限的限制，将双光子吸收过程控制到远小于激光波长甚至纳米尺度范围，从而达到进行纳米加工的目的。飞秒激光双光子微纳加工技术具有三维、一次成型及高加工分辨率的特点，通过双光子微纳制作可以制备复杂三维微细结构，在光子学微器件、微机电系统等领域具有极大的应用价值。

（2）双光子聚合分辨率

与单光子聚合相比，双光子聚合具有更高的空间分辨率。如图 9-18 所示，单光子吸收在光束通过的所有区域内发生；而双光子吸收并不在光束通过的所有区域发生，而在特定的空间区域进行。基于双光子吸收原理的双光子聚合反应，可通过控制所使用的激光强度，使双光子聚合区域远远小于光的衍射极限，在原理上甚至可以达到单分子尺度。因此激光光束可以直达材料内部，在材料内部特定位置引发光聚合反应。通过对激光焦点进行控制，使其沿预先设计的轨迹进行扫描即可进行三维激光直写，实现三维图形的微加工。

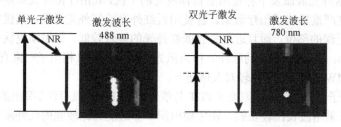

图 9-18　单光子与双光子吸收空间分辨率的区别

用双光子聚合的方法实现三维结构微细加工，可以克服单光子过程的空间选择性差的缺点，是一项很有应用前景的技术，尤其在光电子集成器件的加工方面显示出巨大的应用潜力。

（3）双光子聚合与微结构

1999 年,美国 Marder 课题组首次在 Nature 期刊报道,利用共轭有机分子 [见图 9-19（a）] 作为双光子聚合引发剂，在飞秒脉冲激光作用下获得三维微结构光子晶体，这种微纳结构需在电子显微镜下才能观测到 [见图 9-19（b）]，标志着精微技术的一次重大突破，为实现高密度三维光信息存储的应用迈出了实用性的一步。2001 年日本大阪大学的 Kawata 等人用飞秒激光作为激发源活化光引发剂，诱导丙烯酸酯聚合，制备出更高空间分辨率的微结构"小牛"模型。2005 年，R. Narayan 等人通过双光子聚合制作了柱状合金微结构，这些结构在光子晶体的制作、药物的传输和组织工程方面有着良好的应用前景。

2011 年本课题组自制了一组三苯胺拓扑结构光引发剂（Np-G1、Np-G1.5、Np-G2），将其掺杂在甲基丙烯酸酯预聚体中得到负性光刻胶（R1～R2），用 780 nm 飞秒激光辐照甲基丙烯酸类树脂（MMA/引发剂），对其实施双光子聚合。结果表明：拓扑结构分子的双光子聚合加工出来的微结构精细程度高，通过荧光动力学、电化学、荧光激发光谱研究了双光子聚合的微观机理。

$n = 1 \sim 2$，$\delta_{TPA} = 99.5 \sim 125$

在 730~775 nm，5 ns 脉冲

(a)　　　　　　　　　　(b)

图 9-19　双光子聚合引发剂（a）及其三维微结构（b）

为了便于比较，引入商品光引发剂 benzil 作对照试验（见表 9-3）。

表 9-3　负性光刻胶(甲基丙烯酸类预聚体/引发剂)双光子聚合性质

负性光刻胶		光引发剂质量分数/%	光引发剂摩尔分数/%	P_{th}/mW	$R_p/\mu m^3 \cdot s^{-1}$
名　称	光引发剂				
R1	Np-G1	0.20	0.30	2.3	0.45
R1.5	Np-G1.5	0.20	0.14	2.2	0.20
R2	Np-G2	0.20	0.11	1.1	1.33
R$_{benzil}$	benzil	0.20	0.95	7.5	0.09

注：P_{th} 为聚合阈值，R_p 为 2.4 mW 激光强度下的聚合速率。

结果表明拓扑结构三苯胺衍生物的双光子引发性能优秀，体现在下列三个方面：

① 光刻胶 R1~R2 更容易发生双光子聚合，其双光子聚合阈值为 1.1~2.3 mW，明显小于光刻胶 R$_{benzil}$ 的双光子聚合阈值（7.5 mW）。如 Np-G2 [掺杂浓度 0.11 %（摩尔分数）的聚合阈值低于商品引发剂 benzil（掺杂浓度 0.95 %（摩尔分数）] 近 10 倍；

② 光刻胶 R1~R2 双光子聚合速率（0.20~1.33 $\mu m^3 \cdot s^{-1}$）远大于光刻胶 R$_{benzil}$ 的双光子聚合速率（0.09 $\mu m^3 \cdot s^{-1}$），见图 9-20，如 Np-G2 的双光子聚合速率高于商品引发剂 100 倍以上；

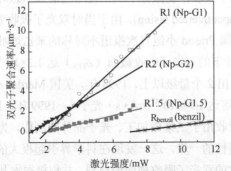

图 9-20　树脂（MMA/引发剂）在不同激光强度激发下的双光子聚合速率

③ 掺杂 Np-G2 树脂光刻得到的微米牛和周期微结构的精细程度高 [见图 9-21(b)，(c)]，而传统的紫外聚合引发剂（benzil）双光子吸收截面较小，需较高的激光能量才能引发聚合，导致聚合反应难以控制，且易造成对微结构的光损伤。

这种双光子聚合的微观机理是，双光子引发剂首先吸收两个光子跃迁至激发态，然后通过分子内电荷转移、分子间电子转移，将一个电子传递至丙烯酸酯单体(MMA)，诱导后者生成自由基负电子并引发聚合，如图 9-21（a）所示。

双光子微加工作为一项新兴技术，科学家们真正感兴趣的是如何将这种技术应用于光子晶体、光子传输和医疗领域中，未来的双光子微纳加工技术将成就微感应器、微设备、微机器、微机器人在人体内外科手术；监控、收集人体生物资料，成为人体清洁、健康的卫道士。

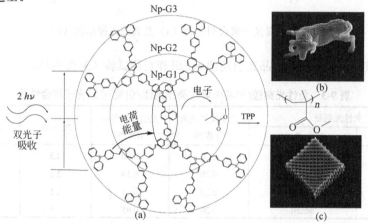

图 9-21　双光子聚合引发剂 Np-G3（a）、微米牛（b）和栅格子（c）(全图小于 15 μm)

9.3　强双光子吸收材料

1931 年，Göpper-Mayer 从理论上预言双光子吸收过程的存在。20 世纪 60～70 年代，随着高能量脉冲激光的出现，双光子吸收现象得到证实。人们首次发现有机染料罗丹明 6G 由于发生双光子吸收，受激分子从上能级回落到基态时发出接近于吸收光子频率两倍的上转换激射(upconverted lasing)，由于当时双光子吸收效应较弱，这一现象未曾引起重视。1995 年，美国 Prasad 小组首次报道不对称的苯乙烯吡啶盐分子 ASPT 在调-Q Nd:YAG,10 ns 激光脉冲下的双光子吸收截面（δ_{TPA}）达 1.2×10^{-47} cm^4·s·光子$^{-1}$，比先前已知分子的 δ_{TPA} 值高出 2 个量级以上。1998 年，美国 Marder 小组报道二苯乙烯衍生物的双光子吸收截面最大可达 1.94×10^{-47}cm^4·s·光子$^{-1}$。1999 年，Marder 等人在 Nature 杂志上首次报道双光子吸收用于三维微加工、光子晶体的制作，为实现高密度三维光信息存储的应用迈出了实用性的一步，这一发现在科学界引起极大的兴趣。近年来，从理论和实验上设计并制备大的双光子吸收截面的材料，并积极探索其实际应用价值已成为材料物理学、量子化学、材料化学领域内关注的热点。影响双光子吸收性能的结构因素由如下几方面。

9.3.1 分子内电荷转移

根据"电荷转移理论",如果共轭分子具有强电子给体(D)和电子受体(A),可组成 D-π-A 分子,那么该分子将对光场表现出较强的极化响应,其双光子吸收截面数值亦大。理论上,影响双光子吸收截面的因素可用式(9-5)描述,其中 M_{ge} 为分子从基态到激发态的跃迁偶极矩;$\Delta\mu_{ge}$ 为基态到激发态的偶极矩之差;$M_{ee'}$ 为第一激发态与第二激发态的跃迁偶极矩;E_{ge} 为基态到第一激发态的能量差;$E_{ge'}$ 为基态到第二激发态的能量差。

$$\delta_{\text{TPA}} \propto \frac{M_{ge}^2}{E_{ge}}\left(\frac{\Delta\mu_{ge}^2}{E_{ge}} + \sum_e \frac{M_{ee'}^2}{E_{ge'}} - \frac{M_{ge}^2}{E_{ge}}\right) \tag{9-5}$$

有机分子是由共价键连接若干原子组成的,共价键包括σ键和π键。其中σ电子受外界(光场或电场)影响较小,但π键的电子位移受外界(光场或电场)影响非常大。有机分子的非线性极化作用主要来自于高度离域的π键电子转移,具有强的电子给体(D)和强的电子受体(A)组成的共轭分子,具有强的分子内电荷转移特性,对光场将表现出较强的极化响应,进而产生双光子吸收。

因此,强双光子吸收材料从分子结构上看,通常是在π共轭体系的两端分别连接电子给体(D)和电子受体(A),强的电子给体(D)和强的电子受体(A)基团可以导致大的非线性极化率。可以理解具有下列结构的有机分子将具有较大的双光子吸收截面(δ_{TPA})。其中,D 表示给电子基团,π表示共轭电子体系,A 表示拉电子基团。

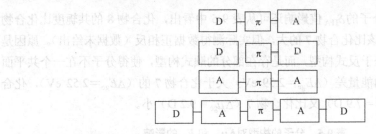

给电子基团(D)强弱顺序为:$O^- > N(CH_3)_2 > NH_2 > OCH_3 > CH_3$;拉(受)电子基团(A)强弱顺序为:$N^+ > NO_2 > COCH_3 > CHO > CN$;其中带电荷的取代基 N^+ 与 O^- 是最强的电子受体和电子给体基团。

9.3.2 共轭体系

对于一个确定的电子给体和电子受体的分子来说,其δ_{TPA}值取决于分子的共轭体系大小和分子的平面结构。因为分子的平面性影响着分子的π共轭体系,平面性好有利于提高分子的共轭程度。表 9-4 列出 6 种不同π电子体系的化合物,可以看出化合物 2 的共轭体系大于化合物 1;化合物 3~5 与化合物 1、2 相比,前者具有较长的共轭长度;对化合物 3~5 来说,三者的电子给体及受体基团相同,中间共轭π电子体系长度也大体一致，但平面性则按下列次序降低：PhCH＝NPh < PhN＝NPh < PhCH＝CHPh。

表9-4　不同共轭电子体系化合物的分子结构

编号	分子结构	编号	分子结构
1	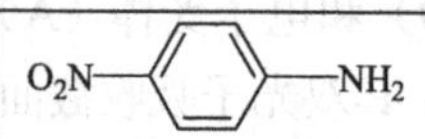 O_2N—〈〉—NH_2	4	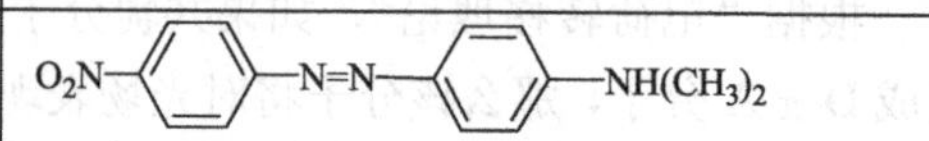 O_2N—〈〉—N＝N—〈〉—$NH(CH_3)_2$
2	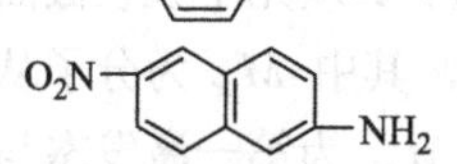 O_2N—〈〉〈〉—NH_2	5	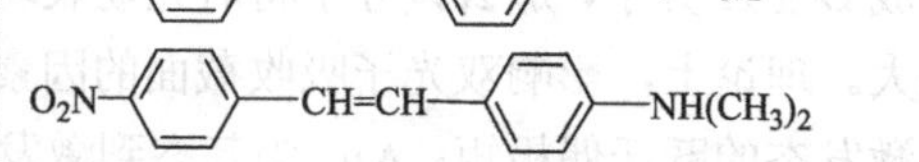 O_2N—〈〉—CH＝CH—〈〉—$NH(CH_3)_2$
3	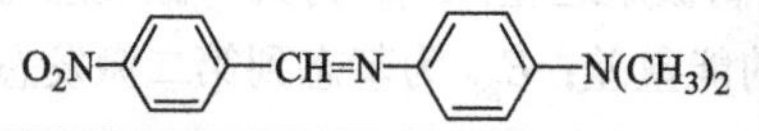 O_2N—〈〉—CH＝N—〈〉—$N(CH_3)_2$	6	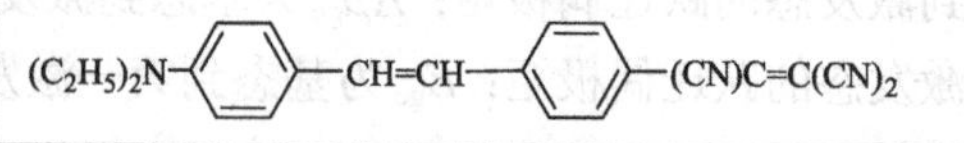 $(C_2H_5)_2N$—〈〉—CH＝CH—〈〉—$(CN)C＝C(CN)_2$

二苯乙烯和偶氮苯在固态时基本上是平面型结构，但后者不及前者；而苯甲醛缩苯胺分子的晶体则是非平面型的，两个苯环各自沿着σ_1和σ_2单键向相反的方向扭曲一定的角度（见图9-22），即在苯甲醛缩苯胺分子中，π电子的共轭程度不及二苯乙烯和偶氮苯分子，对δ_{TPA}值的贡献也就相应减弱。所以，化合物 **1～6** 的双光子吸收截面依编号递增而增大。

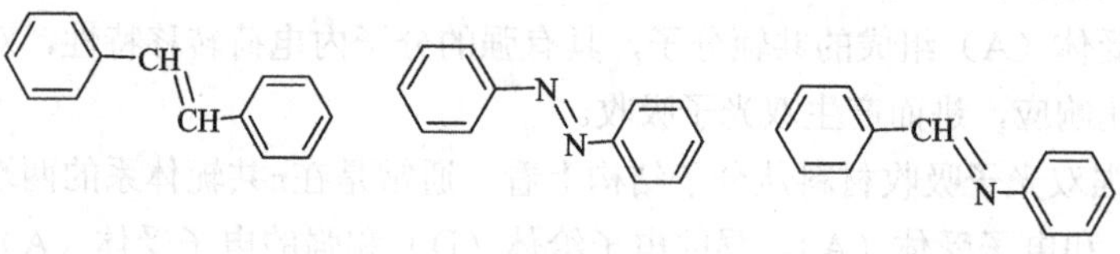

图9-22　二苯乙烯(a)、偶氮苯(b)和苯甲醛缩苯胺(c)分子结构

分子平面性对分子的δ_{TPA}值影响还可从表9-5中看出，化合物 **8** 的共轭度比化合物 **7** 的大，其δ_{TPA}值应该比化合物 **7** 的大，但实际测得数据正相反（数据未给出）。原因是化合物 **8** 并非完全处于反式构型，而是存在部分的顺式构型，使得分子不在一个共平面上，结果化合物 **8** 的能量差（$\Delta E_{ge}＝2.59$ eV）大于化合物 **7** 的（$\Delta E_{ge}＝2.52$ eV），化合物 **8** 的偶极矩（$\Delta\mu_{ge}＝7.9$ D）又比化合物 **7**（$\Delta\mu_{ge}＝9.2$ D）小。

表9-5　分子的构型对$\Delta\mu_{ge}$和E_{ge}的影响

编号	分子结构	$\Delta\mu_{ge}$/D	E_{ge}/eV
7	$(CH_3)_2N$-Ph-CH＝CH-Ph-CH＝$C(CN)_2$	9.2	2.52
8	$(CH_3)_2N$-Ph-[CH＝CH]$_2$-Ph-CH＝$C(CN)_2$	7.9	2.59

9.3.3　分子结构对称性

对称结构（D-π-D）和不对称结构（D-π-A）分子，哪种更有利于增大双光子吸收截面呢？2000 年，O. K. Kim 等报道了以三聚噻吩为π-中心的具有 D-π-D 和 D-π-A 分子结构的四个化合物，并比较了这两类分子的双光子吸收截面（δ_{TPA}），结果表明在相同共轭长度的条件下，D-π-D 型分子的双光子吸收性质明显优于 D-π-A 型分子（见表9-6）。

表 9-6 D-π-D 和 D-π-A 型分子双光子吸收截面比较

类型	分子结构式	$\delta_{TPA}/\times10^{-20}cm^4 \cdot GW^{-1}$
D-π-D		429
D-π-A		136
D-π-D		910
D-π-A		493

作者经研究表明，D-π-D 和 D-π-A 型分子的电荷转移行为有很大不同，D-π-D 分子在基态（S_0）和两个激发态（S_1 和 S_2 态）的电荷转移是对称的；D-π-A 型分子无论在基态还是激发态，其π-电子分布均显示出不对称，这种不同的电荷转移模式影响着它们各态之间的物理变化量（见表 9-7）。D-π-D 和 D-π-A 分子的 M_{ge} 和 $\Delta\mu_{ge}$ 的差别较大，而其他物理量，如 M_{ge}、E_{ge} 和 $E_{ge'}$ 差别不大。因此，D-π-D 和 D-π-A 这两类分子双光子吸收截面数值的不同是受着 M_{ge} 和 $\Delta\mu_{ge}$ 数值的影响。D-π-D 型分子激发态呈对称电荷转移，表现出大的第一激发态与第二激发态之间的跃迁偶极矩（$M_{ge'}$）；而 D-π-A 型分子激发态表现出的不对称电荷转移使得该类分子的基态与激发态的偶极矩之差（$\Delta\mu_{ge}$）增大。分析表明：第一与第二激发态的跃迁偶极矩（$M_{ee'}$）对分子的双光子吸收截面的贡献要大于偶极矩差（$\Delta\mu_{ge}$）的贡献。这对于寻找具有大双光子吸收截面的有机材料的分子设计与合成具有一定的参考作用。

表 9-7 D-π-D 和 D-π-A 分子电荷转移模式与相应的物理量

	D-π-D	D-π-A
$M_{ee'}$	12.2～14.4 D	6.8～9.8 D
M_{ge}	9.2～9.4 D	9.2～9.9 D
$E_{ge'}$	1.70～2.1 eV	1.33～1.57 eV
E_{ge}	3.21～3.30 eV	2.26～3.13 eV
$\Delta\mu_{ge}$	0	3.4～11.8 D

　　分子内正、负电荷的交替变化有利于共轭π电子体系离域。图 9-23 为本课题组自制的两个具有对称型分子 NO-G1 和 SO-G1。通过电荷密度计算可以看出，NO-G1 分子具有"D-A-π-A-D"特征，其中π为杂芴氮、A 为噁二唑、D 为苯基乙氧基。NO-G1 分子中心的"氮杂芴"与两端延伸的"枝"呈较好的平面构型且共轭度也有所提高，这些均有利于增大分子内的电荷转移程度。从电荷有效转移角度来看，"D-A-π-A-D"分子具有明显的 p-n 结模式，将会比"D-π-D"具有更好的分子内电荷转移能力，所以有效地提高了 NO-G1 分子的双光子吸收能力。

　　若用硫杂芴替换氮杂芴，得到的 SO-G1 分子其分子内正、负电荷的交替变化不如 NO-G1 明显，将削弱 p-n 结特征，用双光子荧光法分别测出 NO-G1 和 SO-G1 双光子吸收截面为 454 cm⁴·s·光子⁻¹ 和 377cm⁴·s·光子⁻¹。由此说明，含杂芴化合物的 p-n 结特征与分子双光子吸收性能呈正向关系。

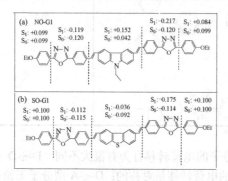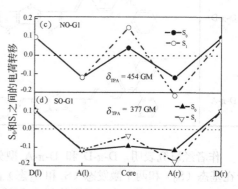

图 9-23　分子 NO-G1 和 SO-G1 的电荷密度分布（a），（b）及电荷转移（c），（d）

9.3.4　拓扑结构分子

（1）分子拓扑结构

　　拓扑结构最初是指类似于网络形状的结构，即网络中各节点由某节点互联连接，且每一节点至少与其他两个节点相连。受着这种拓扑结构的启发，各种具有树枝状、梳形、超枝化、星形等一类分子被设计与制备出来，通称为拓扑结构分子；在拓扑结构分子中以树枝形分子最具代表性。

　　树枝形分子是具有树枝形状、高度支化结构的一类分子，其结构特点通常由中心核、内层重复单元和外层端基三部分组成。中心核可为基团（如苯环），也可为原子（如碳、氮原子等），具有的枝化结构基团作为内层重复单元，其重复次数可用图 9-24 中的 0，1，2，…n 等数字表示，分别为一代（G_1），二代（G_2），…n 代（G_n）。树枝形分子具有以下特点：

　　① 大量的官能团　树枝形分子增长过程是重复单元的几何增长，当达到一定代数后，大量的端基官能团就会在外层聚集，使树枝形分子内层得到有效保护，同时随着端基性质的不同，使树枝形分子具有多功能性，大量官能团在外层的富集为树枝形分子提供了广阔的应用空间；

　　② 分子内存在空腔　树枝形分子每生成一代便具有一层结构，每层结构中具有一

定的分子空腔，这些空腔的存在有利于主客体化学与分子催化的研究；

③ 高度的几何对称性　树枝形分子的对称性和分子的拓扑形态使其在三维空间中具有近似的球形结构，分子本身具有纳米尺寸，其尺寸一般在几纳米至几十纳米之间，是典型的纳米材料。另外，树枝大分子具有低黏度和高玻璃化温度也有利于器件加工与提高材料的稳定性。

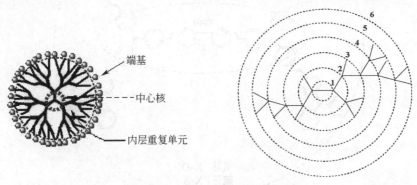

图 9-24　树状分子的模型结构

树枝形分子拓扑形状有利于调控分子能级结构，使其成为功能性亚微细粒球的理想模型；且树枝状大尺寸分子还易于调控分子间的相互作用，有利于调控分子的聚集态结构；其最大的优势在于"树枝"外围端基不影响树枝"核"的发光颜色，且随着分子代数的增高，分子的吸收与发光强度均可随之提高，表现出许多独特的光电性能。如国外报道了一些新型树枝化合物如芳香酯/二苯乙烯树枝化合物和卟啉/芳香酯树枝化合物具有一些独特的光物理性质，其摩尔吸光系数(ε)和双光子吸收截面(δ_{TPA})皆随着分子尺寸的增大而提高，并表现出一定的协同增强效应。

（2）杂芴-三苯胺树形分子

本课题组曾制备了一类以三苯胺为"枝"、杂芴为"中心核"的（树）枝形分子（见图 9-25，X = O 或 S 时分别为氧杂芴或硫杂芴）。发现氧杂芴分子随着"代数"从 1→1.5→2 提高，分子的辐射衰变速率（k_f）从 $4.95×10^9$ s^{-1}提高到 $4.46×10^9 s^{-1}$（同时非辐射衰变速率在依次降低），荧光量子产率（Φ_f）从 0.74 增大到 0.90。更重要的是，分子 HOMO 轨道能级从-5.61 eV 升高到-5.45 eV，能隙（E_g）减小，这一方面有利于分子激发态的电荷转移；另一方面增强了分子与激发光源的匹配，因而有效地提高了分子的双光子吸收截面，从表 9-8 可见，分子的双光子吸收截面从 19 GM❶增大到 1097 GM。

表 9-8　氧芴-三苯胺树枝形分子的线性与双光子性质及其能级结构

化合物	Φ_f	τ/ns	k_f/×10⁹ s⁻¹	k_{nf}/×10⁹ s⁻¹	λ^{TPF}/nm	δ_{TPA}/GM	E_{HOMO}/eV	E_{LUMO}/eV	E_g/eV
OT-G1	0.74	1.92	3.95	1.35	439	19	-5.61	-2.51	3.10
OT-G1.5	0.79	1.73	4.29	1.50	471	900	-5.49	-2.63	2.95
OT-G2	0.90	1.94	4.46	0.99	499	1097	-5.45	-2.69	2.76

注：Φ_f 为单光子荧光量子产率；τ 为单光子荧光寿命；k_f 和 k_{nf} 分别为辐射和非辐射速率常数；λ^{TPF} 和 δ_{TPA} 分别为双光子荧光峰位和吸收截面；E_{HOMO} 和 E_{HOMO} 分别为 HOMO 和 LUMO 轨道能级；E_g 为能级差（能隙）。

❶1 GM= $1×10^{-50}$ cm⁴ • s • 光子⁻¹

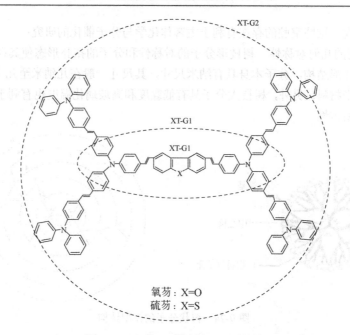

图 9-25　杂芴-三苯胺树形分子结构

用不同脉冲（纳秒与飞秒）激光照射硫芴树枝形分子，发现当分子激发态寿命与纳秒激光器脉宽（9 ns）在同一数量级，分子具有明显激发态再吸收趋势；且纳秒激光下的双光子吸收截面（δ_{ns}）远大于飞秒激光脉冲下的吸收截面（δ_{fs}），对于相同的分子而言，纳秒脉冲下的双光子吸收截面比飞秒脉冲下的吸收截面提高了 200～600 倍，见表 9-9。其原因是前者的吸收截面实际上为基态至第一激发态（$S_0 \rightarrow S_1$）的双光子吸收和第一至第二激发态（$S_1 \rightarrow S_2$）的激发态再吸收这两步微观过程的加和。

表 9-9　硫芴-三苯胺枝形分子溶液（THF）的单光子和双光子性能

化合物	λ_{OPA}/nm	λ_{OPF}/nm	τ/ns	δ_{ns}/GM	δ_{fs}/GM
ST-G1	372	446	1.66	9000	40
ST-G1'	392	493	1.92	31700	124
ST-G1.5	390	460	1.71	27300	119（DMF）
ST-G2	404	490	1.95	132500	230（DMF）

注：τ 为单光子荧光寿命；δ_{ns} 和 δ_{fs} 分别为纳秒和飞秒激光泵浦下的双光子吸收截面。

在纳秒和飞秒下测得样品 ST-G1 的双光子吸收截面分别为 9000 GM（δ_{ns}）和 40 GM（δ_{fs}），两者之差为 200 倍；测得样品 ST-G2 的双光子吸收截面分别为 132500 GM 和 230GM，两者之差为 576 倍。在飞秒激光激发下化合物发生双光子吸收，分子在如此超快的脉冲下来不及发生激发态再吸收，则很快通过辐射或非辐射衰减回落基态。可见，由于激发态再吸收的存在，使得分子纳秒泵浦下的双光子吸收截面骤增。进一步分析发现，飞秒下 ST-G2 吸收截面是 ST-G1.5 的 2 倍，纳秒下 ST-G2 吸收截面则是 ST-G1.5 的 5 倍，这表明高代数的 ST-G2 存在着更强的双光子诱导激发态吸收。这是由于 ST-G2 激发态寿命（1.92 ns）大，存在更大的激发态再吸收概率；对于 ST-G1'和 ST-G1.5 来说，两者在飞秒激光下的吸收截面相近（分别为 124 GM 和 119 GM），但纳秒激光下，ST-G1'的吸收截面比 ST-G1.5 提高了 4400 GM，这是由于 ST-G1'（1.92 ns）激发态寿命长于 ST-G1.5（1.71 ns），更有利于分子的激发态再吸收。具有长激发寿命的多枝形分子其激发态再吸收更明显，表观双光子吸收截面显著增大，这将有利于提高分子双光子荧光强度（见图 9-26）。

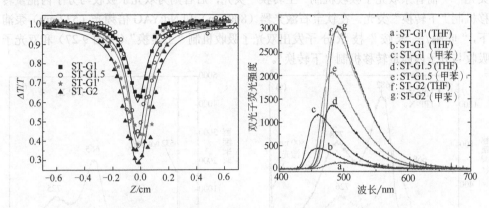

图 9-26　硫芴-三苯胺枝枝形分子双光子吸收(用透过率表示)及其荧光

（3）卟啉-三苯胺枝形分子

分析卟啉-三苯胺枝形分子的构效关系可以看出（见图 9-27）：① 卟啉分子在 800 nm 激发时得到的双光子吸收截面（δ_{TPA}）均大于 850 nm 激发时吸收截面，这是因为卟啉 Soret 带峰位在约 420 nm，其双光子吸收峰位应在 800 nm 附近；② 随着卟啉核上"枝"的个数及"枝"的共轭度的增加，双光子吸收截面也随之增大；TPP-(G2X)₃ 分子由于具有更高的代数，"枝"的共轭度更大，双光子吸收截面也最大，高达 1000 GM；③ TPP-X₃ 虽然比 TPP-X₂ 多一个"枝"，但 TPP-X₂ 吸收截面反而大于 TPP-X₃，说明分子的对称性有利于增大吸收截面；④ 卟啉"核"经多枝化修饰后双光子吸收与上转换荧光得到明显增强。

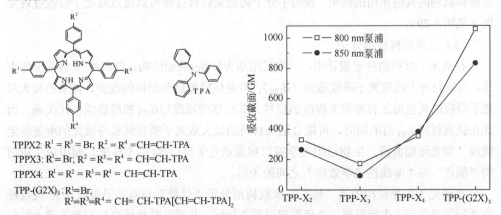

TPPX2: $R^1 = R^3 = Br$, $R^2 = R^4 = CH=CH-TPA$
TPPX3: $R^1 = Br$; $R^2 = R^3 = R^4 = CH=CH-TPA$
TPPX4: $R^1 = R^2 = R^3 = R^4 = CH=CH-TPA$
TPP-(G2X)₃: $R^1 = Br$;
　　$R^2 = R^3 = R^4 = CH=CH-TPA[CH=CH-TPA]_2$

图 9-27　卟啉-三苯胺枝形分子结构与双光子吸收截面

　　总之，双光子吸收性能虽然随着枝分子共轭度的增大而增强，但增加幅度并不与枝分子共轭度增加的幅度呈线性增长。此外，卟啉-三苯胺枝形分子内存在着明显的能量转移性质（见图9-28）。如用300 nm波长（Xe灯）的光照射卟啉多枝分子，激发的仅是卟啉环外围的三苯胺"枝"，却观测到卟啉"核"的特征双荧光峰。而在钛宝石激光器（800 nm）和Nd:YAG倍频光（532 nm）泵浦下，样品溶液也发出卟啉环特有的红色荧光——前者系双光子吸收机制"上转换"荧光，后者则为双光子吸收与分子内能量转移机制"下转换"荧光。在钛宝石激光器（800 nm）和Nd:YAG倍频光（532 nm）泵浦下，"卟啉/三苯胺"枝状分子发出双光子吸收机制"上转换"（见图9-27）和双光子吸收与分子内能量转移机制"下转换"。

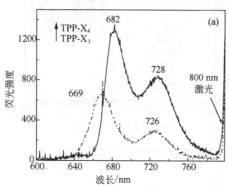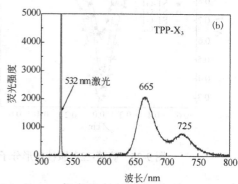

图9-28　在800 nm (a)和532 nm (b)激光泵浦下测得的双光子荧光(THF, 0.02 mol·L^{-1})

　　如用Nd:YAG激光的倍频光（532 nm）作泵浦光源照射样品（TPP-X$_3$），观测到双光子吸收机制的"下转换"荧光 [见图9-27(b)]。这可以理解为532 nm脉冲激光首先激发的是外围"枝"，使"枝"发生双光子吸收获得上转换荧光（未检出），并很快沿着"枝-核"共轭链将能量转移至"核"，最终发出卟啉环的特征双荧光，峰位在665 nm和725 nm处。表观上似乎是双光子吸收机制"下转换"荧光，实则是双光子吸收与分子内能量转移机制的共同作用的结果，表明了分子内能量转移过程可以通过双光子吸收过程实现（见图9-29）。

　　（4）三苯胺树枝形分子

　　在双光子材料的分子设计中，一般采用增大体系π共轭结构、提高给/受体强度等方法，以期获得大的双光子吸收截面（δ_{TPA}）；但是伴随着这些结构的改变，体系的最大双光子吸收波长也随之有着很大程度的位移，其红移的幅度与δ_{TPA}的增值成正比关系，因此在提高材料δ_{TPA}值的同时，可能会造成材料的最大双光子吸收波长与原先的所需特定波段（如光限幅波段、生物组织光学窗口和通讯光学窗口等)的不匹配。即出现了所谓的"颜色"与"非线性光学效应"之间的矛盾。

　　在研究了拓扑结构的萘"核"三苯胺树形分子"代数"与双光子吸收增强/吸收峰位之间关系之后，作者发现：当代数超过第2代时，其线性吸收峰位与双光子荧光发射峰位均不再受分子尺寸的影响，分子"代数"增高有利于激发态偶极矩增大，促进分子内电荷的转移，使双光子吸收截面显著增大（见图 9-30）。如分子代数从"1 代"增大到"3 代"，双光子吸收截面由 959 GM 急剧提高到 9575 GM（见表 9-10），当分子代数超过第 2 代时，双光子吸收峰位保持不变，可理解为高代数树枝分子呈"球状"构型，有效遏制分子共轭度延长带来的吸收/发光峰位红移的现象。重要的是，分子代数增高，双光子吸收截面显著增大，同时双光子吸收峰位几乎保持不变；分子"拓扑结构"有利于解决"颜色"与"双光子吸收增强"之间的矛盾。

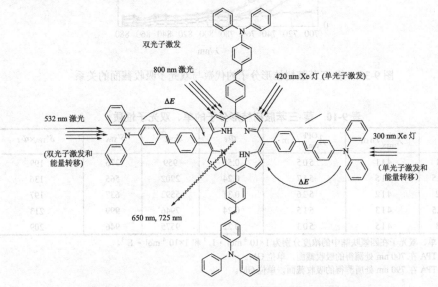

图 9-29　在"卟啉/三苯胺"体系中实现 TPA 上转换与下转换

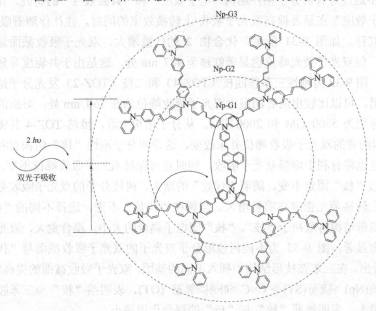

图 9-30

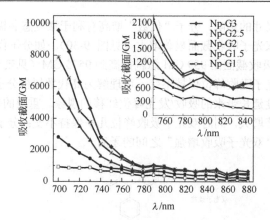

图 9-30　萘-三苯胺树枝形分子的代数与双光子吸收截面的关系

表 9-10　萘-三苯胺树枝形分子的单、双光子性质[①]

项目	λ_{max}^{abs} /nm	λ_{max}^{OPF} /nm	$\varPhi_f$	δ_{TPA}[②]	δ'_{TPA}[③]	$\delta'_{TPA} \times \varPhi_f$
Np-G1	411	505	0.50	959	376	199
Np-G1.5	415	517	0.24	2902	565	136
Np-G2	412	526	0.31	5592	637	197
Np-G2.5	413	515	0.24	7946	999	213
Np-G3	415	503	0.22	9575	946	209

① 单、双光子在四氢呋喃中的浓度分别为 1×10^{-6} mol·L^{-1} 和 1×10^{-4} mol·L^{-1}。

② TPA 在 700 nm 处测得的吸收截面，单位 GM。

③ TPA 在 790 nm 处所测得的吸收截面，单位 GM。

　　进一步通过对有机分子拓扑结构"电子效应"和"共振效应"的研究，作者发现分子内"电子效应"在显著提高双光子吸收/上转换效率的同时，往往伴随着吸收/发光峰位的显著红移。如图 9-31 所示，化合物 **2** 的代数增大，双光子吸收截面显著增大到 1562 GM，但双光子荧光峰位也显著红移至 487 nm 处，这是由于共轭度导致电子能级耦合所致。图 9-32 为刚性三苯胺四枝（TOZ-4）和二枝（TOZ-2）发光分子结构和双光子吸收光谱，可以比较出两者的最大双光子吸收峰位均在 760 nm 处，对应的双光子吸收截面则分别为 5500 GM 和 2000 GM。从分子结构上看，虽然 TOZ-4 共轭程度大于 TOZ-2，但两者的双光子吸收峰位并未改变，这说明分子刚性"核"结构有利于共振能级耦合，这也将有利于增强双光子吸收，同时还可保持双光子吸收峰位不变。

　　当树枝"核"固定不变，随着"代数"的增大，树枝分子的双光子吸收截面、光限幅能力和上转换荧光强度亦明显增大。当树枝"代数"不变，选择不同的"核"，则树枝分子的能带结构将取决于"枝"、"核"间电子耦合的大小。耦合愈大，双光子吸收的峰位红移愈显著，图 9-33 为不同树枝形分子双光子的双光子吸收截面与"代数"关系图。可以看出，在三苯胺枝形结构中插入不同的基团，双光子吸收截面的提高幅度不同，顺序为萘核(Np) >硫芴(ST) > C=C >卟啉>氧芴 (OT)，表明萘"核"与三苯胺"枝"的耦合作用最大，表明氧芴"核"与"枝"的耦合作用最小。

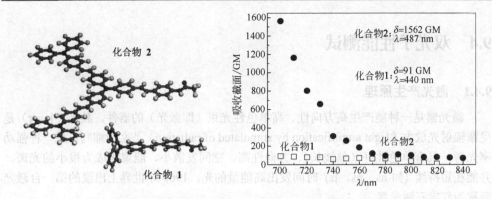

图 9-31　三苯胺枝状分子结构与双光子吸收性质

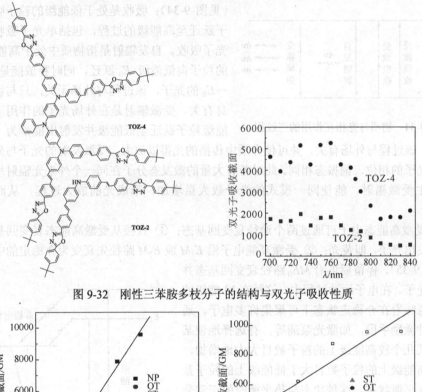

图 9-32　刚性三苯胺多枝分子的结构与双光子吸收性质

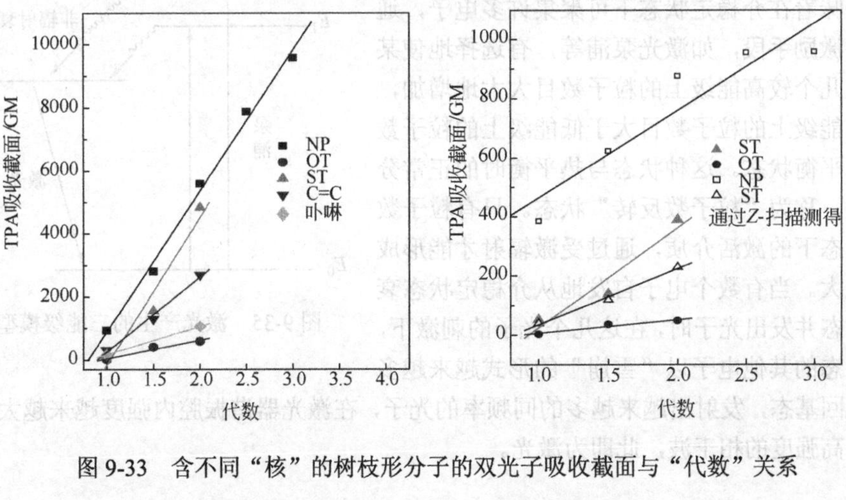

图 9-33　含不同"核"的树枝形分子的双光子吸收截面与"代数"关系

9.4　双光子性能测试

9.4.1　激光产生原理

　　激光器是一种能产生高方向性、高单色性光束（即激光）的器件。激光（1aser）是受激辐射光放大（1ight amplification by stimulated of radiation）英文的缩写，是一种强功率光源，具有单色性好（单波长）、方向性高、空间发散小、能聚焦成为很小的光斑、并能在短持续 (如 ns、ps、fs) 时间发出高能量的光。1960 年世界上出现的第一台激光器称为红宝石激光器。

　　爱因斯坦认为辐射场与物质作用时包括：受激吸收、自发辐射和受激辐射三个过程

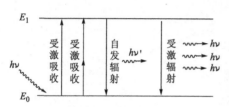

图 9-34　物质与光相互作用的三过程

（见图 9-34）；吸收是处于低能级的粒子吸收光子跃迁至高能级的过程，包括单光子吸收和双光子吸收。自发辐射是指物质中处于高能级 E_1 的粒子向低能级 E_0 跃迁，同时释放能量为 $E_1 - E_0$ 的光子，该过程与外场无关，只与物质本身有关。受激辐射是在外场光子的作用下，高能级粒子跃迁至低能级并发射出能量为 $h\nu$ 的光子，该过程与外场有关，并可使介质中传播的光得以放大，受激发射的光子与外场的诱导光子的相位、偏振态相同。此时若有大量的激发态分子在同一个外来光辐射场作用下产生受激辐射，能使同一模式的光子数大量增加，形成光的放大过程，从而产生激光。

　　受激高能态电子可通过两个途径衰变回基态：① 直接从受激高能态衰变回基态，同时发出光子，即荧光；② 受激高能电子沿 E_1M 或 E_2M 路径先衰变为介稳定的中间态（见图 9-35），停留后再沿 ME_0 路径衰变回基态并发出光子。在电子运动过程中，这种在 M 能级的逗留意味着在介稳定状态下可聚集许多电子，通过种种激励手段，如激光泵浦等，有选择地使某个或某几个较高能级上的粒子数目大大地增加，形成高能级上的粒子数目大于低能级上的粒子数目的非平衡状态。这种状态与热平衡时的正常分布相反，称为"粒子数反转"状态。只有粒子数反转状态下的激活介质，通过受激辐射才能形成光的放大。当有数个电子自发地从介稳定状态衰变回基态并发出光子时，在这几个光子的刺激下，介稳定态的其他电子以"雪崩"的形式越来越多地衰变回基态，发射出越来越多的同频率的光子，在激光器谐振腔内强度越来越大，直至获得高强度的相干波，此即为激光。

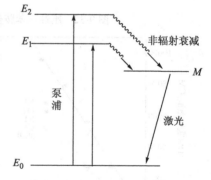

图 9-35　激光产生的三能级模型

9.4.2　激光器的分类

激光器有多种分类方法，按工作物质分类可分为气体激光器、染料激光器和固体激光器；按运行方式分类又分为连续波激光器和脉冲激光器，后者又包括调 Q 和锁模两种。气体激光器有 He-Ne (632.9 nm, 1.15 μm, 3.39 μm)、CO_2 (10.6 μm) 和 Ar^+ (499 nm, 514.5nm) 和 N_2 (337.1 nm, 357.7 nm, 315.9 nm)；固体激光器有掺钕钇铝石榴石（Nd:YAG，1.064 μm）、钛蓝宝石（Ti:sapphire，Ti: Al_2O_3，660～1190 nm）和半导体激光器（0.9 μm～1.3 μm～1.5 μm）等。

（1）脉冲激光器

激光器的脉宽（脉冲的持续时间）可从 ms 级分布到 fs 级，通常超快脉冲激光器在 ns、ps 或 fs 量级。脉冲激光器的特点是它们能够在短的脉冲持续时间内形成大量的粒子数反转，可引起高增益的产生，实现高的强度输出，获得高峰值功率的激光。用脉冲激励（电泵浦或者光泵浦）实现脉冲的方法叫做增益调制。

激光器的峰值功率定义为每个光脉冲在特定的脉冲形状持续时间内的能量，可用式(9-6)计算。

$$P_{peak} = \frac{每个脉冲的能量}{脉冲宽度（脉冲持续时间）} \qquad (9\text{-}6)$$

如脉冲激光器每个脉冲的能量是 100 mJ、重复率是 10 Hz，则该激光器的平均功率(P)可计算为：$P = 0.1\,J \times 10\,s^{-1} = 1\,J \cdot s^{-1} = 1.0\,W$。再如某脉冲激光器每个脉冲的能量是 1 mJ，脉冲持续时间是 10 ns，其峰值功率可计算为：

$$P_{peak} = \frac{1 \times 10^{-3}\,J}{1 \times 10^{-9}\,s} = 10^5\,W \qquad (9\text{-}7)$$

（2）调 Q 激光器

在调 Q 操作中，通过在腔中使用特定的光学器件以实现低透过率光到高透过率光的切换。开始时激光器腔内处于一个相对较低的品质因子 Q 值（即腔内光闸被关闭），能量在增益介质中被储存，粒子都集聚到激光的激发能级上。当用合适的调 Q 器件使腔内的 Q 值突然被切换到较高的值（即光闸突然被打开），此时腔内光透过率会突然增加，巨大的能量（很高强度的脉冲）从腔内发出，此时增益介质的激光激发能级上的能量被迅速耗尽，使同一模式的光子数大量增加，形成光的放大过程，从而产生激光，这种工作机制的激光器称作调 Q 激光器。

（3）锁模激光器

在一定的时间段内，激光腔内会随机形成不同的纵模，对这些腔内的纵模进行相位锁定来产生一系列超短的脉冲（从 ps 到 fs 量级）；使得腔内的增益介质会发生自发调制（如钛蓝宝石激光器），这种工作机制的激光器称作锁模激光器。

9.4.3　双光子性能测试

双光子吸收为物质在强光激发下通过一个虚中间态同时吸收两个光子跃迁至高能态的过程，可见需要在高峰值功率的激光泵浦的测试条件。为了获得高峰值功率的激光，激光器的脉宽通常选用 ns、ps 或 fs 量级；其波长可以选用单色波长或连续可调谐，如

Nd:YAG 激光器发出的激光波长为 1064 nm，对倍频波长可发出 532 nm 的激光，钛宝石激光器的波长则可在 700～900 nm 范围内调节。

（1）光限幅曲线测试

图 9-36 为样品 DPASPI 和 PSPI 的光限幅曲线。选用 Nd:YAG 激光器来激发样品溶液，为了检测到激光经样品的双光子吸收后的衰减情况，通常采用双探头能量计可同时测定出输入、输出的光强，透过调节减光元件或加衰减片使输入激光能量由小到大变化，记录出一组对应的输入、输出能量数值，最后以输入光强为横坐标，输出光强为纵坐标，绘出光限幅曲线。

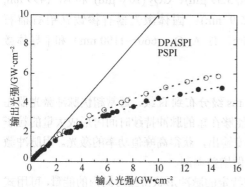

图 9-36　样品溶液(DMF, 10^{-2} mol·L^{-1})的光限幅曲线
实线为纯溶剂的透过曲线

（2）双光子荧光和上转换激射

用超快脉冲（ns、ps 或 fs）激光器作激发光源，辐照样品获得的自发辐射为双光子荧光。可用光纤光谱仪进行记录。双光子激射光谱需用具有时间分辨功能的条纹相机记录，即样品发射的双光子荧光经聚焦进入单色仪的小孔，再由条纹相机记录（如 C5690-01 型相机，时间分辨 2 ps）。图 9-37（a）是用被动锁模的 Nd:YAG 单脉冲激光器（1064 nm 波长，40 ps 脉宽）激发苯乙烯吡啶盐样品得到的双光子荧光和射谱光谱图。

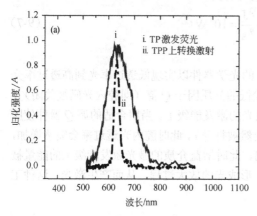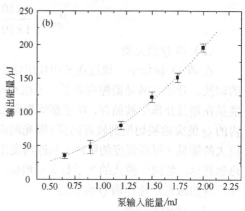

图 9-37　吡啶盐双光子荧光和激射光谱及其激射效率曲线

上转换激射输出与输入能量采用 Newport 公司的 EPM2000 双探头能量计记录。一个探头监测泵浦能量（E_{in}），另一个探头监测上转换激射输出（E_{out}），然后分别以输入能量和输出能量为横坐标和纵坐标，按公式 $\eta = (E_{out} / E_{in}) \times 100\%$，计算出样品的上转换激射效率，绘出上转换激射效率曲线 [见图 9-37(b)]。

（3）双光子吸收截面

① 双光子荧光法　双光子荧光法测定双光子吸收截面具体做法是：首先选定参比

物，然后在相同的条件下测试参比物和样品的双光子荧光，再利用式（9-8）计算出样品的双光子吸收截面（δ_{TPA}）。

通常选用荧光素作为参比物，其 690～940 nm 的双光子吸收截面见表 9-11 所示。式（9-8）中的下角标 s 和 r 分别代表样品和参比物；F 为双光子荧光峰面积；Φ、n 和 c 分别为单光子荧光量子产率、溶剂折射率和溶液浓度。为了简单起见，测试时一般样品和参比物是在相同浓度、相同溶剂中进行的。

如在钛宝石激光器（波长在 990 nm）激发下测得样品 Np-G3 和荧光素的双光子荧光（见图 9-38），两者的双光子荧光峰面积、单光子荧光量子产率和计算出 Np-G3 双光子吸收截面δ_{TPA}）数值见表 9-12 所示。

$$\delta_{TPA} = \delta_{TPA}(\text{ref}) \frac{\Phi_r}{\Phi_s} \frac{F_s}{F_r} \frac{n_r}{n_s} \frac{c_r}{c_s} \tag{9-8}$$

表 9-11　荧光素的双光子吸收截面数值

波长/nm	TPA 吸收截面/GM	波长/nm	TPA 吸收截面/GM
691	16	920	29
700	19	940	13
720	19	960	9
740	30	990	11
760	36	900	16
790	37	920	26
900	36	940	21

注：荧光素溶于碱性水溶液（pH = 13，1 GM = 10^{-50} cm^4·s·光子$^{-1}$）。

表 9-12　样品 Np-G3 和荧光素的双光子吸收截面

项目	F	Φ	δ_{TPA}
荧光素（ref）	733	0.9	11
待测样（s）	9857	0.22	9597

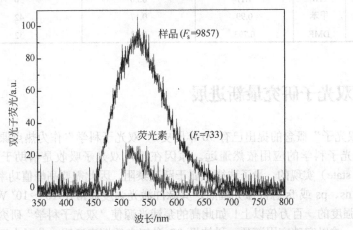

图 9-38　在相同测试条件下测得的 Np-G3 和荧光素的双光子荧光光谱

　　② 非线性光学透过率测试　　用非线性光学透射率测试法（nonlinear optical transmission, NLT）可获得样品在不同波段下的非线性透过信息，该方法是用激光器（如 YAG：Nd 皮秒激光器）泵浦光学参量放大器（optical parameter amplifier, OPA），以获得不同波段的激光光源，在此条件下测试样品在不同波段下的输入能量（I_0）与输出能量（I），用双探头能量计记录。通过式(9-9)得到非线性吸收系数 β 的数值（即双光子吸收系数），单位为 cm·GW^{-1}。将 β 值带入式（9-10）计算出样品的双光子吸收截面（σ_{TPA}，单位为 10^{-20} cm^4·GW^{-1}），式中 N_A 为阿伏德罗常数（6.02×10^{23}），c_0 为溶液物质的量浓度。

$$I = \frac{\ln(1+\beta LI_0)}{\beta LI_0} \tag{9-9}$$

$$\sigma_{TPA} = \frac{\beta\times10^3}{N_A c_0} \tag{9-10}$$

　　如用 760 nm 纳秒激光泵浦样品 ST-G2（0.02 mol·L^{-1}），由其输入-输出曲线拟和出 β 值为 4.72 cm·GW^{-1}，带入式(9-10)中，得到双光子吸收截面为 0.784×10^{-20} cm^4·GW^{-1}。表 9-13 列出用三种不同溶剂中化合物 ST-G2 和 G2-Xi 双光子吸收截面，其中不同单位的换算见式(9-11)。

$$\sigma_{TPA} = \frac{\beta\times10^3}{N_A c_0} = \frac{4.72\ \text{cm}\cdot\text{GW}^{-1}\times10^3}{6.02\times10^{23}\times0.02\ \text{mol}\cdot\text{L}^{-1}} = 0.784\times10^{-20}\,\text{cm}^4\cdot\text{GW}^{-1}$$

$$\delta_{TPA} = \frac{6.26\times3\sigma_{TPA}}{\lambda/\text{nm}}\times10^{-46}\,\text{cm}^4\cdot\text{s}\cdot\text{光子}^{-1} \tag{9-11}$$

表 9-13　不同溶剂中化合物 ST-G2 和 G2-Xi 双光子吸收与吸收截面

样品	溶剂	β/$\times10^{-2}$cm·GW^{-1}	σ_{TPA}/$\times10^{-20}$cm^4·GW^{-1}	δ_{TPA}/$\times10^{-50}$cm^4·s·光子$^{-1}$	δ_{TPA}/GM
ST-G2	THF	4.72	0.794	195	195
	甲苯	2.42	0.4	99	99
	DMF	6.70	1.1	230	230
G2-Xi	THF	1.17	0.20	50	50
	甲苯	0.99	0.17	42	42
	DMF	0.793	0.13	32	32

9.5　双光子研究最新进展

　　"双光子"概念的提出已有 90 年历史，"双光子科学"作为热点课题有 20 年时间，今天双光子科学的应用依然遥远。原因在于：双光子吸收是借助于分子内中间虚态（virtual state）实现的，量子选律上属于跃迁禁阻，因此需要高峰值功率的强光泵浦，通常需要 ns、ps 或 fs 脉冲激光辐照，其脉冲激光强度通常在 $10^6\sim10^9$ W·cm^{-2} 量级，是太阳光强度的一百万倍以上！如此高的泵浦光源使"双光子科学"研究仍然定位在学术意义上，难以突破应用瓶颈。科技界 20 多年来的探索证明，分子内双光子"上转换"

其强光泵浦是本征的，需要从微观机制上另辟蹊径！

近年来，国外热点报道的分子间弱光"上转换"为解决这一问题提供了新契机。从目前分子间弱光"上转换"的研究现状来看，是采用给体//受体(D//A)双组分混合体系，在峰值功率为 0.9 mW·cm^{-2} ～ 10 W·cm^{-2} 的光强激发下，获得上转换效率为 1%～7%。可见，所需激发强的下限已接近太阳光能的强度，而上转换效率偏低，则成为弱光"上转换"应用的主要瓶颈。2009 年德国马普所报道用近红外线（光强为 0.9～20 mW·cm^{-2}）激发金属卟啉//蒽衍生物的多组分体系，获得外量子效率达 3.2%上转换。与此同时，美国 Currie 小组通过波导技术在铂卟啉//吡喃衍生物的双组分混合体系中，获得了高达 6.9%的上转换效率。2009 年，剑桥大学 Chow 研究小组用波长 532 nm，峰值功率为 0.1 W·cm^{-2} 的激光辐照荧光酮衍生物//9,10-二苯基蒽的双组分混合体系，首次获得白光上转换。

本课题组针对分子内双光子"上转换"受限于强光泵浦的现状，展开分子间弱光"上转换"的系统研究。以自制的 2,9,10-取代蒽系列物//金属卟啉双组分体系为研究对象（见图9-39），用波长 532 nm（峰值功率 100 mW·cm^{-2}）激光笔照射该体系出现蓝色上转换（见图 9-40）；用 532nm 小型激光器（峰值功率 1～500 W·cm^{-2}）辐照该体系，发现其上转换荧光强度随着激光强度的增强而增强，并与给体激发能级/受体发射能级之差有关（见图9-41）。

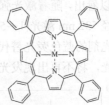

化合物1: R^1 =甲苯; R^2 = H
化合物2: R^1 =甲苯; R^2 = Cl
化合物3: R^1 =甲苯; R^2 = CN
化合物4: R^1 =萘;   R^2 = CN
化合物5: M= Pd
化合物6: M= Pt
化合物7: M= Pd
化合物8: M= Pt

图 9-39 发光剂（化合物 1~4）和光敏剂（化合物 5~9）结构

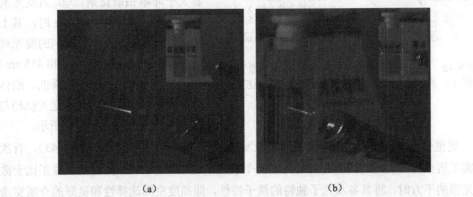

（a） （b）

图 9-40 双组分体系经激光笔（弱光）辐照出现"上转换"
（a）化合物 2/化合物 5；（b）化合物 2/化合物 6；插图：绿色激光笔辐照单组分体系
（左：化合物 5；右：化合物 6）时仍为一条绿色光路

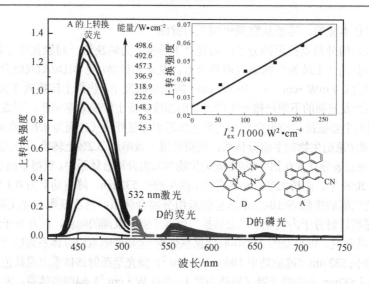

图 9-41　不同激发光强下(532 nm, 功率 25～500 W·cm⁻²) "D-A" 双组分体系的上转换光谱
(插图: 上转换荧光强度正比于激发光强度的平方)

可以看出, 随着激光强度的增强, 上转换荧光强度也随之增强。实验中发现: ① 样品溶液经 532 nm 激光(1～500 W·cm⁻²)辐照后, 最初出现的是敏化剂的橙红色荧光, 很快被发光剂的蓝色荧光替代, 即发生频率上转换。倘若在橙红色荧光之后出现敏化剂的红色磷光, 将不再出现发光剂的上转换蓝光, 说明此时分子间 TTT 能量转移或 TTA 湮灭受阻。我们还发现, 分子间三线态能量转移受阻与溶剂黏度、溶剂重原子效应、组分浓度、给/受体分子结构有关; ② 对于相同的发光剂, 复配卟啉钯敏化剂时其上转换荧光强度要大于卟啉铂敏化剂; ③ 当发光剂的发光峰位在大约 440 nm 时, 其上转换荧光强度最大; 发光剂的发光峰位偏离 440 nm (如 436 nm 和 455 nm)时, 则上转换荧光强度均降低。给体激发能级与受体发射能级之差(ΔE)与上转换强度关系如图 9-42 所示。

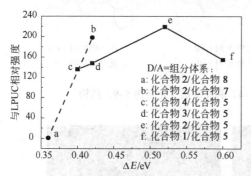

图 9-42　在 532 nm (峰值功率 490W·cm⁻²)激光照射下, 给体激发能级与受体发射能级之差(ΔE)与上转换强度的关系

更重要的是, 该上转换荧光强度与激发光强度之间呈平方关系(见图 9-43), 首次证实了所获得的弱光上转换发射经历了一个双光子过程。理论上, 当发光强度正比于激发光强的平方时, 将具备双光子独特的量子特性, 即高度空间选择性和良好的介质穿透性。这使得双光子弱光上转换技术有望在三维光存储、三维微纳制作、双光子活体显微成像等高科技领域中获得应用, 突破目前遏制双光子科学与技术的应用瓶颈。

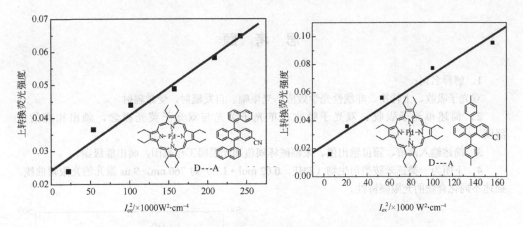

图 9-43　上转换荧光强度与激发光强度之间呈平方关系(DMF 溶剂)

参 考 文 献

[1] M. Albota, D. Beljionne, J. L. Bras, et al. Science, 1998, 281: 1653.

[2] M. Rumi, J. E. Ehrlich, et al. J. Am. Chem. Soc., 2000, 122: 9500-9510.

[3] J. D. Bhawalkar, G. S. He, P. N. Prasad. Rep. Prog. Phys., 1996, 59: 1041.

[4] M. Albota, D. Beljionne, J. L. Bras, et al. Science, 1999, 291: 1653.

[5] B. H. Cumpston, S. P. Ananthavel, S. Barlow, et al. Nature, 1999, 3: 104.

[6] L. Ventelon, S. Charier, L. Moreaux, et al. Angew. Chem., 2001, 113: 2156.

[7] W. H. Zhou, S. M. Kuebler, K. L. Braun, et al. Science, 2002, 296 (10): 1106.

[8] G. S. He, P. M. Przemyslaw, P. N. Prasad, et al. Nature, 2002, 415: 767-770.

[9] L. Ventelon, S. Charier, L. Moreaux, ct al. Angew. Chem., 2001, 113 (11) : 1256.

[10] D. L. Jiang, T. Aidal. J. Am. Chem. Soc., 1998, 120: 10895-10901.

[11] 王筱梅. 电荷转移的对称性与分子的双光子吸收/辐射(荧光、激射)性能关系的研究，济南：山东大学博士学位论文，2001.

[12] X. M. Wang, M. H. Jiang, et al. J. Mater. Chem., 2000, 10 : 2698-2703.

[13] X. M. Wang, M. H. Jiang, et al. J. Mater. Chem., 2001, 11 : 1600-1605.

[14] X. M. Wang, F. Jin, Z. G. Chen, et al. J. Phys. Chem., C, 2011, 115: 776.

[15] X. M. Wang, P. Yang, G. B. Xu, et al. Synth. Metals, 2005, 155: 464-473.

[16] X. M. Wang, P. Yang, W. L. Jiang, et al. Opt. Mater., 2005, 27: 1163-1170.

[17] D. Q. Wang, X. M. Wang, Q. G. He, et al. Tetrahedron Lett., 2008, 49: 5871-5876.

[18] Z. M. Wang, X. M. Wang, J. F. Zhao, et al. Dyes and Pigments, 2008, 79: 145-152.

[19] W. L. Li, X. M. Wang, W. L. Jiang, et al. Dyes and Pigments, 2008, 76: 485-491.

[20] X. M. Wang, P. Yang, B. Li. Chem. Phys. Lett., 2006, 424: 333-339.

思 考 题

1．解释名词：

双光子吸收、上转换、非线性光学效应、光限幅、自发辐射、受激辐射

2．简述单光子吸收、双光子吸收、单光子荧光与双光子荧光概念，画出相应的能级图。

3．简述输入阈值、箝位输出值、限幅破坏阈值和光限幅工作范围，画出能级图。

4．下图为一类三苯胺类衍生物（THF，$0.02\ mol \cdot L^{-1}$）对 760 nm，9 ns 激光的光限幅曲线，描述不同化合物的光限幅特性。

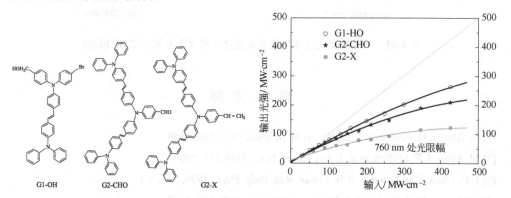

G1-OH　　　　　G2-CHO　　　　　G2-X

5．指出双光子荧光与单光子荧光的异同之处，双光子荧光与激射的异同之处。

6．以螺吡喃为例，根据光存储对应的分子结构与"写"、"读"和"擦除"能级图（图 3-16 和图 9-12），比较单光子与双光子吸收用于信息存储的异同点。

7．下图为吡啶盐化合物线性/双光子吸收与发射光谱图，试描述各自的特性。

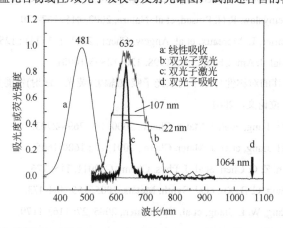

8．二噻吩乙烯衍生物通过光照可以可逆地在两种状态间发生开环-关环相互转化。若将开环异构体看作是"关"的状态，记为"0"状态；关环异构体形式则可看作是"开"的状态，记为"1"状态，便可实现信息存储。如下图所示。试写出双光子信息存储涉及的"写、读、擦"三过程能级图及其(1)和(2)的光源。

9. 直接双光子激发光敏剂所需要的光强度会对健康组织造成损伤，若将双光子泵浦的上转换染料与 PDT 光敏剂结合使用，可降低对健康组织的损伤。试将金属酞菁光敏剂用于光动力学治疗的作用原理用能级图描述之。

10. 下表为硫芴-三苯胺树枝化合物单光子吸收（λ_{OPA}）、单光子荧光（λ_{OPF}）峰位，单光子荧光量子产率（Φ_f）、单光子荧光寿命（τ）、双光子荧光（λ_{TPF}）、双光子激发（λ_{TPE}）峰位，以及在 ns 和 fs 激光器激发下的双光子吸收截面，分别记为 $\delta_{TPA}^{(ns)}$ 和 $\delta_{TPA}^{(fs)}$，相应的分子结构见图 9-25，试讨论构效关系。

硫芴/三苯胺树枝化合物单光子与双光子性质

化合物	λ_{OPA}/nm	λ_{OPF}/nm	Φ_f	τ/ ns	λ_{TPF}/nm	λ_{TPE}/nm	$\delta_{TPA}^{(ns)}$/ GM	$\delta_{TPA}^{(fs)}$/ GM
ST-G1	372	446	0.46	—	460	900	0.097×10^{-45}	40
ST-G1′	390	493	0.15	1.00	499	900	0.317×10^{-45}	119
ST-G1.5	397	460	0.34	1.43	490	900	0.273×10^{-45}	124
ST-G2	404	490	0.12	1.49	490	900	1.33×10^{-45}	230

第10章　有机光电存储材料与器件

10.1　信息存储

信息时代的核心是信息技术，信息技术的核心在于信息处理与信息存储。随着信息数据量的剧增，目前存储密度和存储技术遇到挑战，迫切需求研发超高密度信息存储介质，以获得超高密度信息存储。

10.1.1　存储介质与存储器件

当物质具有两种稳定的"状态"，且这两种稳定状态可以容易地被识别且可相互转换时，即可用于二进制代码"0"和"1"的信息存储，这样的物质被称为存储介质（材料），具有这样功能的器件称为存储器件。

上述两种稳定的不同"状态"代表着不同的信息元，当在外场如光、电、磁等作用下，存储介质可通过一种状态转变为另一种状态，达到信息存储的目的。外场作用引起存储介质"状态"的改变，即为信息的"写入"，状态的改变引起存储介质电学、光学、磁学或者其他性质发生改变，因此，通过电、光、磁等手段可实现信息的"读出"。不同的存储介质，存储信息的机理也不同。按其存储原理可以分为：磁存储技术，如硬盘、磁盘等；光存储技术，如 DVD、CD 等；电存储技术，如内存、闪存等。

10.1.2　存储方式

（1）光存储

借助激光将二进制数据刻蚀在存储介质（如光盘）上，定义激光刻出的微孔代表二进制的"1"、空白处代表二进制的"0"。当光驱上的激光发生器发出的激光光束照射到光盘上，经由光监测器捕捉反射回来的信号就可被识别出。若光盘不反射激光，即代表"1"；若光盘反射激光，即代表"0"。将这些二进制代码转换成一定的程序，经光盘在光驱中作高速转动、激光头在电机的控制下前后移动，数据即可源源不断地被解读出来。

（2）磁存储

选择高导磁率的硬矩磁材料，通过涂布、电镀、沉积或溅射技术在非磁性基片上制备得一层很薄的磁表面，构成磁存储介质；利用该磁层的两种剩磁状态记录信息"0"和"1"两种状态。依记录介质的形状，可分别称为磁卡存储器、磁带存储器、磁鼓存储器和磁盘存储器。

（3）电存储

电存储是指在一定外加电场作用下，存储介质呈现两种不同的电双稳态（electrical

bistability），所谓电双稳态是指存储介质具有两种不同导电状态（如高导态与低导态），利用这种电双稳态稳定特性可实现信息的存储和读出。

进一步可理解为，在电存储器电极两端施加一定的电压，当电场强度增大到一定值时，器件可由低（或高）导电态转变为高（或低）导电态。一般地，低导电态和高导电态可分别表示为"关"态和"开"态，对应着二进制数字系统中的"0"态和"1"态，外加的电信号相当于信息的"写"、"读"或"擦除"。

电存储技术由于没有磁存储中巨磁阻效应的限制，也没有光存储中衍射极限的限制，因而被视为未来实现高密度信息存储的一种重要技术。

（4）多功能存储

单响应的电存储或者光存储只需在一种驱动方式（如光、电）下进行。如果一种材料能够同时对两种或两种以上的外场（如光、电、磁、pH 值等）作出响应，那么它就能够记录更多的信息，即为多功能信息存储。

多功能存储是在一个器件上组合多种物理通道（例如光、电、磁多功能）进行信息存储和传递，从而使一种物质能在外场刺激下具有双重及多重双稳态。在多位存储中，光电存储备受关注，因为这种模式既可实现高密度写入，还可实现无损读出。

一直以来，存储材料追求的是利用具有优良电学双稳特性实现"0"和"1"的二元存储，多位存储有望使单个存储单元的存储容量得到指数级别的提升，实现超高密度信息存储。尤其是基于纳米技术在纳米尺度内实现多功能存储，为未来超高密度信息存储技术的发展奠定理论和技术基础。

10.2　光信息存储技术

在光存储过程中，存储介质表面发生光折变和光致变色等各种物理化学效应，使存储介质的性质（如反射率、折射率、吸收光谱和发射光谱等）发生变化，并可被检测出来，从而达到存储信息的目的。

10.2.1　反射率/折射率变化

存储介质在激光器辐照下吸收能量，使局部产生瞬时高温而发生分解、熔化或变形等不可逆的物理化学变化，产生小坑或小泡等微小的记录点，从而导致记录点处与未记录处对激光反射率的较大不同。在激光器扫描下被烧孔的介质薄膜所反射光强发生改变，从而达到存储信息的目的。只读性光盘是基于这种机制实现信息存储的。

可擦写光盘信息存储的原理是：在激光作用下，半导体材料发生晶相与非晶相之间的可逆相变，导致材料反射率与折射率物理性质发生可逆变化，从而实现信息存储。

10.2.2　光谱性质变化

光致变色材料在一定波长的光照射下可进行特定的化学反应，即从 A 状态转变到 B 状态，在受到另一波长光照射下又可恢复起始状态（见第 3 章图 3-1）。由于 A、B 状态不同引发光谱性质的变化，利用这些变化可达到信息存储的目的。

光致变色化合物用于可擦写存储最大的缺点是破坏性读出。这是因为通常所用的检测方法是利用吸收光谱的变化来检测两个光致变色异构体的，这就不可避免地导致部分光致变色反应的发生，破坏先前写入的数据。为了克服这个缺点，现开展了非破坏性读出技术的研究，其中包括荧光无损读出、磷光无损读出、红外光谱无损读出等几种方式。

（1）荧光无损读出

荧光无损读出要求存储介质荧光发射波长与其吸收光谱重叠得越少越好，避免存储介质对"读、写"光的再吸收而降低双稳态结构，破坏已写入的数据。采用双光子技术作为写入/读出信息的手段可实现荧光无损读出，如螺吡喃化合物开环异构体的吸收峰位在 300 nm 附近，使用双光子写入波长为 532 nm 激光，闭环体的荧光发射峰位在 600 nm 附近，此为"读出"光（见第 9 章图 9-14），由于存储介质对这些波长的光均没有吸收，实现了荧光无损读出。

（2）磷光无损读出

磷光通常是来自于 T_1 态到 S_0 态的辐射跃迁，T_1 态能级低于 S_1 态，所以磷光光谱总是位于荧光光谱更长波长的区域。

以检测磷光的变化作为信息"读出"，将更有利于检测波长与读出、写入波长的远离而不相互影响，可以更好地实现无损读出。Branda 教授课题组设计出一种磷光化合物（见图 10-1），选择 365 nm 和 600 nm 的光交替照射该化合物以促使其发生开/关环异构化；在选择开环、关环异构体均没有吸收的 455 nm 的光源激发该化合物，开环异构体在 730 nm 处可观察到磷光，而闭环异构体无磷光。455 nm 的光长时间照射开/关异构体对该化合物没有损伤（因为该化合物在此波长下无吸收），同时磷光对关环异构体影响小，更适合无损读取。

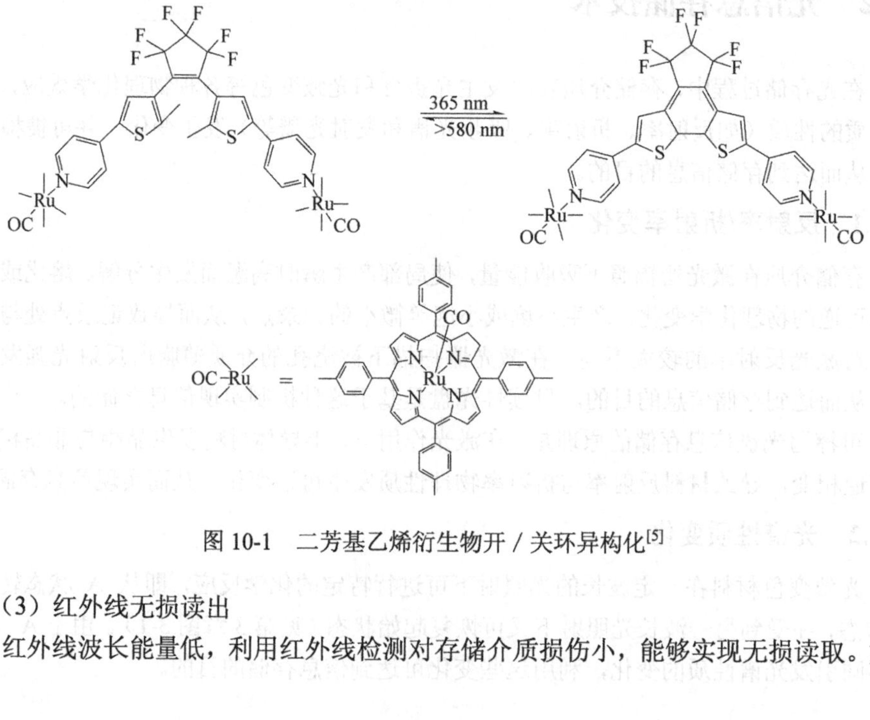

图 10-1　二芳基乙烯衍生物开/关环异构化[5]

（3）红外线无损读出

红外线波长能量低，利用红外线检测对存储介质损伤小，能够实现无损读取。如二芳基乙烯分子在开环反应后生成两个新的碳碳双键（见第 3 章图 3-8），该碳碳双键在红外光谱 1400～1650 cm^{-1} 区域内的伸缩振动有很高的选择性，可用于检测分子结构变化以达到信息读出。

10.2.3　高密度光存储技术

所谓超高密度信息存储（简称为超高密存储）指的是由"G 时代"（10^9）到"T 时代"（10^{12}）信息量的存储，并实现信息存储密度>10^{12} bit·cm^{-2}、信息密度 <10 nm 的存储技术。

高密度光存储技术包括双光子（三维体相）存储技术、光子烧孔技术、全息存储技术和近场光学存储技术等。

（1）双光子存储技术

存储介质中的分子同时吸收两个光子而被激发到较高的能级上，被吸收的两个光子可以是同一波长的，也可以是不同波长的，但任何一个波长的一个光子都不足以被介质分子所吸收，只有两个光子同时被吸收才能使分子激发到较高的能级上。与单光子吸收相比，这一过程所需的光子能量低。

1989 年，Rentzepis 等首次报道利用双光子技术实现三维光存储，自此，双光子过程在三维信息存储及微加工等方面受到越来越多的重视。双光子存储技术要求两条光束必须在时间和空间上相互重叠（见图 9-13），所以它属于三维立体信息存储，层与层之间的抗干扰能力强，其小的有效作用体积使之具有极其优越的空间分辨率和空间选择性。此外，双光子吸收光存储是基于分子能级的跃迁，材料的响应时间可以达到 ps 量级。因此，与其他三维数据存储相比，双光子存储具有存储密度高、读写速度快、造价低等诸多优点。

（2）光子烧孔技术

光子烧孔技术是在一个极小微区处通过调谐激光频率可在非均匀增宽谱线上烧出多个孔，即通过在二维存储中增加一个频率维度来提高光存储的密度。

（3）全息存储技术

全息存储技术分别利用干涉和衍射原理来实现信息的存储和再现，存储的干涉条纹中存有波振幅和相位信息，当用写入的参考光照射时，将再现存入的全息图。这种存储方法尤其适合于图像的存储和记录，并且再现的存储图像具有明显的三维特性。

（4）近场光存储技术

目前，各种光盘驱动器均以包含物镜的光学头进行读和写，物镜离存储介质较远（mm 量级），为远场存储。在这种光存储中，光的衍射效应从根本上限制了存储密度的提高，难以达到 100 nm 以下的信息点径。

近场光学扫描显微镜（scanning near-field optical microscopy，SNOM）的发明突破了这一极限，大大提高了存储密度，利用近场光学可得到的最高存储密度高达 256 Gbit·in^{-2}。近场光学方法是指：当光通过一个尺度远小于其波长的小孔，同时控制它与样品间距在近场（远小于光的波长范围内）时，成像的分辨率可以突破衍射极限的限制。

由于它可以提供一个纳米尺度的光源，同时可以运用已有的相关技术，减少了开发产品的时间和费用，因而已被应用于各种纳米光学加工和高密度信息存储。

10.2.4　扫描探针显微技术

扫描探针显微技术（scanning probe microscope, SPM）是利用带有超细针尖的探针在样品表面扫描，以获得样品的微观信息（如表面形貌、电、磁性能等）。SPM 技术的原理是，SPM 针尖可以在材料表面施加局域的电场，引起材料纳米尺度上的形貌与电性质的改变，以实现纳米尺度的写入和读出。

SPM 技术的优势在于，它不仅可进行原子级表面形貌观察，可实现原子操纵和纳米加工，还可方便地对样品进行表面修饰，具有原子尺度的高分辨本领，因此，扫描探针显微技术是当前超高密度信息存储的最有力的工具之一。

扫描探针显微技术（scanning probe microscope, SPM）包括扫描隧道显微镜技术（scanning tunneling microscope, STM）和原子力显微镜技术（atomic force microscope, AFM）等。

（1）扫描隧道显微镜技术（STM）

扫描隧道显微镜技术（STM）反映的是存储介质（薄膜）表面电子态密度的轮廓变化。这里分为两种情况：当样品表面原子的种类单一且电子定域在原子核的周围时，STM 图像（扫描隧道谱）对应着样品表面原子的起伏；当样品表面含有不同种类的原子抑或是吸附了其他物质时，由于不同种类的物质有着不同的电子态密度和功函数，此时 STM 图像反映的是样品表面原子的起伏和各自电子态密度综合的结果。利用扫描隧道谱通过对样品表面性质进行分析，可推知样品表面的能量状态、表面电子结构及其能隙等相关信息。

STM 有两种成像模式：恒流模式和恒高模式。在恒流模式中，STM 通过反馈系统不断调节针尖与样品表面每个检测点上的距离，使隧道电流保持一个不变的恒值，测定扫描头上针尖与样品表面的高度变化就可获得样品表面形貌等微观信息。在恒高模式中，针尖始终保持在样品上方一个恒定的高度上，隧道电流随着样品表面形貌等微观特性的改变而变化，通过检测每个测量点上的电流变化来获得样品表面的微观信息。在恒高模式中，扫描头不需要上下移动，从而加快了扫描速度。

（2）原子力显微技术（AFM）

原子力显微镜是通过检测针尖与样品之间的原子间作用力来获得样品表面的微观信息。AFM 的工作原理是将一个对微弱力非常敏感的微悬臂一端固定，另一端装上探针，针尖与样品表面轻轻接触，针尖尖端原子与样品表面原子间极微弱的排斥力使微悬臂向上弯曲。通过检测微悬臂背面反射出的激光光点在光学检测器上的位置变化，可以转换成力的变化，因为反射光点的位置变化或微悬臂弯曲变化与力的变化成正比。微悬臂的弯曲是多种力的共同作用结果，其中最普遍的是范德华力，针尖与样品表面微小的距离变化就能产生不同大小的范德华力。通过控制针尖在扫描中这种力的恒定，测量针尖纵向的位移量，就可获得样品表面的微观信息。

AFM 有两种工作模式：恒力模式和恒高模式。在恒力模式中，通过精确控制扫描头随样品表面形貌变化在纵向上下移动，微持微悬臂所受作用力的恒定，从扫描头的纵向移动值得出样品表面的形貌像。在恒高模式中，扫描头高度固定不变，从微悬臂在空间的偏转信息中直接获取样品表面信息。

10.3　有机光存储材料

有机光存储主要包括有机光致变色存储、光折变存储、全息存储和光致分子取向存储等类型，其中光致变色材料非常适合于可擦写型光存储。最具有代表性的光致变色分子如二芳基乙烯类，以螺吡喃、螺噁嗪类为代表的螺环类、偶氮苯类、俘精酸酐类等化合物。

理想的光致变色光存储介质必须具备热稳定性好、耐疲劳性好、高对比度、高信噪比、高灵敏度、响应速度快、无损读出、在固态下能保持高反应活性等性能。

10.3.1　二芳基乙烯

二芳基乙烯衍生物具有一个共轭 6π 电子的己三烯母体结构，其变色过程是基于分子内的周环反应，在紫外线照射下，化合物发生顺旋闭环反应生成闭环体，闭环体在可见光照射下又能恢复到开环体。由于闭环体比开环体具有更大的共轭结构，因而在呈色反应后，吸收光谱发生红移（见图 3-8 和图 3-9），这一光致变色性质被广泛应用于光存储和光开关器件中。

10.3.2　螺吡喃、螺噁嗪

螺吡喃、螺噁嗪是两类具有类似结构的光致变色化合物，光致变色机理是在紫外线照射下，其闭环体由无色的螺环化合物发生 C-O 键或 C-N 键的裂解生成开环体，该开环体在可见光区有强烈的吸收而呈现颜色。

图 10-2 给出了螺吡喃光致变色反应式，其中两个芳杂环通过一个 sp^3 杂化的螺碳原子连接，两个芳杂环可以是苯环、萘环、蒽环、吲哚环、噻唑环等。由于通过一个 sp^3 杂化的螺碳原子连接，分子中两个环相互正交不存在共轭，因此，吸收通常位于 $200\sim400$ nm 范围，不呈现颜色。通常用 SP（spiropyran）表示。

SP 在受到紫外线激发后，分子中 C-O 键发生异裂，两个环由正交变为共平面，整个分子形成一个大的共轭体系，吸收也随着发生很大的红移，出现在 $500\sim600$ nm 范围内，呈现颜色。开环体的结构类似部花青染料，通常用 PM（photo merocyanine）表示。需要注意的是，螺吡喃的光致变色反应通常在固态状态下不发生，只能在溶液或凝胶、树脂等介质中进行。

1989 年，Rentzepis 等首次以螺吡喃为存储介质实施双光子信息存储，实验中闭环异构体吸收 532 nm 的光子（相当于两个 355 nm 的光子），在激光聚焦的空间内发生光致变色反应生成开环体，从而在三维空间内写入信息；写入的数据可以用 1064 nm 的激光激发开环体，利用 600 nm 的荧光读取数据（见图 9-12 和图 9-14）。

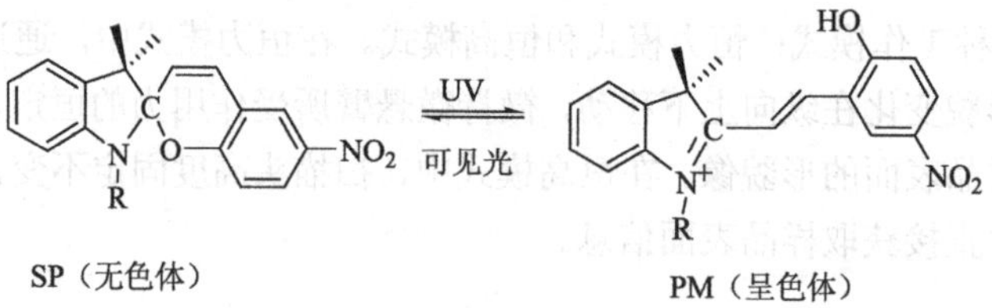

图 10-2　螺吡喃类化合物的开闭环反应

螺噁嗪的化学结构和螺吡喃非常相似,其光谱性质及光致变色反应也和螺吡喃很相似。即在紫外线照射下,螺碳-氧键发生裂解,生成在可见光区有强烈吸收的呈色体;在可见光照和热的作用下,呈色体又可恢复到闭环体(见图 3-12)。螺噁嗪的光开环产物是各种异构体的混合物,其中以醌式结构占优势。尽管螺噁嗪的抗疲劳性与螺吡喃相比,得到大大提高;但开环体热稳定性仍不能满足存储介质的要求,因而其应用受到极大的限制。

10.3.3　偶氮苯类化合物

偶氮苯类化合物是一类受到广泛关注的光致变色化合物,在紫外线和可见光的刺激下可发生顺反异构(见图 3-3)。一般而言,从反式至顺式光反应比热反应易于进行,而从顺式至反式由于立体化学等因素,既可以进行光异构化又可以进行热异构化。

偶氮苯类化合物不仅可以用作光盘存储介质的染料,同时由于其光致异构化过程伴随着分子取向的改变,使得这类化合物可用于光致分子取向存储等领域。

10.3.4　俘精酸酐类化合物

俘精酸酐类化合物是研究最早的光致变色化合物之一,它是取代琥珀酸酐的衍生物,在俘精酸酐的通式中(见图 3-13),四个取代基中至少一个为芳香环或芳香杂环(如苯基、呋喃等),构成 6π 电子己三烯母体结构。

俘精酸酐分子在紫外线与可见光的激发下,可进行 E-型(无色体)与 Z-型(无色体)异构化转变,同时还可发生 E-型(无色体)与 C-型(呈色体)异构化的转变(见图 10-3)。一般情况下,俘精酸酐反应过程中不产生活泼的自由基、离子或偶极中间体,因此具有良好的热稳定性和抗疲劳性。

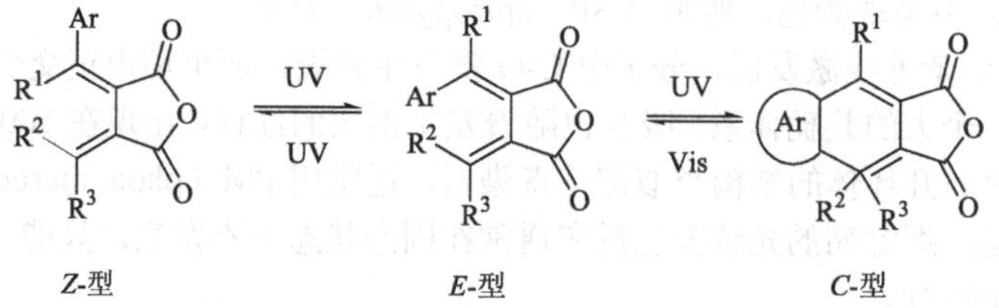

图 10-3　俘精酸酐 Z-、E-与 C-异构体之间的转化

10.3.5　光致变色席夫碱

水杨醛缩胺类席夫碱是基于质子转移的光致变色材料,可用作光信息存储、显示与

光开关器件中的活性材料。该化合物含有的 C=N 基团和 OH 基团位于苯环的邻位，在紫外线照射的条件下，可发生质子从羟基氧转移到氮原子上，显示出由黄到橘红的颜色变化，从而可应用于信息存储（见图 10-4）。

这类化合物的光响应速度快，光致变色反应在 ps 级范围内发生；成色-消色循环可达 $10^4 \sim 10^5$ 次，固态时光致变色产物在室温时最高可保持数小时。尽管如此，其光致变色产物的热稳定性不够好，达不到实际应用的需求。

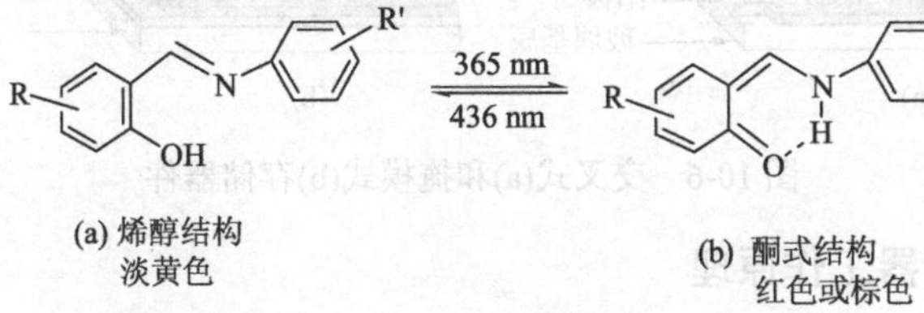

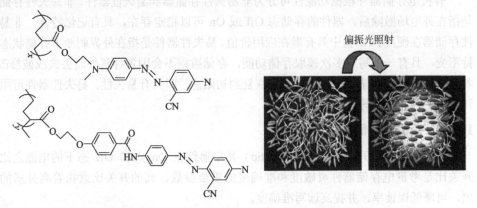

(a) 烯醇结构　　　　　　　　　　　　　(b) 酮式结构
　　淡黄色　　　　　　　　　　　　　　　红色或棕色

图 10-4　光控质子转移互变异构化反应

10.3.6　聚合物存储材料

将多功能的有机小分子接枝在聚合物链上可获得多功能性的聚合物，这样既可避免小分子结晶相分离的问题，还有利于制备机械性高、柔性强的高质量薄膜的材料，并可采用简单制膜的方法（如旋涂、喷涂、打印等手段）构筑柔性薄膜器件。

如选择具有液晶与光致变色性质的偶氮化合物，将其与聚甲基异丁烯酸酯接枝得到的聚合物（PAPs）具有良好的双折射性和光致变色多功能性，经偏振光照射后偶氮分子重新取向，平行于偏振光方向的折射率减小，垂直方向上的折射率增大，通过光诱导的折射率差值即可实现光信息存储和读出（见图 10-5）。

图 10-5　PAPs 分子在偏振光照射下分子的重新取向[6]

10.4　有机电存储器件

10.4.1　有机电存储器件结构

通常有机电存储器件是由有机材料薄膜及其两端的电极构成的，结构类似于夹层式三明治型。按照电极排列方式不同可分为交叉式和掩模式两种。其中阳极为氧化铟锡半导体材料，阴极为金属材料，当阴、阳电极形状为"行"电极，且互为正交排列的为交叉式结构 [见图 10-6(a)]；当阳电极形状为"面"电极，阴电极形状为分立的矩形方块，构成掩膜式结构 [见图 10-6(b)]。

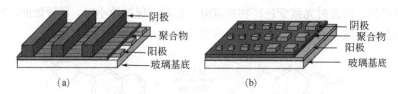

图 10-6　交叉式(a)和掩模式(b)存储器件

10.4.2　有机存储器工作原理

在有机薄膜两边施加一个电压，当场强达到一定值时，器件由低导态（Off）转变为高导态（On），通过某种刺激（如反向电场、电流脉冲、光或热等）又可使器件由 On 态恢复到 Off 态，这种通过电场实现电流的 Off 与 On 状态转变的器件，称为电开关器件。当外电场消失后，Off 或 On 态仍然能够稳定存在，这种具有记忆特性的器件称为存储器件。

有机存储器是一种全新的电子器件，它具有和硅存储器完全不同的结构和工作方式；器件采用的是两端式夹层结构，即把有机薄膜夹在两个交叉的金属电极之间，每个交叉点是一个存储器。当在两个电极之间施加电压，器件就会从一个状态开关到另一个状态，从而达到对信息的读、写和擦的存储功能。

有机电存储器件根据功能性可分为非易失性存储器和易失性器件。非易失性存储器是指在外电场撤除后，器件的存储态 Off 或 On 可以稳定存在，具有记忆特性。非易失性存储器在硬盘和 U 盘中具有潜在应用价值。易失性器件是指在外界刺激下存储状态保持不变，具有一次写入多次读取存储功能，存储数据不会因各种意外而丢失或被修改；若外电场撤除后存储状态在短时间内恢复到初始态，即具有易失性。易失性器件可用于计算机主存和手机等产品。

10.4.3　有机电存储器性能

（1）开关比　开关比（On/Off ratio）是指器件在 On 态和 Off 态下的电流之比。开关比是考量电存储器件灵敏度和准确度的重要参数，高的开关比意味着高分辨的读出，可降低误读率，并提高读写准确度。

（2）循环次数　循环次数（repeated times）为器件的读写循环次数，循环次数越多，耐疲劳性越好。这是考量器件寿命和稳定性的重要指标，通常循环次数达到 10^6 次以上才具有实用价值。

（3）响应时间　响应时间（response time）是指器件对输入信号反应的速度，响应时间直接影响着存储器件的读写速度；响应时间越快，读写速度越快。目前，可应用器件的响应时间一般可达到纳秒量级。

（4）维持时间　维持时间（retain time）是指信号经过传输到达接收端之后需保持一段时间，以便能稳定地读取，这就是器件的维持时间。维持时间长表示存储状态在电场撤除时的保留时间就长，器件的稳定性能好。

（5）存储密度　存储密度（data storage density）是指存储介质单位面积上所能存储的二进制信息量。目前存储密度在 $10^6 \sim 10^8$ bit·cm^{-2} 量级，若要实现超高密度信息存储（即大于 10^{12} bit·cm^{-2}），需要在存储技术和存储介质两方面有所突破。

10.5　有机电存储材料

有机电存储材料包括有机小分子、金属配合物、聚合物以及有机-无机杂化材料等。在功能上具有分子内或分子间电荷转移特性，易于构筑电双稳态，在电场驱动下实现电导态的转变，从而达到"0"、"1"二进制的信息存储目的。

10.5.1　有机 D-π-A 分子

（1）席夫碱分子

由芳香胺与芳香醛缩合制得的席夫碱母体结构，当接上推-拉电子取代基后，通过分子内电荷转移不但可有效实现凯库勒和醌式结构的转变，而且还可形成有序的薄膜，这些均有利于制作信息存储介质。

典型的例子是 NBPDA 和 DMNBPDA 薄膜用于超高密度信息存储的研究（见图 10-7）。相比之下，NBPDA 薄膜的成膜性和稳定性还不够好，由于 DMNBPDA 薄膜含有-N(CH$_3$)$_2$ 基团，其给电子能力大于-NH$_2$ 基团，更容易发生电荷转移，且在-CH$_3$ 基团的保护下，DMNBPDA 要比 NBPDA 更稳定，熔点也从 NBPDA 的 146 ℃ 提高到 172 ℃。控制成膜条件可得到单层生长的有序薄膜，通过在 STM 针尖和裂解石墨（HOPG）衬底之间施加电压脉冲的方法在 DMNBPDA 薄膜上实现纳米尺寸信息点的写入，信息点直径达 1.1 nm，对应信息存储密度大于 10^{13} bits·cm^{-2}。

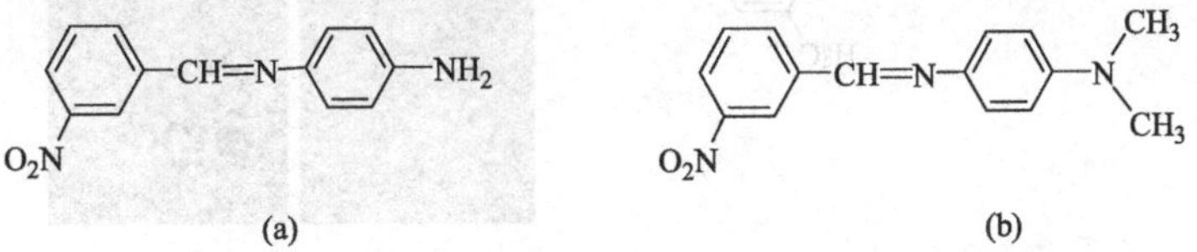

图 10-7　NBPDA (a)与 DMNBPDA (b)的分子结构[7]

（2）三苯胺类分子

三苯胺类分子中，三苯胺为较强的给电子基，若与受体基团结合便可构成分子内电荷转移特性的分子。如以 BDOYM 分子为例，对其薄膜加以合适的电压脉冲时，分子内电荷转移特性使得电荷从二苯氨基团转移到-CN 基上，导致薄膜电阻明显减小，由此产生导电通道，形成高导态。实现了低导态向高导态的转变，具有良好的电学双稳态性能，其开/关电流比高达 10^4，具有较大的存储信息的信噪比。在这种薄膜上，利用 STM 实现了稳定的可擦写超高密度信息存储，信息点的平均直径达 2.5 nm（见图 10-8）。

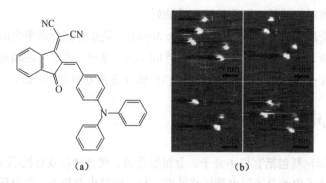

（a）　　　　　　　　　　　（b）

图 10-8　BDOYM 分子结构(a)和信息记录点的 STM 图像(b)[8]

（3）偶氮化合物

具有推-拉电子基团的偶氮分子 CDHAB [见图 10-9（a）]可借助于分子间氢键自组装优化薄膜性质，通过在高定向裂解石墨（HOPG）表面自组装，制备出规整排列的晶态薄膜。通过在扫描探针显微镜（STM）针尖和 HOPG 衬底之间施加电压脉冲，在 CDHAB 薄膜上实现纳米尺寸信息点的写入，信息点的平均直径达 1.8 nm，并可实现信息点的擦除。实现了自组装有机晶体薄膜上纳米尺度信息点的"写入-擦除-再写入"，由于该材料制备简单、超高密度存储性能良好，具有潜在的应用前景。如图 10-9（b）所示，通过 STM 针尖在 CDHAB 薄膜表面施加电压脉冲形成由六个信息点组成的"Y"字母信息点图案。

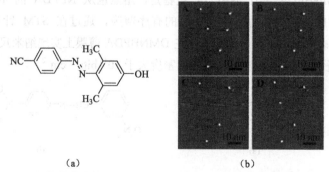

（a）　　　　　　　　　　　（b）

图 10-9　CDHAB 分子结构(a)及存储图案(b)[9]

（4）四硫富瓦烯（TFF）

四硫富瓦烯（TFF）是一种强电子给体，具有两个可逆性很好的氧化还原对，易于发生两步氧化与还原反应。当 TFF 分别给出一个、两个电子时，相应的氧化态分别为 $TTF^{+\cdot}$ 和 TTF^{2+}，所以，四硫富瓦烯存在可以相互转换的三种状态：TTF、$TTF^{+\cdot}$、TTF^{2+}。将四硫富瓦烯分子接枝在 ITO 表面，通过控制表面电位可以使这三种状态相互转变，即

TFF 对应着状态 0，TTF$^{+\cdot}$ 和 TTF^{2+}分别对应着状态 1 和状态 2。显然，这三种状态具有不同的电学性质，因而可以实现多通道的多位存储。四硫富瓦烯这三种状态"0、1、2"代表不同的电流信号输出，表明存储器件处于不同的存储状态；控制操作电压即可实现写、读和擦的工作（见图 10-10）。

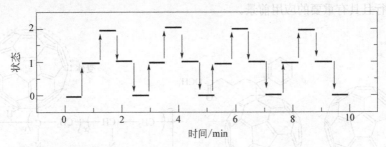

图 10-10　四硫富瓦烯三种状态"0、1、2"代表不同的电流信号输出[10]

10.5.2　分子间电荷转移复合物

分子间 D-A 复合物制备简单，实用性较大。一个典型的例子是由对苯二胺（DAB）和丙二腈衍生物（NBMN）构成的复合物，其中 DAB 为给体分子，NBMN 为受体分子（见图 10-11）。通过蒸镀 NBMN 和 DAB 制备的复合薄膜中，将发生很好的分子间电荷转移（即-NH$_2$ 与-CN 之间发生电荷转移）。在外电场的作用下只有 1.3 nm，比同期国外最好的结果（10 nm）

DAB　　　　　　NBMN

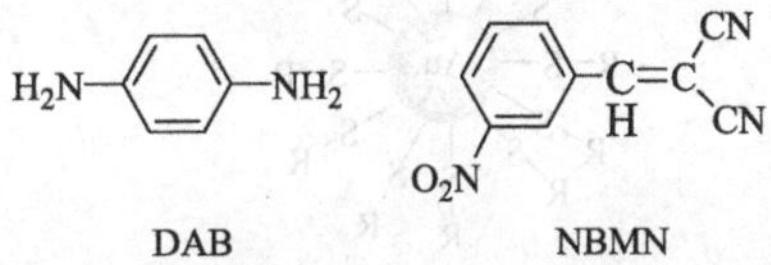

图 10-11　DAB 和 NBMN 的分子结构[11]

要小近一个数量级，该结果被评选为 1997 年中国十大科技进展之一。

另一个典型的例子是由四硫富瓦烯（TTF）与富勒烯衍生物（PCBM）形成的复合物。将两者分散到聚苯乙烯（PS）中，通过溶液旋涂并将其做成金属/有机薄膜/金属结构的存储器件。该器件展示了良好的电学双稳特性。这种复合材料薄膜在施加 5 V 电压，器件由"关"（高阻态）变成"开"（低阻态），实现信息点的写入；1 V 的电压获得信息点的读出；负偏压 –9 V 可将信息点擦除。制作的器件开关转变速度相当快（< 100 ns），且这种转变可由电压脉冲进行精确控制；双稳态中的任何一种状态都能保持较长时间（>12 h）。开与关次数在一定范围内输出信号无任何衰减，读-写-擦循环及双稳态保持时间测试表明，该器件满足二进制信息存储的基本要求。TTF、PCBM 和 PS 的分子结构见图 10-12。

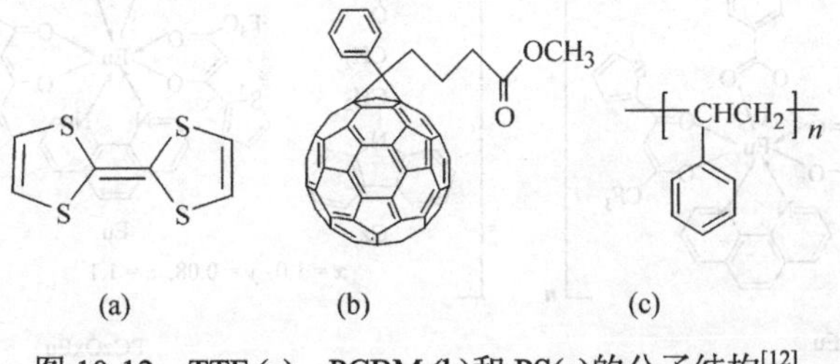

(a)　　　　　　(b)　　　　　　(c)

图 10-12　TTF (a)、PCBM (b)和 PS(c)的分子结构[12]

10.5.3　有机无机纳米杂化材料

基于各种纳米材料，诸如金纳米粒子、ZnO 纳米粒子、CdSe 量子点、碳纳米管、富勒烯及其衍生物的有机电存储相继被研究报道（见图 10-13）。有机无机纳米杂化薄膜常用的制备方法是将纳米颗粒分散后与聚合物进行共混，然后在电极上旋涂成膜，该方法简单易行且具有重要的应用前景。

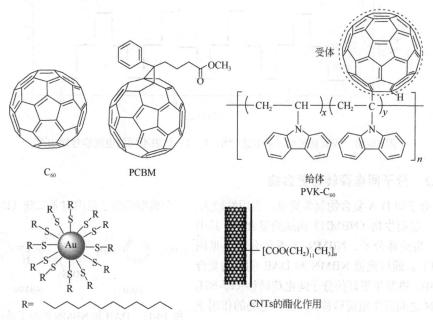

图 10-13　有机无机纳米杂化材料与碳衍生物[13]

10.5.4　有机金属配合物材料

基于分子结构中同时含有电子给体和受体的设计思想，Ling 等设计合成了一系列具有电双稳态功能的有机金属配合物材料，其中金属配合物充当受体（见图 10-14）。器件的性能还与配合物分子内给体与受体的比例相关，随着受体比例提高，响应时间缩减，电流开关比增大。

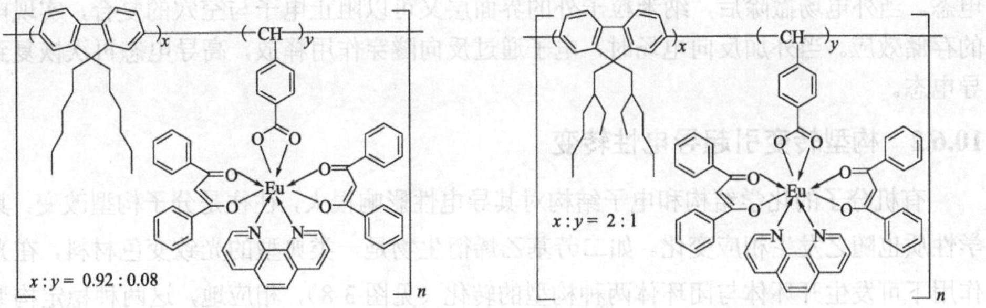

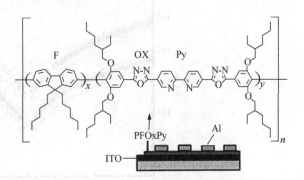

图 10-14　几种具有存储性能的有机金属配合物化学结构[14, 15]

10.5.5　有机聚合物材料

聚合物由于较强的力学性能、优良的热稳定性、良好的成膜性及简单制膜方法（旋涂、喷涂、打印等手段），使其更易于构筑柔性薄膜器件。聚芴 (PF) 类材料具有良好的热稳定性，当与电子受体基团（如吡啶、噁二唑）通过共聚形成的聚合物（PFOxPy）可呈现电学双稳态性质，开关比为 10^6（见图 10-15），该存储器件具有良好的稳定性，可应用于动态随机存储器（DRAM）。

图 10-15　PFOxPy 的分子结构和器件 ITO/PFOxPy/Al 的结构[16]

10.6　有机电存储器件机理

10.6.1　电荷转移引起导电性转变

在含有给-受体的有机-无机杂化体系中，强的推-拉电子可引起场致电荷转移，实现电导态的转变。例如在导电高分子聚苯胺金纳米杂化材料中，金纳米颗粒充当电子受体。在外加电压较小时，材料处于低导电态，当外加电压大到一定值时，聚苯胺亚氨氮中的电子获得了足够高的能量，克服有机材料与纳米颗粒间的界面能垒而转移到金纳米颗粒上。聚苯胺失去电子呈现正电性，金纳米颗粒得到电子呈现负电性。施加电压前后材料的 X 射线光电子谱和拉曼光谱证实了上述电荷转移过程（见图 10-16），作为导电类共轭聚合物，聚苯胺失去电子的过程相当于自身被氧化，氧化使得导电聚合物的电导率增大，宏观上表现为低导电态转向高导

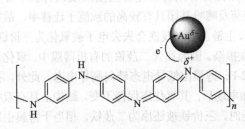

图 10-16　聚苯胺金纳米颗粒间的电荷转移示意图[17]

电态。当外电场撤除后，纳米粒子外的界面层又可以阻止电子与空穴的复合，实现电荷的存储效应。当外加反向电场时，电子通过反向隧穿作用释放，高导电态再次恢复到低导电态。

10.6.2　构型转变引起导电性转变

有机分子的化学结构和电子结构对其导电性影响很大，往往是分子构型改变，其电学性质也随之发生相应变化。如二芳基乙烯衍生物是一类典型的光致变色材料，在光照作用下可发生开环体与闭环体两种构型的转化（见图 3-8），相应地，这两种稳定构型也具有不同的电导率。

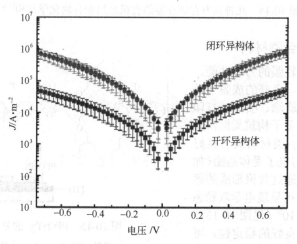

图 10-17　二芳基乙烯单分子膜在光照前后构型变化而变化的电流密度[18]

将两个端基为巯基的二芳基乙烯分子组装到两个金电极之间形成单分子层器件，在紫外线照射下，二芳基乙烯分子的开环体转变为闭环体，分子的吸收发生红移，导电性上分子的电流密度有一个数量级的增强（见图 10-17）。由于伴随着二芳基乙烯分子构型的改变，影响着分子内的电子共轭程度，从而使分子的导电性发生改变。

10.6.3　氧化还原引起导电性转变

有机聚合物材料在电场作用下若发生氧化还原反应，将显著改变材料的电学特性，存在电学双稳态结构，可用于信息存储。如在含有聚芴和噻吩基团的茂铁有机半导体（PFT2-Fc）材料中（见图 10-18），由于聚芴及噻吩基团具有较高的载流子迁移率，故载流子沿着共轭主链传输；在反向电场作用下，主链上的二茂铁会失去电子被氧化为三价铁，这相当于薄膜由原位二茂铁掺杂转为三价铁掺杂。因为在含二茂铁的有机薄膜中，氧化二茂铁会引起薄膜导电性的提高，所以 PFT2-Fc 薄膜由低导电态转向高导电态。此外，被氧化的二茂铁具有良好的稳定性，除去外加电场后，其氧化态保持不变，结构上具有双稳态结构，表现出非易失性。当施加正向电场时，三价铁被还原为二茂铁，相当于薄膜由原位三价铁掺杂转为二茂铁掺杂器件，器件由高导电态变为低导电态，实现闪存功能。

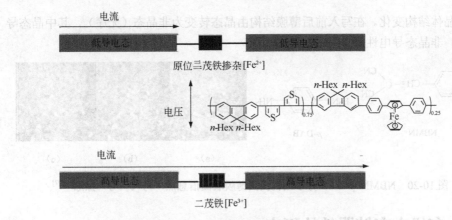

图 10-18　有机半导体 PFT2-Fc 化学结构及氧化还原机制[19]

10.6.4　载流子捕获引起导电性转变

聚乙烯基咔唑（PVK）与 C_{60} 构成的有机-无机复合薄膜，具有明显的电子给体和受体特征（见图 10-19），电双稳态现象可以通过受体捕获与给体释放载流子实现。在 PVK 共轭高分子中，载流子通常沿着共轭分子链迁移形成导电通道，受体 C_{60} 具有强吸电子能力而充当电荷陷阱，阻碍了电荷的传输。PVK-C60 为 p 型材料，主要传输载流子为空穴，施加电压时空穴从阳极注入薄膜中，陷阱俘获的电荷致使空间电荷积聚，导致内电场重新分布。当电压增大到一定值时，陷阱被载流子完全填充，阴极也同时注入电子，使得材料内的载流子浓度急剧增加，实现低导电态转向高导电态。施加反向电压 C_{60} 失去电子中和 PVK，薄膜又恢复到初始态。

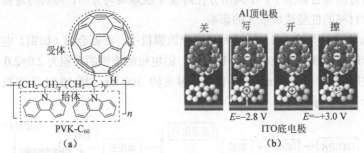

图 10-19　(a) 聚合物 PVK-C_{60} 化学结构及 (b) 其电学双稳态结构[20]

10.6.5　相变引起导电性转变

有机材料晶态转变可引起导电性转变，因而可应作信息存储介质。如在 NBMN/p-DAB 薄膜上施加电压脉冲可实现信息点的记录和擦除（见图 10-20）；通过透射电子显微镜观测到 STM 针尖（扫描隧道显微）在 NBMN/p-DAB 薄膜上施加电压脉冲（+3.5 V，12 μs），可写入一个信息记录图案 "A"；施加反向电压脉冲（-4.5 V，50 μs）还可进行信息点 "A" 的擦除。这种信息记录点 "A" 的写入和擦除是基于薄膜在纳米尺度的晶体结构变化。在写入前后薄膜结构由晶态转变为非晶态（无序），其中晶态导电性差，非晶态导电性好。

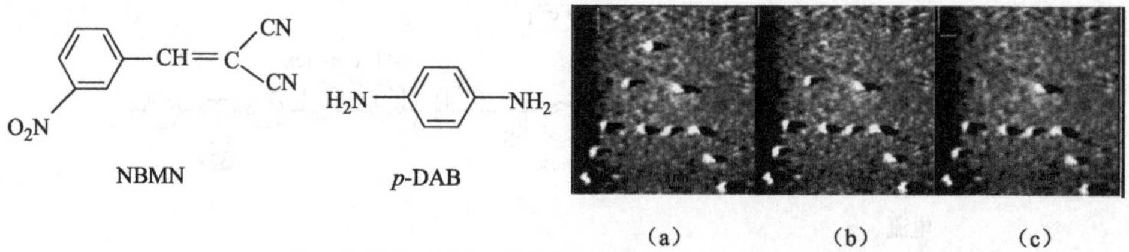

图 10-20　NBMN/ p-DAB 分子结构及其薄膜表面信息点"写入"与"擦除"[7]

10.7　有机电存储器件的研究

10.7.1　器件制作工艺

选择氧化铟锡导电玻璃（indium-tin-oxide glass，ITO）作为阳极，也可选择单晶硅片作为器件的阳极。使用前，先切割成合适尺寸的片子，再经过严格的清洗（如分别经洗涤剂、去离子水、丙酮、乙醇等超声清洗）后，烘干待用。

电存储的介质要求具有大面积规整表面的薄膜，现有薄膜的制备方法有真空蒸镀法（适合小分子薄膜）、旋转涂膜法（适合聚合物薄膜）、逐层自组装法和 LB（Langmuir Blodgett）膜法等，其中旋转涂膜法由于简单易行应用最为广泛，逐层自组装法和 LB 膜法能在分子水平上控制膜的组成和结构，制备薄膜的厚度均匀，在纳米尺度上精确可控。

单组分的有机薄膜可通过精确地控制组分、蒸发温度制备得到；制备方法相对简单；在多组分的有机复合体系中，不同组分在薄膜中很难均匀分布，得到的薄膜往往含有较多缺陷，对材料的性能造成很大的影响

当有机薄膜制得后，将其转移到高真空镀膜机中，蒸镀金属（如铝）电极作为器件的阴极，一般地，真空度控制在 4×10^{-4} Pa，铝电极的掩膜的面积为 2.0×2.0 mm^2，蒸镀铝的速度控制在 $0.2 \sim 0.4$ nm·s^{-1}，铝电极厚度约 300 nm。图 10-21 为有机电存储器件制作工艺及其器件示意。

图 10-21　有机电存储器件制作工艺

10.7.2　吸收光谱研究法

首先需要测试化合物在溶液态和薄膜状态的紫外-可见吸收光谱，通过比较两者的吸收光谱，研究膜状态下分子间相互作用增强的情况。

以有机分子 DBA-1 和 DBA-2 为例（分子结构见图 10-22），其中 DBA-2 在溶液态

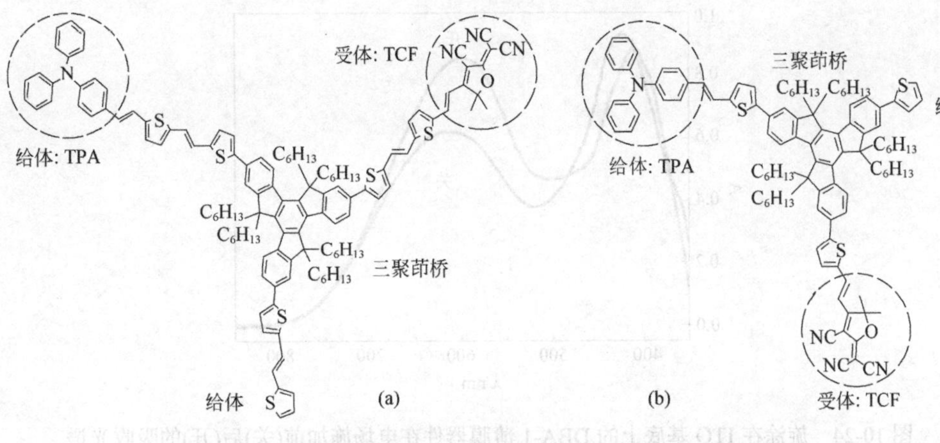

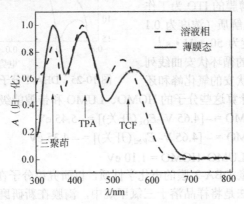

图 10-22　有机分子 DBA-1 (a) 和 DBA-2 (b) 的分子结构[21]

和薄膜状态的紫外-可见吸收光谱如图 10-23 所示。

DBA-2 在四氢呋喃溶液中（浓度 10^{-6} mol·L^{-1}）的紫外-可见吸收光谱显示具有三个吸收带，峰值分别为 342 nm、421 nm、542 nm，其中以 421 nm 处的吸收强度最大。这三个吸收带可归属于：噻吩修饰的三聚茚、三芳胺-噻吩修饰的三聚茚和 TCF-噻吩修饰的三聚茚。比较溶液态和其薄膜态的吸收光谱，两者光谱的峰形相似，但后者吸收峰形变宽、峰位明显红移，特别是 TCF 所在臂的吸收峰从 524 nm 移动到 554 nm，有大约 30 nm 的红移，同时吸收光谱的吸收波长从 680 nm 红移到 720 nm。这是由于薄膜中分子间相互作用增强且形成聚集体所致。

图 10-23　DBA-2 分子溶液与薄膜相（石英基底）吸收光谱

将 DBA-1 薄膜旋涂在 ITO 基片上，镀上电极后放置在电场中，测试施加电压前后的紫外-可见吸收光谱的变化。一般地，施加电压后薄膜的电荷转移吸收带的峰位发生红移并伴随着吸光度增大，这是由于分子内或分子间存在强烈的相互作用，尤其是分子间电荷转移，分子离域程度增加导致了载流子数目增多，可有效增强薄膜的导电性；若施加反向电压，吸收光谱又可回复初始状态（见图 10-24）。

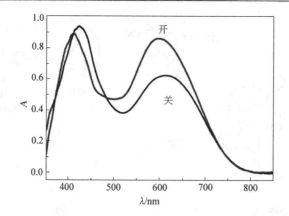

图 10-24　旋涂在 ITO 基底上的 DBA-1 薄膜器件在电场施加前(关)后(开)的吸收光谱

10.7.3　电化学研究方法

电化学循环伏安法可测试样品在溶液态和薄膜状态下的氧化还原行为,并通过该循环伏安曲线获得样品分子轨道的最高占据轨道（HOMO）与最低未占据轨道（LUMO）及其两种之间的能级差（E_g = HOMO–LUMO）。通过 HOMO 能级和 LUMO 能级可预测电子的传输能力。

具体测量方法是将样品（如 DBA-1）溶于四氢呋喃溶液中,以 Ag/AgCl 作参比电极,旋涂有有机薄膜的 ITO 为工作电极,n-Bu_4NPF_6 为电解质（浓度为 0.1 mol·L^{-1}）,扫描速度为 50 mV·s^{-1},测得的化合物 DBA-1 的循环伏安曲线列于图 10-25,通过循环伏安的氧化峰和还

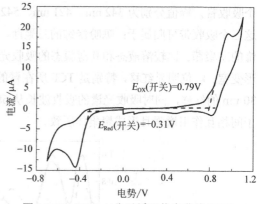

图 10-25　DBA-1 分子循环伏安曲线(THF)

原峰的开关值,可以计算这些分子的 HOMO、LUMO 和带隙能级差,如下所示:

$$HOMO = -[4.65 \text{ V} - E_{Ox}(开关)] = -5.45 \text{ eV}$$
$$LUMO = -[4.65 \text{ V} - E_{Red}(开关)] = -4.35 \text{ eV}$$
$$E_g = LUMO - HOMO = 1.10 \text{ eV}$$

用循环伏安法测量 DBA-2 膜的电化学性质,以研究该分子在光诱导作用下双稳态的性质。具体测量方法是将样品溶于三氯甲烷中,滴膜在新研磨的玻碳电极表面。以 Ag/AgCl 作参比电极,n-Bu_4NPF_6 的浓度为 0.1 mol·L^{-1} 作为电解质,扫描速度为 100 mV·s^{-1},测试在暗场和光场下 DBA-2 膜的电化学性质,见图 2-26 所示。可见,在暗环境下,DBA-2 薄膜在 +1.7 V 附近出现了一个氧化峰,当同时用 405 nm 的光照射薄膜时则出现了两个氧化峰,分别在 +1.29 V 和 +1.77 V;由此证明 DBA-2 薄膜在 405 nm 光照下出现了一个光诱导的电导态,从而可实现光电协同下的多稳态信息存储。这种光电作用产生的多位信息存储特性同样具有波长相关性,当用另一束 530 nm 的光照在 DBA-2 薄膜表面,薄膜的氧化仍只有一个,但移动到 +1.5 V。

10.7.4　电流-电压曲线研究法

用 Keithley 4200 的半导体测试仪测试电流-电压曲线，以研究介质的电双稳态性质和可逆的开关性质。

如以有机分子 DBA-1 为例，对 ITO/DBA-1/Al 存储器件的宏观电学性质进行测试（见图 10-27），发现随着电压由 0V 升至 5V（曲线Ⅰ）时，薄膜材料的电流也随之上升（从 10^{-11} A 增加到 10^{-8} A），但当正向偏压施加到 +5.55 V 时，电流值突然上升（从 10^{-8} A 增加到

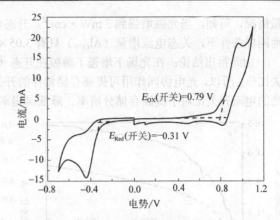

图 10-26　化合物 DBA-2 在黑暗、405 nm 和 530 nm 光照下电化学性质

10^{-4} A），出现一个突跃。以此确认该存储介质在电压小于 +5.55 V 时处在高阻态（即"关"态），而在电压 +5.55 V 时则从高阻态转变到低阻态（即"开"态）；所以，器件的写入阈值电压可定在 +5.55 V。

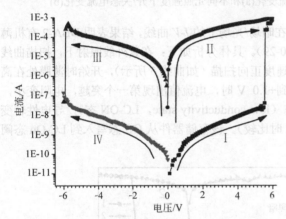

图 10-27　DBA-1 薄膜Ⅰ～Ⅴ曲线(基底为 ITO 玻璃，正偏压施加在 Al 电极上)

当进行第二次扫描时（0～+6 V，曲线Ⅱ），当电压大于+5.55 V 时器件处于高导态，对薄膜施加反向电压，由+6 V 降至 0 V，此时器件继续表现出高导电性（0～–6 V）。如图曲线Ⅲ所示。薄膜首先表现为低阻态（"开"态），电流值随着电压增大而升高；但当负向偏压加至 –5.85 V 时，薄膜从低阻态转变到高阻态。当进行第二次反向扫描时，薄膜继续表现高阻态（曲线Ⅳ，"关"态）。这表明 DBA-1 有机薄膜具有可逆的电学双稳特

性和良好的可逆开关性质。具有电荷转移特性的 DBA-1 分子在电场作用下发生电荷转移之后形成电学双稳，两个稳定导电态的存在使其可作为重要的存储材料，可用于可逆电信息的存储。

10.7.5　光场中电流-电压曲线

在光场与电场的双重作用下研究器件的电学双稳态性质，可考察光-电存储器件的性能。一般方法是，用不同强度的光辐照器件，并同时测试样品的 *I-V* 曲线；对比器件在光照下与暗环境下的电流变化，研究光照下的电流增量。

如图 10-28（a）所示，在 1.1 mW·cm^{-2} 的光照下，开态的电流的增量比关态的电流增量大 1 个量级。考察在不同光照强度下存储薄膜在 1 V 的扫描电压下开、关电流增

量情况，可知，当光强增强到 3 mW · cm^{-2}，开态电流增量（ΔI_{ON}）可达 6.26×10^{-6} A；而同样条件下，关态电流增量（ΔI_{OFF}）只有 3.05×10^{-7} A [见图 10-28（b）]。

由此得出结论：在光场下增强了薄膜在开态（On）的电流，从而提高了 On/Off 开关比值；所以，光电协同作用可提高存储器件的开关比，这对优化器件的性能是有利的，高的电流开关比对于提高存储分辨率、降低误码率具有重要意义。

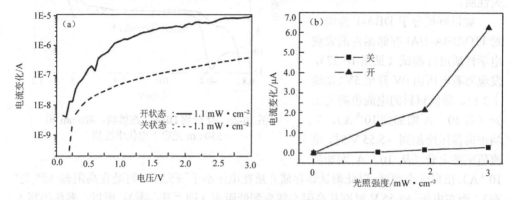

图 10-28　器件在暗/光场下电流变化(a)和不同光照强度下开/关态电流变化(b)

进一步考察器件 ITO|DBA-2|Al 在暗场/光场下的 *I-V* 曲线，结果表明 DBA-2 有机薄膜具有良好的可逆开关性质（见图 10-29）。具体分析如下：在紫外线照射下，扫描曲线电压先从 0 V 开始，以 0.1 V 为增幅速度正向扫描（如曲线 5 所示），开始时薄膜处在高阻态（即关态），但当正向偏压施加到+1.0 V 时，电流值出现第一个突越，电阻变小，表明薄膜从高阻态转变到中间电导态（low-conductivity state，LC-ON 态），导电性转变前后的电流比值约 3 个量级（+1 V 时比较）。该存储器件从 Off 态写入到 LC-On 态阈值电压即为+1.0 V。

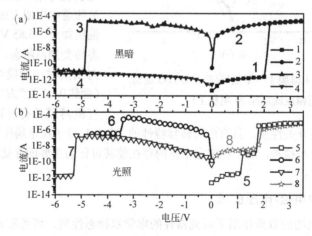

图 10-29　暗场(a)和光场(b)条件下的电存储器件 *I-V* 特性曲线

扫描电压继续增大，当正向偏压施加到+1.7 V 时，电流值出现第二个突越，电阻突变更小，表明薄膜从中间电导态（LC-On 态）转变成更低的电阻态（HC-On 态），见曲线 5。当继续再次正向扫描时，这时处在 HC-On 态的薄膜的导电性与之前在暗环境测试下的薄膜的 HC-ON 态表现相同的数量级的高导电性。继续对薄膜施加反向电压（0～–6V），如曲线 6 所示。

薄膜首先表现为低阻态（HC-On 态），电流值随着电压增大而升高；但当负向偏压加至–3.4 V 时，电流从 2.53×10^{-5}A 下降到 4.07×10^{-7} A，薄膜从低阻态（HC-On 态）转变到中间电导态（LC-On 态），如曲线 6 所示。继续增大负向电压（–5.2 V），薄膜可以从 LC-On 态转变回 Off 态（曲线 7）。若当薄膜处在 LC-On 态时施加正向电压扫描，薄膜还可以在+1.7 V 时从 LC-On 态转变回 HC-On 态（见曲线 8）。

在光照的作用下，DBA-2 分子的光电协同作用使存储 I-V 特征曲线与黑暗条件下时明显不同，特别是出现了一个新的中间电导态（LC-On 态）。这个中间电导态可以通过两种途径实现并保持：适当强度紫外线照射下，① +1.7 V 写入阈值电压或者 ② –5.2V 的擦除电压。对于阻值型存储器而言，不同的电导态可被指认为不同的信息，在这里如果将 OFF 态电流值定义为信号"0"；中间电导态（LC-ON 态）为"1"；高导态（HC-On 态）为"2"，则利用光电协同作用，实现了有机薄膜的三位元的信息存储。其中，在暗条件下，从"0"（Off 态）到"2"（HC-On 态）写入阈值电压为+2.0 V，反向擦除电压为-4.8 V。在紫外线的协同作用下，从"0"（Off 态）到"1"（LC-On 态）的写入阈值电压为+1.0 V，擦除电压为–5.2 V；而"1"（LC-On 态）到"2"（HC-On 态）之间的写入阈值电压为+1.7 V，擦除电压为–3.4 V。存储器件 Off、On1、On2 态之间转变关系可如图 10-30 所示。

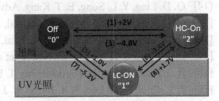

图 10-30　存储器件 Off、On1、On2 态之间转变所需的电压示意图

10.7.6　器件稳定性测试

电流-时间曲线可用来测试器件的稳定性，通过电流-时间曲线可获得器件在开关（On/Off）状态下的保留时间（即维持时间）。图 10-31 给出以有机分子 DBA-1 为活性层的存储器件的维持时间（4.5×10^4 s），维持时间长表示存储状态在电场撤除时的保留时间就长，器件的稳定性能好。在外加电场可使 DBA-1 有机薄膜由"Off"态转变到"On"态，且在 3.0 V 电压条件下连续 12.5h 甚至更长的时间里，器件的"On"态没有出现明显的回落，表现出优异的电学稳定性。On 态和 Off 态的转变过程对应于存储器的"写入"和"擦除"过程，测试该器件在导电性转变前后（0～5.58V）的开关比在 10^4～10^5 量级之间，器件的开关比值高，可降低误读率，提高器件信息存储的灵敏度和准确度。

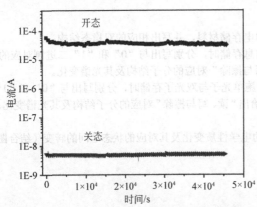

图 10-31　在 +3.0 V 电压下器件开/关态保留曲线

参 考 文 献

[1] 叶常青.多尺度结构下的功能材料设计与光调控.博士学位论文，北京:中国科学院化学所，2012.

[2] C. Q. Ye, Q. Peng, M. Z. Li, et al. J. Am. Chem. Soc., 2012, 134: 20053-20059.

[3] C. Q. Ye, M. Z. Li, J. Luo, et al. J. Mater. Chem., 2012, 22: 4299-4305.

[4] C. Q. Ye, M. Z. Li, M. Q. Xue, et al. J. Mater. Chem., 2011, 21: 5234-5237.

[5] T. B. Norsten, N. R. Branda. Adv. Mater., 2001, 13: 347.

[6] R. Hagen, T. Bieriger. Adv. Mater., 2001, 13: 1805.

[7] H. M. Wu, Y. L. Song, S. X. Du, et al. Adv. Mater, 2003, 15: 1925.

[8] Y. L. Shang, Y. Q. Wen, S. L. Li, et al. J. Am. Chem. Soc., 2007, 129: 11674.

[9] Y. Q. Wen, J. X. Wang, J. P. Hu, et al. Adv. Mater., 2006, 18: 1983.

[10] W. R. Browne, M. M. Pollard, B. de Lange, A. Meetsma, B. L. Feringa. J. Am. Chem. Soc., 2006, 128: 12412.

[11] L. P. Ma, Y. L. Song, H. J. Gao, et al. Appl. Phys. Lett., 1996, 69: 3752.

[12] C. W. Chu, J. Y. Ouyang, H. H. Tseng, Y. Yang. Adv. Mater., 2005, 17: 1440.

[13] 刘举庆、陈淑芬、陈琳等. 科学通报，2009, 22: 3.

[14] Q. D. Ling, Y. L. Song, E. T. Kang. Adv. Mater., 2005, 17: 455.

[15] Q. D. Ling, F. C. Chang, Y. Song, et al, J. Am. Chem. Soc., 2006, 128: 8732-8733.

[16] Q. D. Ling, Y. L. Song, S. L. Lim, et al. Angew. Chem., Int. Ed., 2006, 45: 2947-2951.

[17] R. J. Tseng, J. X. Huang, J. Ouyang, et al. Nano Lett, 2005, 5: 1077.

[18] A. J. Kronemeijer, H. B. Akkerman, T. Kudernac, et al. Adv. Mater 2008, 20: 1467.

[19] T. L. Choi, K. H. Lee, W. J. Joo, et al. J. Am. Chem. Soc., 2007, 129: 9842.

[20] Q. D. Ling, S. L. Lim, Y. Song, et al. Langmuir, 2007, 23: 312.

[21] Z. M. Tang, T. Lei, J. L. Wang, et al. J. Org. Chem., 2010, 75: 3644.

思 考 题

1. 解释名词
   光存储、电存储、多位存储、电学双稳态、光学双稳态、高密信息存储
2. 根据光谱性质变化实现非破坏性读取数据，试举出常见的几种技术？
3. 高密度光信息存储有哪几种技术？
4. 电存储常使用哪几种技术？
5. 描述电存储器件的性能参数有哪些？
6. 试举例给出几种常见的用于光存储和电存储材料，并写出相应的双稳态结构。
7. 以偶氮化合物为存储介质，实施光信息存储时，分别写出与"0"和"1"二进制对应的双稳态结构和能级图，给出"读、写与擦除"对应的分子结构及其光谱变化。
8. 以螺吡喃化合物为存储介质，分别实施单光子与双光子存储时，分别写出与"0"和"1"二进制对应的双稳态结构和能级图，给出"读、写与擦除"对应的分子结构及其光谱变化。
9. 描述用于电存储生物几种机理。
10. 描述电存储器件用于"读、写"时的电学性质变化及其对应的状态之间的转变（结合图10-29和图10-30）。